贝叶斯算法与
机器学习

刘冰 ◎ 著

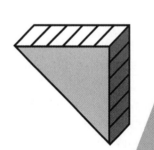

北京大学出版社
PEKING UNIVERSITY PRESS

内 容 简 介

本书从贝叶斯理论的基本原理讲起,逐步深入算法、机器学习、深度学习,并配合项目案例,重点介绍了基于贝叶斯理论的算法原理,及其在机器学习中的应用。

本书分为10章,涵盖了贝叶斯概率、概率估计、贝叶斯分类、随机场、参数估计、机器学习、深度学习、贝叶斯网络、动态贝叶斯网络、贝叶斯深度学习等。本书涉及的应用领域包含机器学习、图像处理、语音识别、语义分析等。本书整体由易到难,逐步深入,内容以算法原理讲解和应用解析为主,每节内容辅以案例进行综合讲解。

本书内容通俗易懂,案例贴合实际,实用性强,适合有一定算法基础的读者进阶阅读,也适合其他人作为爱好阅读。

图书在版编目(CIP)数据

贝叶斯算法与机器学习 / 刘冰著. — 北京:北京大学出版社,2022.12
ISBN 978-7-301-33457-7

Ⅰ.①贝… Ⅱ.①刘… Ⅲ.①贝叶斯方法 – 应用 – 机器学习 Ⅳ.①TP181

中国版本图书馆CIP数据核字(2022)第185886号

书　　　　名	**贝叶斯算法与机器学习**	
	BEIYESI SUANFA YU JIQI XUEXI	
著作责任者	刘　冰　著	
责 任 编 辑	王继伟	
标 准 书 号	ISBN 978-7-301-33457-7	
出 版 发 行	北京大学出版社	
地　　　　址	北京市海淀区成府路205号　　100871	
网　　　　址	http://www.pup.cn　　　　新浪微博:@北京大学出版社	
电 子 信 箱	pup7@pup.cn	
电　　　　话	邮购部 010-62752015　发行部 010-62750672　编辑部 010-62570390	
印 刷 者	三河市北燕印装有限公司	
经 销 者	新华书店	
	787毫米×1092毫米　16开本　16印张　388千字	
	2022年12月第1版　2022年12月第1次印刷	
印　　　　数	1-4000册	
定　　　　价	79.00元	

贝叶斯算法是基于概率论的算法，是机器学习中的重要理论支撑，在当下火热的人工智能领域起着基石的作用。很多我们日常生活中的案例都可以用贝叶斯相关理论进行解释。

但是贝叶斯算法作为一种基础性算法，很多时候不能直接应用到实际生活中，而是被交融到其他算法或框架中使用。比如单纯的分类问题，在理论研究阶段我们对问题的考虑很理想，但是在实际应用时，我们要考虑效率，就要结合机器学习或深度学习的正反向传播算法进行应用，这时贝叶斯算法的应用就体现在理论支撑上，我们需要根据贝叶斯理论进行相关的参数估计过程推导与实现。所以，针对算法类的内容，我们应以理解、掌握理论为主，然后在此基础上进行变形应用。

笔者的使用体会

贝叶斯算法的底层理论是比较简单的，总的来说，只有一个定理、一个公式。整个贝叶斯算法的应用生态，就是对贝叶斯公式的不断变形应用。

现在各种算法理论和技术发展得很快，对于一种类型的问题往往已经有很多种解决办法了。在这些技术中，有些问题使用贝叶斯算法可以解决，有些问题却早已应用其他技术解决了。比如在深度学习中处理时序的问题，主流的办法还是应用动态贝叶斯网络的思想来处理；而在图像分类问题中，卷积神经网络的性能优于贝叶斯分类器。

在技术生态中，每种技术都有其优缺点，目前还没有任何一种技术能够通用。这一点需要客观对待，对于实际问题要实际分析，有时一种思想走不通时，可以尝试变通应用。贝叶斯原理说到底就是一个公式，现在却通过这么一个公式衍生出这么多的技术，就是灵活应用的体现。

这本书的特色

- 从零开始：从贝叶斯概率开始讲解，详细介绍算法的原理，入门门槛很低。
- 内容新颖：书中的大部分例子都是使用最新的理论和技术框架进行讲解。

- 经验总结:全面归纳、整理案例应用的重点和快速掌握知识的小技巧。
- 内容实用:结合实例进行讲解,并对结果进行分析。

这本书包括什么内容

本书内容可以分为三部分,第一部分是数学基础理论的讲解,第二部分是贝叶斯算法在机器学习中的应用,第三部分是贝叶斯深度学习。

第一部分主要介绍了贝叶斯概率等数学知识,引导读者理解并掌握基础的贝叶斯理论,以及熟悉它的各种变式,通过例子了解它的应用。

第二部分首先介绍算法的直接应用,建立算法的变量和条件;然后再将算法引入机器学习的模块中,通过案例,采用举一反三的方式去进行建模与应用。

第三部分的内容是对第二部分内容的进阶,结合普通神经网络来理解贝叶斯深度学习。

本书读者对象

- 零基础入门人员。
- 软件开发与测试人员。
- 对概率模型感兴趣的人员。
- 各类院校学习数学、计算机的学生。
- 人工智能培训学员。

资源下载

本书所涉及的源代码及各分布的临界值表已上传到百度网盘,供读者下载。请读者关注封底"博雅读书社"微信公众号,找到"资源下载"栏目,输入图书77页的资源下载码,根据提示获取。

温馨提示:读者阅读本书过程中遇到问题可以通过邮件与笔者联系,笔者的电子邮箱是2577082896@qq.com。

目录
CONTENTS

第10章 贝叶斯深度学习 210

第 1 章

贝叶斯思想简介

★ **本章导读** ★

托马斯·贝叶斯是18世纪英国神学家、数学家、数理统计学家和哲学家，概率论理论创始人，贝叶斯统计的创立者，"归纳地"运用数学概率，"从特殊推论一般、从样本推论全体"的第一人。

★ **知识要点** ★

- 贝叶斯思想的核心。
- 频率派和贝叶斯派的思想观点。

贝叶斯思想的核心

贝叶斯在数学方面主要研究概率论,他创立了贝叶斯统计理论,对于统计学作出了重要贡献。他的经典思想是贝叶斯定理,在1763年由Richard Price整理发表的贝叶斯的成果 *An Essay Towards Solving a Problem in the Doctrine of Chances* 中提出,该定理思想总结起来可以用一个公式表示,即

$$P(A_i|B) = \frac{P(B|A_i)P(A_i)}{\sum_j P(B|A_j)P(A_j)}$$

使用非数学的方式去解释贝叶斯思想的核心,即无须在获取所有的证据后再进行判断,而是先结合已知的条件进行判断,然后随着新证据的出现再不断对这个判断进行验证、调整、修改,让这个判断无尽地趋于合理化。

例1.1 某人做了一件好事,那这个人是好人还是坏人呢?

通过已知条件(证据)显然无法对该人进行好人或坏人的判断。因为即便一个人每天都做好事,他也不一定是好人。但是在该例子中,这个人做了一件好事,那么暂且认为他是好人。然后再基于后续出现的新证据对“该人是好人”这个判断进行验证、调整、修改。假如新的证据按照每天一次的频率更新,在一个期间内一直获取不到他做坏事的证据,那么通过这期间叠加的证据——某人每天做好事,且没有做坏事的证据,则可以得到该人是好人的概率非常大,那么初始的判断“该人是好人”就不需要修改。

 概率论的两大学派

贝叶斯定理对后续各种理论的发展影响非常大,尤其是在统计学中,以至于后来统计学中专门形成了一个学派:贝叶斯派。自此以后,统计学就分为了两大学派:频率派和贝叶斯派。

频率派认为概率即是频率,某次得到的样本 X 只是无数次可能的试验结果的一个具体实现,样本中未出现的结果不是不可能出现,只是这次抽样没有出现而已。因此,综合考虑已抽取到的样本 X 及未被抽取、实现的结果,可以认为总体分布是确定的,不过这个总体分布未知,而样本来自总体,故样本分布也与总体分布具有同样的特点。总结起来,即频率派认为样本的分布是确定的,包括分布参数 θ 也是确定的,只是参数 θ 未知而已。

而贝叶斯派认为只能根据样本 X 去进行推断,不能考虑未出现的结果。在贝叶斯派的思想中,是将分布设为未知的,即分布参数 θ 也是一个随机分布,并不是确定的,所以在关于 θ 的任何统计推断问题中,除使用样本 X 所提供的信息外,还必须对 θ 规定一个先验分布,它是在进行推断时不可或缺的一个要素。

总结起来,两个学派的焦点集中在先验分布的问题上。

例1.2 对一组数据进行拟合,该组数据可视化结果如图1.1所示。

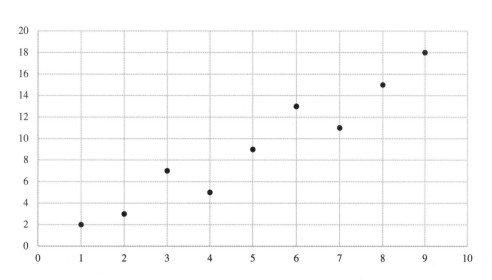

图 1.1　例 1.2 数据可视化结果

按照频率派的观点,这个分布图从直观上看是一个线性分布,即可以得到这样一个分布:$y = k \cdot x + b \Rightarrow Y = \theta \cdot X$,其中 X 为 x 组成的矩阵,Y 为 y 组成的矩阵。接下来就需要把数据 (x_i, y_i) 代入这个线性分布的式子中去计算,即可得到参数矩阵 θ。然后给出结果,如图 1.2 所示。

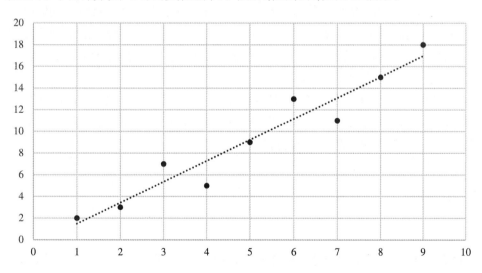

图 1.2　频率派思想数据线性分布结果

而贝叶斯派认为,不能事先认定这组数据是一个线性分布,这种思想已经带有主观意识了,所以按照频率派思想计算出来的这个结果不可靠。于是贝叶斯派给出了自己的分析。设数据的拟合函数为 $Y = \theta \cdot X$,其中 X 和 Y 分别为自变量 x 和因变量 y 的矩阵,参数矩阵为 θ,然后认为参数 θ 不是确定的,它可以是任何分布,即频率派认为的线性分布有可能是正确结果,但还是要考虑其他的分布,毕竟有可能并不等于一定。所以,贝叶斯派通过计算,最终得到结果可能是线性分布,也可能是非线性分布。结果如图 1.3 所示。

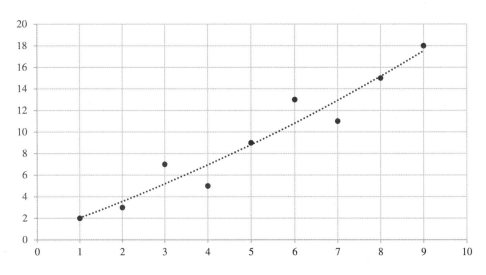

图 1.3　贝叶斯派思想数据拟合结果

注意：图 1.2 和图 1.3 的结果仅供参考，并不代表真实结果。

上述过程介绍了两种观点，最终两种观点得到的结果可能一样，也可能不一样。其中的对错并没有量化的指标去衡量，因为每一种观点都有完整的理论体系支撑，谁都不能轻易推翻另一种观点。

只是在贝叶斯思想发展伊始，频率派已经是一个完整的理论体系了，所以那时很多人排斥该观点。不过随着时间的流转、科技的发展、科学的进步，贝叶斯思想逐渐得到人们的重视，经过许多专家学者的推导、验证，已取得了飞速发展，逐步形成并完善了该思想特有的理论体系。到现在，受该思想的影响，很多理论仍在飞速发展。

如今贝叶斯理论的应用扩展到了数学、计算机科学、生物学等领域中，尤其是在当前计算机科学领域，人工智能发展过程中很多不确定的事件，因为贝叶斯理论的应用可以得到最优解了，如语音识别、文本分析等。贝叶斯理论是现代科技的基石之一。

1.3　小结

本章介绍了贝叶斯思想，以及概率论中的另一个学派——频率派的思想，并对两种思想进行了比对与应用分析，着重介绍了贝叶斯派的思想观点。两种思想观点并没有严格意义上的是非对错之分，我们应该平等看待。

第 2 章

贝叶斯概率

★ 本章导读 ★

　　所有的算法都是基于数学理论推导的一个实际应用，贝叶斯算法也不例外。贝叶斯算法是基于贝叶斯概率相关的理论推导到实际的一个应用转换。例如，贝叶斯分类算法，是由于贝叶斯定理假设一个属性值对给定类的影响独立于其他属性值，而此假设在实际情况中经常是不成立的，因此其分类准确率可能会下降。为此，就衍生出许多降低独立性假设的贝叶斯分类算法。在学习贝叶斯算法之前，了解并掌握贝叶斯概率相关的理论是非常有必要的。往后在接触算法时，会经常接触到这些相关的知识和术语。

★ 知识要点 ★

- 先验概率、条件概率、后验概率、似然函数等基础数学理论。
- 贝叶斯公式。

注意：带*的章节仅作了解即可。

2.1　先验概率

先验概率可以理解成先前的经验的概率,如果没有先前的经验可用,可以创建一个不了解的先验。当有先前的经验时,通过历史资料计算得到的概率,称为客观先验概率。

当没有先前的经验或先前的经验不完全时,凭借人们的主观经验来判断而得到的概率,称为主观先验概率。

2.1.1　先验概率的定义

先验概率,顾名思义,就是在获得已有经验的基础上,根据已有经验得到的事件概率。它就是"由因求果"这个过程中的"因"。

在贝叶斯统计推断中,不确定数量的先验概率分布是在考虑一些因素之前,表达对这一数量的置信程度的概率分布。

例2.1　2034年世界杯赛事,中国男足队能否在世界杯预选赛中冲出重围,打进世界杯正赛,是全国很多球迷在预选赛前关注的问题。那么,广大球迷看好中国男足队进入世界杯正赛,还是不看好中国男足队进入世界杯正赛,这两者相对比例的概率分布称为先验概率。

假设在例2.1中,不考虑其他因素,有65%的人看好中国男足队进入世界杯正赛,有35%的人不看好中国男足队进入世界杯正赛。

用X表示这个事件,$X = 1$表示看好中国男足队进入世界杯正赛,$X = 0$表示不看好中国男足队进入世界杯正赛,则可以得到如下表达式。

$$P(X = 1) = 0.65, P(X = 0) = 0.35$$

这两个概率是根据统计得到的(在其他的应用场景中,也可以理解为是根据自身经验总结的),它们就是先验概率。

例2.2　现在对全国烟民进行一次统计,假设全国所有的人都参与了统计,统计结果为吸烟的人与不吸烟的人的数量比例为$2:8$。

根据例2.2可以得到先验概率:

$$P(吸烟) = 0.2, P(不吸烟) = 0.8$$

这是根据已有的统计得到的数据,那么这两个概率就是先验概率。

技巧:只要是一个确定的事件A,且这个事件A的发生概率$P(A)$已知,那么就可以把$P(A)$称为先验概率。

2.1.2　信息先验*

信息先验表达了关于变量的具体且明确的信息。

例2.3　估计明天中午以前的温度分布。

合理的方法是将目标的温度分布设为正态分布,其期望值等于今天中午的温度,其方差等于温度的日常变化。

这个例子有许多先验的共同特征,所以就将一个问题(今天的温度)作为参考,变成另一个问题(明天的温度)的先前经验;已经被考虑的先前存在的证据是以前的一部分,并且随着越来越多的证据积累,后者主要由证据而不是任何原始假设确定,不过前提是原始假设对证据是什么已有相关的可能性的提示。

2.1.3　不知情的先验*

不知情的先验表示关于变量的模糊或一般信息。

例2.4　一个人知道一个球隐藏在三个杯子 A, B 或 C 之中,没有关于其位置的其他信息。

在例2.4的情况下,设球隐藏在三个杯子中的概率分别为 $P(A), P(B), P(C)$,则 $P(A) = P(B) = P(C) = 1/3$ 的均匀先验似乎是唯一合理的选择。如果交换杯子的标签(A, B 和 C),问题依然如此。但是其中标签的排列将导致人们对于哪个杯子将被发现的预测发生改变。

所以,不知情的先验表示关于变量的模糊或一般信息,它具有不变性,而且这种先验信息不是由主观引出的。

2.2　条件概率

条件概率是"因"已知,求"果"发生的概率。

2.2.1　条件概率的定义

条件概率是指在事件 B 已经发生的条件下事件 A 发生的概率,表示为 $P(A|B)$,计算规则为 $P(A|B) = \dfrac{P(AB)}{P(B)}$。一般 $P(A|B) \neq P(B)$,而且满足 A, B 两个事件具有非负性、规范性和可列可加性。其中 $P(AB)$ 为联合概率,它表示事件 A, B 共同发生的概率。

例2.5　不考虑其他因素,假设中国男足队在2034年的世界杯预选赛中战胜了日本男足队,那么在这个基础上,中国男足队有多大的可能夺得世界杯冠军?

设事件 A 为中国男足队夺得世界杯冠军,事件 B 为中国男足队在世界杯预选赛中战胜了日本男足队,则 $P(B)$ 为中国男足队在世界杯预选赛中战胜了日本男足队的概率,$P(AB)$ 为中国男足队在世界杯预选赛中战胜了日本男足队、中国男足队夺得世界杯冠军两个事件都发生的联合概率,$P(A|B)$ 为中国男足队在世界杯预选赛中战胜了日本男足队的条件下夺得世界杯冠军的概率。

其中 $P(B) \geqslant 0$。

如果 $P(B) < 0$，则这个命题不成立，它是一个假命题。

如果 $P(B) = 0$，则 $P(A|B)$ 没有意义。

如果 $P(B) > 0$，则 $P(A|B) = \dfrac{P(AB)}{P(B)}$。

2.2.2 事件的互斥性

有一种特殊情况，即事件 A 和 B 互斥，简单的理解就是，事件 A 和 B 不能同时发生在同一个场合下。

在数学上表示为 $P(A \cap B) = 0$，其中 $P(A) \neq 0$，$P(B) \neq 0$。

例 2.6 假设事件 A 为中国男足队夺得世界杯冠军，事件 B 为中国男足队在世界杯预选赛小组赛中没有出线。

在例 2.6 中，事件 A 和 B 是互斥的，因为中国男足队要夺得世界杯冠军，必须先在预选赛阶段出线进入正赛；反之，如果中国男足队在世界杯预选赛小组赛中没有出线，则不可能夺得世界杯冠军。

此时 $P(B) \geqslant 0$，$P(AB) = 0$，$P(A|B) = 0$；同理，$P(B|A) = 0$。

2.2.3 事件的独立统计性

在数学的角度，当且仅当两个随机事件 A 与 B 满足 $P(A \cap B) = P(A) \cdot P(B)$ 时，它们才是独立统计的。此时认为事件 A 和 B 不相关。

例 2.7 事件 A 为抛一次硬币结果为正面朝上，概率记作 $P(A)$；事件 B 为抛一次硬币结果为反面朝上，概率记作 $P(B)$。

只考虑理想的、无外界干扰的情况：现在有两个人，一人抛一次硬币，已知第一个人抛的结果为反面朝上（事件 B），现在求另一个人抛的结果为正面朝上的概率（事件 A）。

这时 $P(AB) = P(A) \cdot P(B)$，所以 $P(A|B) = P(A)$。

反之，如果已知第一个人抛的结果为正面朝上（事件 B），另一个人抛的结果为反面朝上（事件 A），则可计算得到 $P(B|A) = P(B)$。

通过推导的结果发现，另一个人抛硬币正面朝上的概率完全不受第一个人抛硬币结果的影响。此处虽然求解的是条件概率 $P(2|1)$（1 表示第一个人抛硬币的结果代表的事件，2 表示另一个人抛硬币的结果代表的事件），但是最终结果均为 $P(2)$，与 $P(1)$ 无关。

2.3 后验概率

后验概率的形式与条件概率一样，它是一种特殊的条件概率。后验概率是"果"已知，求"因"发生的概率。

2.3.1 后验概率的定义

后验概率可以理解成一种特殊的条件概率。后验概率的计算要以先验概率为基础。后验概率可以根据贝叶斯公式，用先验概率和似然函数计算出来。这是数学上严谨的定义。

后验概率与条件概率的不同之处在于，条件概率是由"因"求"果"，后验概率是由"果"求"因"。

在2.2.1小节中的例2.5中，如果已知事件B"中国男足队在世界杯预选赛中战胜了日本男足队"已经发生了，那么事件A"中国男足队夺得世界杯冠军"发生的概率就是条件概率，即$P(A|B)$。

如果已知事件A"中国男足队夺得世界杯冠军"已经发生了，那么事件B"中国男足队在世界杯预选赛中战胜了日本男足队"发生的概率就是后验概率，即$P(B|A)$。

两者的区别就在于事件的一前一后，一"因"一"果"。

推导：

$$P(A|B) = \frac{P(AB)}{P(B)}$$

$$P(B|A) = \frac{P(AB)}{P(A)}$$

则

$$P(A|B) = \frac{P(AB)}{P(B)} = \frac{P(B|A) \cdot P(A)}{P(B)}$$

$$P(B|A) = \frac{P(AB)}{P(A)} = \frac{P(A|B) \cdot P(B)}{P(A)}$$

2.3.2 后验概率与先验概率在应用上的区分

先验概率是事件还没有发生，要求事件发生的可能性；后验概率是事件已经发生了，要求这个事件是由某个事件引起的可能性。

例2.8 2034年世界杯，中国男足队夺得世界杯冠军的可能性为0.001。

数值0.001就是事件"中国男足队夺得世界杯冠军"的先验概率。

例2.9 2034年世界杯，假设中国男足队夺得了世界杯冠军，导致这个结果的原因可能是因为中国男足队挖掘出来一名顶级球星。

那么，事件"中国男足队挖掘出来一名顶级球星"到底对事件"中国男足队夺得世界杯冠军"的影响有多大呢？

已知中国男足队挖掘出来一名顶级球星的可能性为0.99；如果中国男足队挖掘出来一名顶级球星，中国男足队夺得世界杯冠军的概率为0.002。则事件"中国男足队夺得世界杯冠军"，是因为中国男足队挖掘出来一名顶级球星的概率就是后验概率。

设

事件 A : 中国男足队挖掘出来一名顶级球星, 它的概率记作 $P(A)$。

事件 B : 中国男足队夺得世界杯冠军, 它的概率记作 $P(B)$。

事件 $B|A$: 中国男足队在挖掘出来一名顶级球星的情况下夺得世界杯冠军, 它的概率记作 $P(B|A)$。

事件 $B|A-$: 中国男足队在没有挖掘出来一名顶级球星的情况下夺得世界杯冠军, 它的概率记作 $P(B|A-)$。

根据题目, 已知 $P(A) = 0.99$, $P(B|A) = 0.002$。

则 $P(A-) = 1 - P(A) = 0.01$, $P(B|A-) = 1 - P(B|A) = 0.998$。

则 $P(B) = P(A) \cdot P(B|A) + P(A-) \cdot P(B|A-) = 0.01196$, 即中国男足队夺得世界杯冠军是由两个因素促成的。

(1) 中国男足队挖掘出来一名顶级球星的情况下夺得了世界杯冠军。

(2) 中国男足队没有挖掘出来一名顶级球星的情况下夺得了世界杯冠军。

则 $P(A|B) = \dfrac{P(A) \cdot P(B|A)}{P(B)} \approx 0.166$ 就是后验概率, 即中国男足队夺得世界杯冠军的情况下, 中国男足队挖掘出来一名顶级球星的概率。

在例 2.9 中, 中国男足队夺得世界杯冠军的因素只有两个, 而且两个因素互斥。所以, $P(B|A) + P(B|A-) = 1$。

但是还有一种情况, 就是两个事件不是互斥的, 即 $P(B|A) + P(B|A-) \neq 1$。

例 2.10　一个口袋里有 3 只红球、2 只白球, 采用不放回方式摸取, 试求：

(1) 第一次摸到红球 (记作 A) 的概率；

(2) 第二次摸到红球 (记作 B) 的概率；

(3) 已知第二次摸到了红球, 求第一次摸到红球的概率。

解：

(1) $P(A) = 3/5$, 这就是先验概率。

(2) $P(B|A) = 2/4$, 这是第一次摸到红球, 第二次也摸到红球的概率。

(3) $P(B|A-) = 3/4$, 这是第一次没有摸到红球, 第二次摸到红球的概率。

$P(B) = P(A)P(B|A) + P(A-)P(B|A-) = 3/5$。

$P(A|B) = P(A)P(B|A)/P(B) = 1/2$, 这就是后验概率。

注意：例 2.9 与例 2.10 中 $P(B|A)$ 与 $P(B|A-)$ 的计算方法。

2.4　似然函数

似然函数是一种特殊的函数, 它的值 (似然值) 和 "概率" 相似, 是在得到参数 θ 时的条件概率。不过一般在形容结果分布时仍会用概率来表示, 似然是程度上的一个划分。

2.4.1 似然函数的定义

在统计学中,似然函数是一种关于统计模型中的参数的函数,它表示的是模型参数中的似然性。给定输出 x 时,关于参数 θ 的似然函数 $L(\theta|x)$(在数值上)等于给定参数 θ 后变量 x 的概率:$L(\theta|x) = P(X = x|\theta)$。

换个逻辑角度理解:将似然函数理解成一个条件概率的逆反。在2.2.1小节的定义中,条件概率是指在事件 B 已经发生的条件下事件 A 发生的概率。那么,将这个概念反过来应用,已知事件 A 已经发生,则可以运用似然函数 $L(B|A)$ 来估计事件 B 发生的可能性。

将事件 B 发生的可能性进行细分,事件 B 发生的可能性有 $b_1, b_2, b_3, \cdots, b_n$。

根据定义可以得到如下各式子。

$$L(b_1|A) = P(A|b_1) = e_1$$
$$L(b_2|A) = P(A|b_2) = e_2$$
$$L(b_3|A) = P(A|b_3) = e_3$$
$$\cdots$$
$$L(b_n|A) = P(A|b_n) = e_n$$

其中 $e_i(i = 1, 2, \cdots, n)$ 均满足 $0 \leq e_i \leq 1$。

此时把 $b_i(i = 1, 2, \cdots, n)$ 作为自变量,$L(b_i|A)(i = 1, 2, \cdots, n)$ 作为因变量,则它们两者的关系就构成了一个函数,这个函数可能是一个离散函数,也可能是一个连续函数。

条件概率与似然函数的区分如下。

(1)似然函数是执"果"求"因"的可能性,变量为"因",不变的是"果",如图2.1所示。

(2)条件概率是由"因"求"果"的分布,变量为"果",不变的是"因",如图2.2所示。

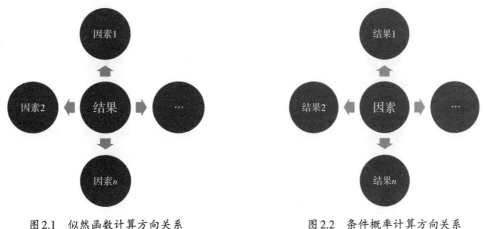

图2.1 似然函数计算方向关系   图2.2 条件概率计算方向关系

2.4.2 似然函数的应用

例2.11 2034年世界杯,假设中国男足队夺得了世界杯冠军,求中国男足队由名帅执教、归化顶级球员这两个事件的可能性。

分析:在例2.11中,事件A为中国男足队夺得世界杯冠军,已经发生。然后需要估计参数B(中国男足队由名帅执教、中国男足队归化顶级球员)的可能性。

既然从形式上可以将似然函数理解成一个条件概率,那么就可以按照如下逻辑推导。

设

A:中国男足队夺得世界杯冠军。

b_1:中国男足队由名帅执教。

b_2:中国男足队归化顶级球员。

则$L_1 = L(b_1|A) = P(A|b_1)$,$L_2 = L(b_2|A) = P(A|b_2)$,表示如果事件"中国男足队夺得世界杯冠军"发生,那么因素1"中国男足队由名帅执教"的影响为L_1,因素2"中国男足队归化顶级球员"的影响为L_2。

例2.12 现在来到2034年世界杯冠军决赛,冠军决赛采用两回合赛制,决赛对阵双方是中国和德国。假设中国队和德国队实力相当,各自赢得单场比赛的概率都为0.5,即$P(h) = P(H) = 0.5$(h表示中国队赢,H表示德国队赢)。

那么,就可以推出两回合赛事中国队都赢了的概率是$0.5 \times 0.5 = 0.25$。用条件概率表示就是:

$$P(hh|P_h = 0.5) = 0.5^2 = 0.25$$

这时建立一个统计模型:假设中国队打比赛时会有P_h的概率赢得比赛,有$1 - P_h$的概率输掉比赛。这时条件概率就可以写成似然函数:

$$L(P_h = 0.5|hh) = P(hh|P_h = 0.5) = 0.25$$

它表示对于取定X为中国队两回合赛事都战胜德国队时(hh),$P(h) = 0.5$的似然性是0.25。

注意:它并不表示当中国队两回合赛事都击败德国队时$P(h) = 0.5$的概率为0.25。

如果$P(h) = 0.7$,则似然函数的值也会发生变化:

$$L(P_h = 0.7|hh) = P(hh|P_h = 0.7) = 0.49$$

这里似然函数的值变大了,这就说明参数P_h变大,则结果"中国队两回合赛事都战胜德国队"的概率也会变大。

似然函数的重要性不是取决于它的函数值,而是取决于参数变化时函数的值是变大还是变小。如果存在一个参数P_h,使得它的似然函数的值达到最大,则这个P_h值就是最为"合理"的参数。

在上面的例2.12中,$P_h = 1$时似然函数的值达到最大值1;那么,就认为当中国队两回合赛事都击败德国队时,中国队单场击败德国的概率为1是最"合理"的。

例2.13 2034年世界杯,中国队在半决赛两回合对阵西班牙队,决赛两回合对阵德国队。仍然假设中国队不论和谁比赛,赢得单场比赛的概率都为0.5,其他因素都不考虑。已知中国队在四场比赛中,前三场比赛都赢了,最后一场比赛输了。

则得到的似然函数可以表示如下：用 h 表示中国队赢，用 H 表示中国队输，则 $L(P_h = x \mid hhhH) = P(hhhH \mid P_h = x) = x^3(1-x)(0 \leq P_h \leq 1)$。

通过对得到的这个似然函数求极值，可知 $P_h = 0.75$ 时，似然函数会取得最大值。似然函数如图 2.3 所示。

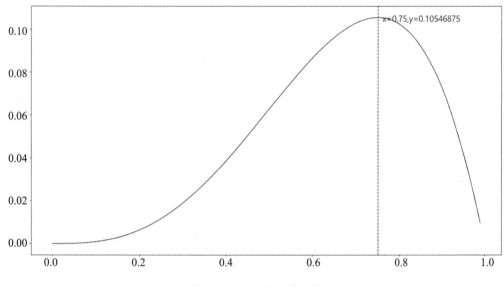

图 2.3　例 2.13 的似然函数

这时可以说，当中国队在四场比赛中，前三场比赛都赢了，最后一场比赛输了时，中国队赢得单场比赛的概率 $P_h = 0.75$ 是最"合理"的。

2.5　贝叶斯公式

贝叶斯公式也叫作贝叶斯定理、贝叶斯法则，它帮助人们根据不确定的信息作出推理或决策。贝叶斯公式对于概率论和数理统计有着举足轻重的意义，将它比作基石也不为过。

贝叶斯公式可以理解成一种数据分析的方法，也可以理解成辅助决策的工具。贝叶斯公式的应用已经渗透到数学、金融、计算机等各行各业，它在现代社会的发展中也有着重要的作用。

2.5.1　贝叶斯公式的定义

在统计学中，贝叶斯公式是一个基本的"工具"。它虽然叫作"公式"，但是它可以不用数字就诠释明白。

例 2.14　如果看到一个人总是做好事，则这个人多半是一个好人。

即当不能确定一件事物的本质时，可以依靠和这件事物相关的事件发生的概率去进行判断。

有一部科幻电视剧,里面有这么一个桥段:在24小时监视器下,女主要盗取一个东西,必须采用的手段是用电钻给墙打孔,把墙打穿才能取到东西,但是在全知系统的设定中,这个行为是被判定为犯罪的。但是女主发现,工人用电钻给墙打孔,系统不会将工人判定为犯罪。所以,女主回到家就不停地在墙上用电钻打孔,开始时监视器会把她判定为在犯罪,但是随着时间的推移,系统就将这一行为归结为女主的职业行为,因为全知系统会将一个人高频出现的行为归结为职业行为。所以,最终女主就在监视器下光明正大地给墙打孔,拿到了东西,而且还无罪。

虽然电视剧会出现一些浮夸或令人费解的地方,但是如果结合贝叶斯公式,这种判定的机制是肯定可以实现的。现在在机器学习、深度学习中就经常使用贝叶斯思想,这些概念或理论还需要不停地去完善、优化,以免闹出电视剧中的这种乌龙。

言归正传。贝叶斯公式是关于随机事件 A 和 B 的条件概率与边缘概率的一个公式:

$$P(A_i|B) = \frac{P(B|A_i)P(A_i)}{\sum_j P(B|A_j)P(A_j)}$$

其中 $\bigcup_{i=1}^{n} A_i = A$,且 $A_i A_j = \varnothing, 0 < P(A_i) < 1$。

边缘概率:假设有两个变量,它们的概率分布为 $P(x, y)$,那么它们中的一个特定变量的边缘分布为给定的其他变量的条件概率分布。例如,给定变量 y,那么 x 的边缘分布为

$$P(x) = \sum_y P(x, y) = \sum_y P(x|y)P(y)$$

在边缘分布中,已知的是关于变量 x 的概率分布,不考虑变量 y,可以理解为这是一个降维的操作。

它的应用比较典型的就是:在神经网络中,神经元相互关联,在计算它们各自的参数时,就会使用边缘分布计算得到某一特定神经元(变量)的值。

2.5.2 贝叶斯公式的推导

下面将逐步梳理贝叶斯公式的逻辑。知己知彼,才能百战百胜;更好地理解了贝叶斯公式,后面才能很好地去运用它。

1. 全概率公式推导

已知事件 A 在事件 B 发生的情况下发生的概率为条件概率:

$$P(A|B) = \frac{P(AB)}{P(B)}, P(B) > 0$$

那么,$P(AB) = P(A|B)P(B) = P(B|A)P(A)$。

事件组 $B_1, B_2, \cdots, B_n$ 是样本空间 Ω 的划分,如果它们满足:

(1)$B_1, B_2, \cdots, B_n$ 两两互斥,即 $B_i \bigcap B_j = \varnothing, i \neq j, i, j = 1, 2, \cdots, n$;

(2)$P(B_i) \geq 0$;

(3)$B_1 \bigcup B_2 \bigcup \cdots \bigcup B_n = \Omega$,

则

$$P(AB_1) = P(A|B_1)P(B_1)$$

$$P(AB_2) = P(A|B_2)P(B_2)$$

$$\cdots$$

$$P(AB_n) = P(A|B_n)P(B_n)$$

可以得到全概率公式为

$$P(A) = P(AB_1) + P(AB_2) + \cdots + P(AB_n) = \sum_{i=1}^{n} P(A|B_i)P(B_i)$$

同理,也可得到:

$$P(B) = \sum_{i=1}^{n} P(B|A_i)P(A_i)$$

说明:在计算事件 A 的概率比较困难时,可以将事件 B 划分成多个事件 $B_1, B_2, \cdots, B_n$,这样事件 A 就被分成了 $AB_1, AB_2, \cdots, AB_n$,每个事件 B_i 导致事件 A 发生的概率为 $P(A|B_i)$。这就是全概率公式的意义。

2. 贝叶斯公式推导

全概率公式是在已知小事件 B_i 发生的情况下,计算它们导致的结果 A 发生的概率,如图2.4所示。贝叶斯公式则是在已知大事件 A 发生的情况下,计算小事件 B_i 的概率,如图2.5所示。

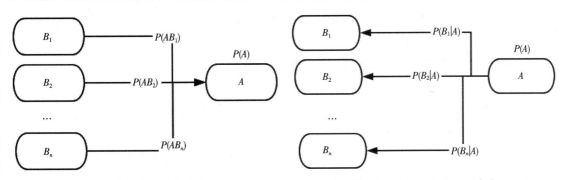

图2.4　全概率公式应用关系　　　　图2.5　贝叶斯公式应用关系

设事件组 $B_1, B_2, \cdots, B_n$ 是样本空间 Ω 的划分,它们满足:

(1)$B_1, B_2, \cdots, B_n$ 两两互斥,即 $B_i \cap B_j = \varnothing, i \neq j, i, j = 1, 2, \cdots, n$;

(2)$P(B_i) \geq 0$;

(3)$B_1 \cup B_2 \cup \cdots \cup B_n = \Omega$,

则对任一事件 $A(P(A) > 0)$,有:

$$P(B_i|A) = \frac{P(A|B_i)P(B_i)}{P(A)}$$

同理:

$$P(A_i|B) = \frac{P(B|A_i)P(A_i)}{P(B)}$$

将全概率公式 $P(A)$ 代入 $P(B_i|A)$,可得:

$$P(B_i|A) = \frac{P(A|B_i)P(B_i)}{\sum_j P(A|B_j)P(B_j)}$$

将全概率公式 $P(B)$ 代入 $P(A_i|B)$，可得：

$$P(A_i|B) = \frac{P(B|A_i)P(A_i)}{\sum_j P(B|A_j)P(A_j)}$$

2.5.3　贝叶斯公式的应用

例 2.15　现在有一个人工智能系统，需要对其进行功能性验证计算。假设现在需要验证它的视觉行为识别是否可靠，可以使用它去测试检测人群中是否有人正在吸烟（不考虑其他因素，只有吸烟和不吸烟两种情况，且视线内所有的人都可被检测识别到）。已知：如果一个人正在吸烟，被系统检测到并标识为红色的概率为98%；一个人没有吸烟，被系统检测到并不做任何颜色标识的概率为99%。在假设的场景中，已知会有5%的人正在吸烟，现在计算这个人工智能系统的视觉行为识别的可靠性。

设

R：正在吸烟的人被系统检测到并标识为红色。

N：没有吸烟的人被系统检测到并不做任何颜色标识。

$P(A)$：场景中正在吸烟的概率，$P(A) = 5\%$，这是事件 A 的先验概率。

$P(B)$：场景中没有吸烟的概率，$P(B) = 1 - P(A) = 95\%$。

$P(R|A)$：正在吸烟的人被系统检测到并标识为红色的概率，它是 R 关于 A 的条件概率，同时也是一个先验概率，因为条件中已经给出了吸烟的人检测准确率是98%，所以 $P(R|A) = 98\%$。

$P(N|A)$：正在吸烟的人未被系统检测到的概率，$P(N|A) = 1 - P(R|A) = 2\%$。

$P(N|B)$：没有吸烟的人被系统检测到并不做任何颜色标识的概率，同样地，它是 N 关于 B 的条件概率，同时也是一个先验概率，$P(N|B) = 99\%$。

$P(R|B)$：没有吸烟的人被系统检测到并标识为红色的概率，$P(R|B) = 1 - P(N|B) = 1\%$。

$P(R)$：测试场景中检测到有人正在吸烟并将其标识为红色的概率。

由于系统并不是百分之百准确的，所以可能会出现误报，即将没有吸烟的人检测成吸烟的人，将吸烟的人检测成没有吸烟的人。所以，在计算时要考虑以上两种情况的概率，然后对两种情况的概率求和，具体如下。

$$P(R) = P(RA) + P(RB) = P(R|A)P(A) + P(R|B)P(B) = 98\% \times 5\% + 1\% \times 95\% = 5.85\%$$

那么，当一个人被系统检测到在吸烟并被标识为红色时，他确实是在吸烟的概率为

$$P(A|R) = \frac{P(RA)}{P(R)}$$

由 $P(R|A) = 98\%$，$P(A) = 5\%$，可以得到如下推导。

$$P(R|A) = \frac{P(RA)}{P(A)} \Rightarrow P(RA) = P(R|A)P(A) = 4.9\%$$

最终得到 $P(A|R) \approx 83.76\%$。表示系统在场景中检测到某人在吸烟时,该人确实是在吸烟的概率为83.76%。

这说明,当一个人被系统检测到在吸烟时,有83.76%的概率是他真的在吸烟;也说明系统的误判概率比较高,达到了16.24%。

通过上面的计算论证,可以得出结论,目前这个人工智能系统的视觉识别对于吸烟行为的检测准确率一般,发生误判的概率比较高。

说明:人眼的识别能力在95%左右,正常的智能系统要求准确率至少达到90%甚至95%,所以此处称此例子中的系统不太合格。

例2.16 如果将上面的系统进行优化和改进,当系统检测到吸烟的人后,再对这个人进行一次检测(在视频检测识别中,行业一般采用的办法是:对检测到的目标进行一次连续帧的检测),那么问题就变成如下。

在复检时,吸烟的概率 $P(A) = 83.76\%$。那么,这时再用贝叶斯公式计算这个人在吸烟的概率。

设

R:正在吸烟的人被系统检测到并标识为红色。

N:没有吸烟的人被系统检测到并不做任何颜色标识。

$P(A)$:场景中正在吸烟的概率,$P(A) = 83.76\%$,这是事件 A 的先验概率。

$P(B)$:场景中没有吸烟的概率,$P(B) = 1 - P(A) = 16.24\%$。

$P(R|A)$:正在吸烟的人被系统检测到并标识为红色的概率,它是 R 关于 A 的条件概率,同时也是一个先验概率,因为条件中已经给出了吸烟的人检测准确率是98%,所以 $P(R|A) = 98\%$。

$P(N|A)$:正在吸烟的人未被系统检测到的概率,$P(N|A) = 1 - P(R|A) = 2\%$。

$P(N|B)$:没有吸烟的人被系统检测到并不做任何颜色标识的概率,同样地,它是 N 关于 B 的条件概率,同时也是一个先验概率,$P(N|B) = 99\%$。

$P(R|B)$:没有吸烟的人被系统检测到并标识为红色的概率,$P(R|B) = 1 - P(N|B) = 1\%$。

$P(R)$:测试场景中检测到有人正在吸烟并将其标识为红色的概率,根据全概率公式推导如下。

$$P(R) = P(RA) + P(RB) = P(R|A)P(A) + P(R|B)P(B)$$
$$= 98\% \times 83.76\% + 1\% \times 16.24\% = 82.2472\%$$

这时再次被系统标识为红色的人确实是在吸烟的概率为

$$P(A|R) = \frac{P(RA)}{P(R)} = \frac{P(R|A)P(A)}{P(R)} = \frac{98\% \times 83.76\%}{82.2472\%} \approx 99.8025\%$$

这时此人吸烟的概率为99.8025%,已经超过了系统的识别率98%,可以认为系统的检测结果是可靠的。

说明:上述例子只是理想化的一个情况,在实际的应用场景中,要考虑的因素不止这么简单,而且系统实际测试的准确率、置信度这些指标和从理论上进行计算的指标是有差异的。

2.6 小结

贝叶斯公式在概率论中是一个重要的公式,概率论又是数学的一门支撑学科,而数学的应用已经遍布在现代生活中。所以,尤其是在现在这个数据时代中,贝叶斯公式起着重要的作用,很多科技的底层依赖多多少少都和贝叶斯定理相关。

贝叶斯定理建立在概率论和数理统计的理论基础上,它是一种数据分析的方法,是辅助决策的工具。但是贝叶斯定理中涉及的这些理论比较复杂,相互的关联性比较大,所以下面将针对本章的内容进行一次梳理。

(1)已知事件 A 发生的概率为 $P(A)$,则 $P(A)$ 为先验概率。

(2)在事件 A 发生的情况下,事件 B 发生的概率为 $P(B|A)$,$P(B|A)$ 为事件 B 的条件概率。

(3)已知事件 B 已经发生,则事件 B 是由事件 A 导致的概率为 $P(A|B)$,$P(A|B)$ 为事件 A 的后验概率。

(4)已知事件 A 已经发生,事件 B 分为事件组 $B_1, B_2, \cdots, B_n$,则关于参数 B_i 的似然函数为 $L(B_i|A) = P(A|B_i) = e_i, 0 < e_i < 1, i = 1, 2, \cdots, n$。

当事件 B 取 $B_i(i = 1, 2, \cdots, n)$ 时,似然函数的值 $L(B_i|A) = P(A|B_i)$ 取得最大值,则认为如果事件 A 已经发生,事件 B 为 B_i 最合理。

(5)已知事件 A 已经发生,事件 B 分为事件组 $B_1, B_2, \cdots, B_n$。

可以得到全概率公式为

$$P(A) = P(AB_1) + P(AB_2) + \cdots + P(AB_n) = \sum_{i=1}^{n} P(A|B_i)P(B_i)$$

那么,反过来可以得到贝叶斯公式:

$$P(B_i|A) = \frac{P(A|B_i)P(B_i)}{\sum_j P(A|B_j)P(B_j)}$$

例如,抛一次硬币,记事件 A 为正面朝上,事件 B 为反面朝上。

(1)已知抛一次硬币,正面朝上和反面朝上的概率都为 0.5,则 $P(A) = P(B) = 0.5$ 为先验概率。

(2)若抛两次硬币,第一次为正面朝上,第二次为反面朝上,那么这种情况出现的概率为多少?

解:

第一次正面朝上的概率为 $P(A) = 0.5$,它是先验概率。

第一次正面朝上的情况下,第二次反面朝上的概率为 $P(B|A) = \dfrac{P(AB)}{P(A)} = 0.5$,它是事件 B 的条件概率。

(3)若抛两次硬币,第二次为反面朝上,那么第一次为正面朝上的概率为多少?

解:

第二次反面朝上的概率为 $P(B) = 0.5$。

第二次反面朝上的情况下,第一次正面朝上的概率为 $P(A|B) = \dfrac{P(AB)}{P(B)} = 0.5$,它是事件 A 的后验概率。

(4)已知事件第二次结果为反面朝上,那么求事件第一次结果是哪面朝上的似然函数。

解:

第二次反面朝上的概率为 $P(B) = 0.5$,它是先验概率。

似然函数为 $L(\theta_i|B) = P(B|\theta_i) = e_i$。

设第一次正面朝上为 θ_1,第一次反面朝上为 θ_2,则 $L(\theta_1|B) = P(B|\theta_1) = 0.5$,$L(\theta_2|B) = P(B|\theta_2) = 0.5$。

此时发现,第二次结果为反面朝上时,第一次结果不论是哪面朝上,似然函数的值都是0.5,是相同的。

(5)已知事件第二次结果为反面朝上,那么可以用贝叶斯公式得到如下结论。

第二次反面朝上的概率为 $P(B) = 0.5$,它是先验概率。

设第一次正面朝上为 a_1,第一次反面朝上为 a_2。

说明:此时把事件 A 第一次抛硬币的结果划分成了事件组 a_1 和 a_2。

则根据贝叶斯公式 $P(A_i|B) = \dfrac{P(B|A_i)P(A_i)}{\sum_j P(B|A_j)P(A_j)}$,可以得到 $P(a_1|B) = 0.5$,$P(a_2|B) = 0.5$。

第 3 章

概率估计

★ 本章导读 ★

　　第2章介绍了贝叶斯概率相关的概念,概念是一个公式,如何将公式灵活地运用到现实生活中的各个场景是一个必须研究的问题。在第2章中,虽然举了很多例子,但是它们都是基于理想化的状态,即只考虑了主观的因素,没有考虑其他的干扰因素。

　　一个理论,必须经过各种推敲论证,才能确定其是否合理。同样地,理论该怎么应用到实际,也是需要经过各种验证的,将各种实际的因素加入问题中,通过问题的本质去寻找解决的方法。贝叶斯估计就是在贝叶斯定理应用到实际场景时产生的一个思想。不论身处什么行业,只要会和未知事物有交集,那么就多多少少会接触到这些概念。很多时候,人们对待未知事物的态度很简单,就是要么它发生,要么它不发生。但是仍然要考虑的一个问题是:这件未知事物发生的可能性有多大,或者不发生的可能性有多大。

　　举一个简单的例子——双色球。假设某人有两块钱,摆在这个人面前的有两个选择:(1)买双色球,有机会中500万元奖金;(2)抛一次硬币,只要抛出的结果是正面朝上,马上就能得到500万元奖金。可能大部分人本能地会选择(2),因为根据以往的经验和认知,双色球中500万元的概率简直是微乎其微,小到可以忽略。有时可以认为贝叶斯估计是一个简单的"大脑",一个简单的智能系统,工程师们可以用这些简单的"大脑"去拼凑成一个强大的"大脑",这有点三个臭皮匠赛过诸葛亮的意思。但是它和人类的思维本质上是一样的,都是根据以往的经验,去对一件未知的事物进行推断,估计这个未知事物发生的可能性,然后帮助人类作出决策。

3.1 什么是估计

什么是估计,日常生活中很多人对于一些问题经常会说:"我觉得""我认为""我是这么想的"……这些从数学的角度就可以称为估计。

估计其实就是对事物作出大概的推断,回想一下自己在遇到不确定的问题时,是怎么去估计的?

例3.1 小明今天出门发现天有点暗,阴沉沉的,而且还在吹凉风,他估计今天可能会下雨。

为什么估计今天会下雨呢?因为根据小明的生活经验发现,一般白天下雨时,早上的天都是阴沉沉的,而且有时也会吹凉风。所以,小明根据自己的经验推断,今天可能会下雨,出门时应该带上伞。

但是如果小明今天出门发现天上万里无云,那他估计今天有极大可能不会下雨,但他不能保证今天百分之百不会下雨,他只能说今天有极大可能不会下雨。

这就是一个简单的估计,根据以往的经验,结合今天出现的因素综合得到的推测。但是也只能推测出今天可能下雨或可能不下雨,而且这个推断并不能百分之百地确定,即便今天早上天上万里无云,也只能说今天有极大可能不会下雨,就是说不下雨的可能性很大,却不能说今天肯定不会下雨。

因为对未知事物的推断本身就是一个概率性的问题,概率是反映随机事件出现的可能性大小的,从"随机"两个字应该就能明白,它是具有不确定性的。

例3.2 小明今天下班约了女朋友看电影,他上班的地方离看电影的地方有点远,他五点半下班,电影开场时间是六点半。小明需要提前十分钟到电影院去取票,然后买零食,也就是说,他得在六点二十之前到达电影院。已知小明从公司到电影院,坐公交车要三十分钟,等车需要五分钟,如果堵车需要等十多分钟。如果打车的话,走主干道需要十分钟,但是主干道有堵车的风险,走其他路线不存在堵车的问题,有较大可能在二十分钟内到达,打车需要等车二十分钟左右;如果提前叫车,则有较大可能只用等十分钟。

到了五点半,小明发现他今天的工作有一点没做完,离开公司他就做不了工作,如果明天交不上任务,要面临绩效的惩罚;如果加班的话,需要二十分钟。小明现在不想被绩效惩罚,所以他准备加会班,但是要保证能在六点二十之前到达电影院。

这时小明脑子里计算了一下:加班二十分钟,只剩四十分钟给小明赶路,三十分钟坐公交车,等公交车的时间不定,如果堵车可能会等十多分钟,不堵车的话要等五分钟。

如果打车,等车要等二十分钟左右,有可能主干道不堵车,那总时间三十分钟能到;也有可能主干道堵车,有较大的可能在总时间四十分钟内到达。

如果提前叫车,有较大可能在三十分钟内到达,有极大可能在四十分钟内到达。

按照平时的经验,五点半过后有较大的可能会遇到堵车。这时综合分析发现,打车并且提前叫车有较大的可能在四十分钟内到达电影院,所以小明选择了打车并提前叫车。

3.2 概率密度函数

在介绍概率估计之前,还需要了解什么是概率密度函数。

概率密度函数即某一事件的概率分布。因为日常中遇到的事件都是随机的,即认为事件是一个分布,既然是一个分布,那么就可以将它用某种形式表达出来。

概率密度函数是描述一个随机变量的输出值,它是在某一个确定的取值点附近的可能性的函数。随机变量的取值落在某个区域内的概率就是概率密度函数在这个区域上的积分。

3.2.1 概率密度函数的定义

对于一维实随机变量 X,设它的累积分布函数为 $F_X(x)$,如果存在可测函数 $f_X(x)$,满足:

$$F_X(x) = \int_{-\infty}^{x} f_X(t)\, \mathrm{d}t$$

那么 X 为一个连续型随机变量,并且 $f_X(x)$ 为它的概率密度函数。

下面用一个实际例子进行讲解。

例3.3 小明今天约了朋友出去玩,约定上午十点在车站集合,现在九点半,小明到车站了,但是他朋友还没有到,那么小明朋友到达的时间就可以表示为图3.1(不考虑其他因素,只考虑某一时刻到或不到,分别用1和0表示)。

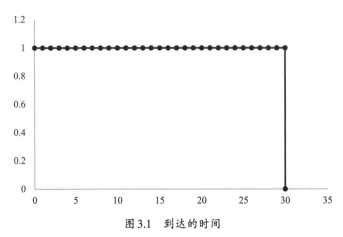

图 3.1　到达的时间

那么,小明朋友在第5分钟到第10分钟内到达车站的概率就是:

$$\frac{10-5}{30} = \frac{1}{6}$$

这个概率是通过面积计算的,如图3.2所示。

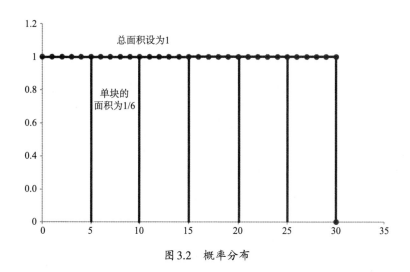

图 3.2 概率分布

在上面的条件中,假设概率是均匀分布的,即概率密度函数$f_X(x)$为一个定值。那么,如果引入其他因素,图 3.2 就变成了一个不均匀的分布,即概率密度函数$f_X(x)$随着X的变化也在跟着变化,如图 3.3 所示。

注意:变化是不定的,图 3.3 只是展示,并不是所有的概率密度函数都是这个形式。

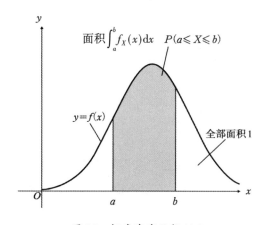

图 3.3 概率密度函数$f(x)$

这种情况,如果要计算小明朋友在第a分钟到第b分钟内到达车站的概率,仍然是采用面积之比来计算。不同的地方在于,这里要得到面积之比,就要用积分计算面积。已知概率密度函数$f_X(x)$,那么就能得到区间$[a,b]$的面积,即

$$\int_a^b f_X(x)\mathrm{d}x$$

而总的面积为

$$\int_{-\infty}^{\infty} f_X(x)\mathrm{d}x$$

就得到这个概率为

$$P = \frac{\int_a^b f_X(x)\,\mathrm{d}x}{\int_{-\infty}^{\infty} f_X(x)\,\mathrm{d}x}$$

在图3.1中,假设$f_X(x)$在第0分钟到第30分钟内是均匀分布的,那么概率密度函数为

$$f_X(x) = \begin{cases} \dfrac{1}{30} & (0 \le x \le 30) \\ 0 & (x < 0, x > 30) \end{cases}$$

则计算小明朋友在第5分钟到第10分钟内到达车站的概率如下。

$$P = \frac{\int_a^b f_X(x)\,\mathrm{d}x}{\int_{-\infty}^{\infty} f_X(x)\,\mathrm{d}x} = \frac{\int_5^{10} f_X(x)\,\mathrm{d}x}{\int_{-\infty}^{\infty} f_X(x)\,\mathrm{d}x} = \frac{1}{6}$$

在例3.3中,概率值可以简单地求出。但是对于第二种不均匀分布的情况,就需要结合概率密度函数$f_X(x)$的实际分布进行计算了。

结合例3.3,可直观发现概率密度函数的几个性质。

(1)$f(x) > 0$。

(2)$\int_{-\infty}^{\infty} f(x)\,\mathrm{d}x = 1$。

(3)$P(a \le x \le b) = \int_a^b f(x)\,\mathrm{d}x$。

在概率分布中,按照分布的类型可以将所有的分布概括为两种:连续型概率分布和离散型概率分布。

3.2.2　连续型概率分布

连续型概率分布抽象成一个二维函数就是一条不间断的线段,它可能是一段直线,可能是一段曲线,也可能是一段不规则的线,如图3.4所示。严谨的诠释为:一个随机变量在其区间内当能够取任何数值时所具有的分布。

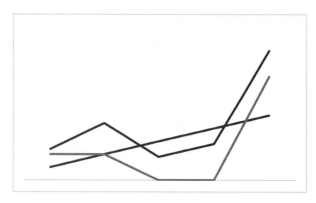

图3.4　连续型概率分布函数

如果再将连续型概率分布进行分类,又可以分成多种。

1. 正态分布

正态分布又名高斯分布,它的密度函数是以均值为中心对称分布的,这是最常用的概率分布。

如果随机变量 X 服从位置参数 μ、尺度参数 σ 的概率分布,且它的概率密度函数为

$$f(x) = \frac{1}{\sqrt{2\pi}\sigma} \exp(-\frac{(x-\mu)^2}{2\sigma^2})$$

那么这个随机变量就称为正态随机变量,它服从的分布就是正态分布,记作 $X \sim N(\mu, \sigma^2)$,表示 X 服从 $N(\mu, \sigma^2)$ 或 X 服从正态分布。

那么,正态分布究竟是怎样的呢?用一张图展示出来,如图3.5所示。

如果 $\mu = 0, \sigma = 1$,那么这个正态分布就称为标准正态分布,即 $f(x) = \frac{1}{\sqrt{2\pi}} \exp(-\frac{x^2}{2})$,如图3.6 所示。

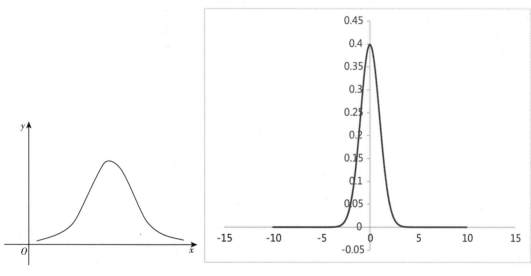

图 3.5　正态分布　　　　　　　　　　图 3.6　标准正态分布

性质　(1)如果 $X \sim N(\mu, \sigma^2)$,a, b 为实数,那么 $aX + b \sim N(a\mu + b, (a\sigma)^2)$。

证明:

已知 $X \sim N(\mu, \sigma^2)$,则 $f(x) = \frac{1}{\sqrt{2\pi}\sigma} \exp(-\frac{(x-\mu)^2}{2\sigma^2})$,变量 X 的分布的期望为 μ,方差为 σ^2,即

$$x_1 P(x_1) + x_2 P(x_2) + \cdots + x_n P(x_n) = \mu$$

$$\frac{(x_1 - \mu)^2 + (x_2 - \mu)^2 + \cdots + (x_n - \mu)^2}{n} = \sigma^2$$

那么,对于 $aX + b$,它的期望变成:

$$(ax_1 + b)P(x_1) + (ax_2 + b)P(x_2) + \cdots + (ax_n + b)P(x_n)$$
$$= ax_1P(x_1) + bP(x_1) + ax_2P(x_2) + bP(x_2) + \cdots + ax_nP(x_n) + bP(x_n)$$
$$= a[x_1P(x_1) + x_2P(x_2) + \cdots + x_nP(x_n)] + b[P(x_1) + P(x_2) + \cdots + P(x_n)]$$
$$= a\mu + b$$

方差变成：

$$\frac{(ax_1 + b - (a\mu + b))^2 + (ax_2 + b - (a\mu + b))^2 + \cdots + (ax_n + b - (a\mu + b))^2}{n}$$

$$= \frac{(ax_1 - a\mu)^2 + (ax_2 - a\mu)^2 + \cdots + (ax_n - a\mu)^2}{n}$$

$$= \frac{a^2(x_1 - \mu)^2 + a^2(x_2 - \mu)^2 + \cdots + a^2(x_n - \mu)^2}{n}$$

$$= a^2\sigma^2$$

概率密度函数仍然满足正态分布。所以，$aX + b \sim N(a\mu + b, (a\sigma)^2)$，$aX + b$ 服从 $N(a\mu + b, (a\sigma)^2)$。

（2）如果 $X \sim N(\mu_x, \sigma_x^2)$ 与 $Y \sim N(\mu_y, \sigma_y^2)$ 是独立统计的正态随机变量，那么：

它们的和满足正态分布，即 $U = X + Y \sim N(\mu_x + \mu_y, \sigma_x^2 + \sigma_y^2)$；

它们的差满足正态分布，即 $V = X - Y \sim N(\mu_x - \mu_y, \sigma_x^2 + \sigma_y^2)$。

证明：

已知 $X \sim N(\mu_x, \sigma_x^2)$，则

$$x_1P(x_1) + x_2P(x_2) + \cdots + x_nP(x_n) = \mu_x$$

$$\frac{(x_1 - \mu_x)^2 + (x_2 - \mu_x)^2 + \cdots + (x_n - \mu_x)^2}{n} = \sigma_x^2$$

又因为 $Y \sim N(\mu_y, \sigma_y^2)$，则

$$y_1P(y_1) + y_2P(y_2) + \cdots + y_nP(y_n) = \mu_y$$

$$\frac{(y_1 - \mu_y)^2 + (y_2 - \mu_y)^2 + \cdots + (y_n - \mu_y)^2}{n} = \sigma_y^2$$

那么，对于 $U = X + Y$，U 的期望变成：

$$x_1P(x_1) + x_2P(x_2) + \cdots + x_nP(x_n) + y_1P(y_1) + y_2P(y_2) + \cdots + y_nP(y_n) = \mu_x + \mu_y$$

方差变成：

$$\frac{(x_1 + y_1 - \mu_x - \mu_y)^2 + (x_2 + y_2 - \mu_x - \mu_y)^2 + \cdots + (x_n + y_n - \mu_x - \mu_y)^2}{n}$$

$$= \frac{[(x_1 - \mu_x) + (y_1 - \mu_y)]^2 + [(x_2 - \mu_x) + (y_2 - \mu_y)]^2 + \cdots + [(x_n - \mu_x) + (y_n - \mu_y)]^2}{n}$$

$$= \sigma_x^2 + \sigma_y^2$$

U 的概率密度函数仍然满足正态分布，所以 $U = X + Y \sim N(\mu_x + \mu_y, \sigma_x^2 + \sigma_y^2)$。

同样地，对于 $V = X - Y$，V 的期望变成：

$$x_1P(x_1) + x_2P(x_2) + \cdots + x_nP(x_n) - [y_1P(y_1) + y_2P(y_2) + \cdots + y_nP(y_n)] = \mu_x - \mu_y$$

方差变成：

$$\frac{[x_1 - y_1 - (\mu_x - \mu_y)]^2 + [x_2 - y_2 - (\mu_x - \mu_y)]^2 + \cdots + [x_n - y_n - (\mu_x - \mu_y)]^2}{n}$$

$$= \frac{[(x_1 - \mu_x) - (y_1 - \mu_y)]^2 + [(x_2 - \mu_x) - (y_2 - \mu_y)]^2 + \cdots + [(x_n - \mu_x) - (y_n - \mu_y)]^2}{n}$$

$$= \sigma_x^2 + \sigma_y^2$$

V的概率密度函数仍然满足正态分布,所以$V = X - Y \sim N(\mu_x - \mu_y, \sigma_x^2 + \sigma_y^2)$。

说明:在上述证明方差的过程中,因为篇幅原因没有展示全。计算思路是将括号展开计算,然后运用合并同类项等方法进行计算,最终得到结果。

(3)如果$X \sim N(0, \sigma_x^2)$和$Y \sim N(0, \sigma_y^2)$是独立常态随机变量,那么它们的积XY服从概率密度函数为P的分布:$P(z) = \dfrac{1}{\pi \sigma_x \sigma_y} K_0\left(\dfrac{|z|}{\sigma_x \sigma_y}\right)$,其中$K_0$为修正贝塞尔函数,$X/Y$符合柯西分布。

(4)如果$X_1, X_2, \cdots, X_n$为独立标准常态随机变量,那么$X_1^2 + X_2^2 + \cdots + X_n^2$服从自由度为$n$的卡方分布。

说明:性质(3)和性质(4)仅作了解即可。

(5)图形特征。

①集中性:正态曲线的高峰位于图形正中央,即均数所在的位置。

②对称性:正态曲线以均数为中心,左右对称,曲线两端永远不与横轴相交。

③均匀变动性:正态曲线由均数所在的位置开始,分别向左右两侧逐渐均匀下降。

曲线与横轴之间的面积总和一定等于1。

应用 正态分布是最常见的一种分布即体现在它的应用上。

例3.4 抛硬币,正面朝上+1分,反面朝上-1分。现在开始抛硬币,积分从0开始。那么,每一次抛硬币,都有0.5的概率+1分或-1分。

抛10次硬币,得到的分数的概率分布和频数如表3.1所示。

表3.1 概率分布和频数

分数	-10	-8	-6	-4	-2	0	2	4	6	8	10
频数	1	10	45	120	210	252	210	120	45	10	1
概率	0.09%	0.98%	4.39%	11.72%	20.51%	24.61%	20.51%	11.72%	4.39%	0.98%	0.09%

画出分布图,如图3.7所示。如果抛的次数特别多,1000次、10000次,甚至更多,趋于无穷多次,那么这个分数和频数的分布间距会越来越小,如图3.8所示,当它小到一定程度后,最终就可以将它视为这样一条曲线,如图3.9所示。

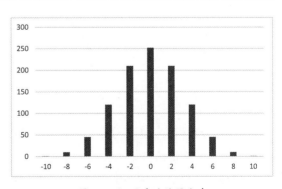

图3.7 抛硬币的结果分布

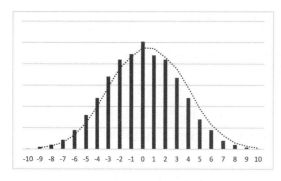
图3.8 次数增多后的分布

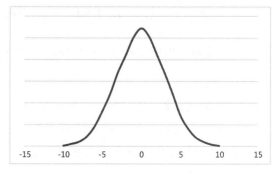
图3.9 抛硬币次数趋于无限大时的结果分布

正态分布常见的原因是中心极限定理,就是在自然界与生产中,一些现象受到许多相互独立的随机因素的影响,如果每个因素所产生的影响都很微小时,总的影响可以看作是服从正态分布的。比如一家公司的员工的绩效考核、人的身高、人的颜值……都是正态分布的。

这里只需要了解什么是正态分布,其他的暂时不做深入的研究。

2. 三角形分布*

三角形分布是下限为a,上限为b,众数为c的连续型概率分布,它的概率密度函数为

$$f(x\,|\,a\,,b\,,c) = \begin{cases} \dfrac{2(x-a)}{(b-a)(c-a)}, a \leqslant x \leqslant c \\[2mm] \dfrac{2(b-x)}{(b-a)(b-c)}, c < x \leqslant b \end{cases}$$

函数图形如图3.10所示。

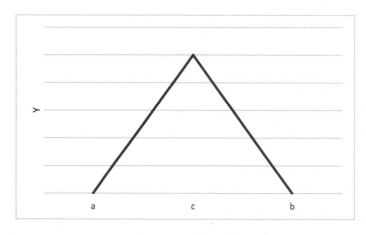
图3.10 三角形分布

三角形分布相较于正态分布是一种有线性规则的分布。三角形分布通常用于表述只有优先采样数据的信息,尤其是已知变量之间的关系,但是由于数据的收集成本太高而缺少采样数据的场合。这通常是根据已知的最小值与最大值从而推算出合理的常见值。

三角形分布的应用如下。

(1)商务模拟。如果对结果的概率分布信息知道得很少,假设只知道最大值、最小值和最可能出现的结果,那么就可以用三角形分布进行模拟。

(2)项目管理。在项目管理中,三角形分布作为一种估算方法出现,被用于项目评估阶段工作中的工期预算、成本估计等。它是建立在评估项最大值与评估项最小值之间的评估项事件发生的概率模型。

(3)风险控制。工程项目成本风险的理论分布是指工程项目的各种风险在理论上的概率分布情况,这可以通过理论推导和使用风险事件的模拟仿真等方法获得。从理论上来说,不同种类风险所形成的风险性成本的概率分布都是不同的,因此如果一个一个地将每个具体活动的具体分布找出来,并且使用这些分布去计算求得一项具体活动的风险性成本是不现实的。所以,人们开始研究如何通过简化来使这一问题能够采用统一而又相对简单的办法。这些各不相同的风险性成本分布最可行的简化办法,也是人们最能够接受的办法,是将它们统一简化成一种三角形分布,通过三角形分布,可从中预测最大、最小及最可能的值,靠近最大值和最小值的值出现的可能性要小于靠近最可能值的值,由于其应用方便,所以得到了广泛的应用。

3. 经验分布*

经验分布是一种函数。经验分布函数是对产生的样本点的累积分布函数的估计。该分布函数在 n 个数据点中的每一个数据点上都跳跃 $\frac{1}{n}$ 的阶梯函数。它表示在变量的指定值 x_k 处的值是小于或等于指定值 x_k 的观测值的数。

注意:经验分布是一个累积分布函数。

可以把它理解成这种形式:

$$f_n(x) = \begin{cases} 0, x < x_1 \\ \sum_{i=1}^{k} \frac{1}{n}, x_1 \leqslant x < x_n, k = 1, 2, \cdots, n \\ 1, x \geqslant x_n \end{cases}$$

例3.5 现在有一个容量为10的样本值,它的样本值为6.2,5.8,8.2,7.0,7.2,6.8,7.3,8.5,6.7,8.0。

那么,把样本值按从小到大的顺序排列为 5.8 < 6.2 < 6.7 < 6.8 < 7.0 < 7.2 < 7.3 < 8.0 < 8.2 < 8.5。则可以得到一个经验分布函数。

$$f_{10}(x) = \begin{cases} 0, x < 5.8 \\ \frac{1}{10}, 5.8 \leqslant x < 6.2 \\ \frac{2}{10}, 6.2 \leqslant x < 6.7 \\ \frac{5}{10}, 6.7 \leqslant x < 7.2 \\ \frac{7}{10}, 7.2 \leqslant x < 8.0 \\ \frac{9}{10}, 8.0 \leqslant x < 8.5 \\ 1, x \geqslant 8.5 \end{cases}$$

将它图形化展示，如图3.11所示。

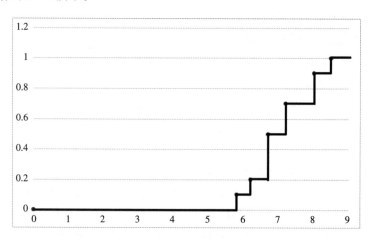

图3.11　经验分布

当样本的容量增大时，相邻的两个数据之间的跳跃程度降低，即梯度不断减小，而且梯度的宽度也会变窄；当样本容量增大到一定程度时，这个曲线就可以想象成一条平滑的曲线。假设样本总体X的分布函数是$F(x)$，则上述经验分布函数$f_n(x)$就会越来越接近$F(x)$。

注意：经验分布是累积分布函数，要将其与概率密度函数区分开。

4. 指数分布*

指数分布的概率密度函数为$f(x)=\begin{cases}\lambda e^{-\lambda x}, x>0\\0, x\leqslant 0\end{cases}$，其中$\lambda>0$，即单位时间内发生某事件的次数。指数分布的区间为$[0,+\infty)$。$X\sim E(\lambda)$表示随机变量$X$呈指数分布。

指数分布的数学期望为$E(X)=\dfrac{1}{\lambda}$，方差为$D(x)=\dfrac{1}{\lambda^2}$。

例3.6　通常对于车站、机场的旅客的进站可以用指数分布进行解释。假设某机场一周的进站人数如表3.2所示。

表3.2　机场一周的进站人数

日期	周一	周二	周三	周四	周五	周六	周日
人数	2656	5656	6896	2365	6657	13564	19434

对这一周的进站人数求数学期望得到$E(X)\approx 8175$。发现如果用这个期望值来作为辅助管理的参考，则这个值的意义不是特别大。

如果对周一这一天的人数进行分时段展示（$T=2$小时），如表3.3所示。

表3.3　周一机场分时段的进站人数

时间	2	4	6	8	10	12	14	16	18	20	22	24
人数	60	23	195	326	335	466	448	482	123	101	32	65

则可以得到周一这一天的进站人数详细的概率分布,如图3.12所示。

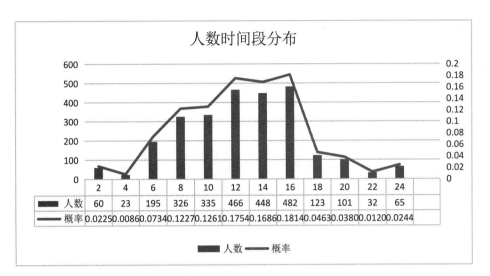

图3.12　周一机场的进站人数时间段分布

根据图3.12,就可以相对较好地观测到一天中各时间段的旅客进站情况了。这一天中,各时间段进站人数的期望$E(X) \approx 221$。它的概率分布函数可以表示为$P(x = k) = \dfrac{\lambda^k}{k!} \mathrm{e}^{-\lambda}$。

说明:$P(x = k)$即某时间段的人数/该天总人数。

现在将情况简化一下,假设机场今天就两个人进站,那么这两个人进站的时间间隔为Y,现在假设在时间段T内机场一个旅客都没有,则:

设两个人进站的时间间隔为Y,在时间段T内进入机场的旅客数为X。

上述情况为$P(Y > T) = P(X = 0, T) = \mathrm{e}^{-\lambda T}$(时间段$T$内没有旅客进站可以表示为$X = 0$;或者两个旅客进站的时间间隔大于$T$,即一个人在$T - 1$时间段内进站,另一个人在$T + 1$时间段内进站)。

那么反过来,在时间段T内进入机场的旅客间的时间间隔为$P(Y \leqslant T) = 1 - \mathrm{e}^{-\lambda T}$。

则Y的累积分布函数可以表示为$F(y) = \begin{cases} 1 - \mathrm{e}^{-\lambda y}, & y \geqslant 0 \\ 0, & y < 0 \end{cases}$,再对其求导即可得到概率密度函数:

$P(y) = \begin{cases} \lambda \mathrm{e}^{-\lambda y}, & y \geqslant 0 \\ 0, & y < 0 \end{cases}$。这就是两个人进站的时间间隔$Y$的概率密度函数,也就是指数分布。

假设只计算周一这一天的数据,那么最终得到周一机场的旅客进站时间间隔的概率分布为

$$P(y) = \begin{cases} \dfrac{1}{221} \mathrm{e}^{-\frac{1}{221} y}, & y \geqslant 0 \\ 0, & y < 0 \end{cases}$$

$E(X) = \dfrac{1}{\lambda} = 221$,分布如图3.13所示。

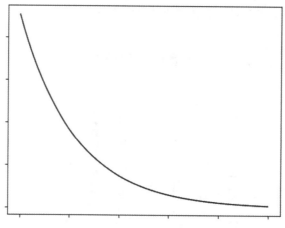

图3.13 进站时间间隔的概率分布

5. 贝塔分布*

贝塔分布是定义在$(0,1)$区间上的连续型概率分布,它有两个参数$\alpha,\beta > 0$;为了方便理解,可以把它看成概率的概率分布函数。

例3.7 在足球中,点球命中率为0.9,如果一名球员罚点球没有命中,那不可能说他的点球命中率为0;如果一名球员在该赛季中罚了5次点球,命中了4次,那他的点球命中率就是$4/5 = 0.8$了?答案也不是,因为这个样本数据太少了。那如果要测算这名球员的点球命中率,该怎么计算呢?

其实在一开始已经有了一个先验概率0.9,因此如果这名球员在一场比赛中罚点球没有命中,那么可以说他的点球命中率低于0.9,却不能说他的点球命中率为0。

贝塔分布的概率密度函数为

$$f(x;\alpha,\beta) = \frac{x^{\alpha-1}(1-x)^{\beta-1}}{\int_0^1 u^{\alpha-1}(1-u)^{\beta-1}\mathrm{d}u} = \frac{T(\alpha+\beta)}{T(\alpha)T(\beta)}x^{\alpha-1}(1-x)^{\beta-1} = \frac{1}{\mathrm{B}(\alpha,\beta)}x^{\alpha-1}(1-x)^{\beta-1}$$

其中$T(z)$为τ函数,随机变量X服从参数为α,β的贝塔分布通常写作$X \sim \mathrm{B}(\alpha,\beta)$。

贝塔分布的累积分布函数为$F(x;\alpha,\beta) = \dfrac{\mathrm{B}_x(\alpha,\beta)}{\mathrm{B}(\alpha,\beta)} = I_x(\alpha,\beta)$,其中$\mathrm{B}_x(\alpha,\beta)$是不完全贝塔函数,$I_x(\alpha,\beta)$是正则不完全贝塔函数。

性质 参数为α,β的贝塔分布的众数为

$$\frac{\alpha-1}{\alpha+\beta-2}$$

期望为

$$\mu = E(X) = \frac{\alpha}{\alpha+\beta}$$

方差为

$$V(X) = E(x-\mu)^2 = \frac{\alpha\beta}{(\alpha+\beta)^2(\alpha+\beta+1)}$$

偏度为

$$\frac{E(X-\mu)^3}{[E(X-\mu)^2]^{3/2}} = \frac{2(\beta-\alpha)\sqrt{\alpha+\beta+1}}{(\alpha+\beta+2)\sqrt{\alpha\beta}}$$

峰度为

$$\frac{E(X-\mu)^4}{[E(X-\mu)^2]^2} - 3 = \frac{6[\alpha^3 - \alpha^2(2\beta-1) + \beta^2(\beta+1) - 2\alpha\beta(\beta+2)]}{\alpha\beta(\alpha+\beta+2)(\alpha+\beta+3)}$$

回到例 3.7,用参数 $\alpha = 9$,$\beta = 1$ 的贝塔分布表示球员的点球命中率,即 B(9, 1)(之所以这么取值是因为这两个参数的贝塔分布的均值是 0.9),那么假如一名球员在一个赛季中罚了 5 次点球,命中了 4 次,可以根据公式得到这名球员的点球命中率分布为 B(13, 2)(说明:推导公式为 B($\alpha + x, \beta + (n - x)$)),这个贝塔分布的概率密度函数为 $f(x; 13, 2) = \dfrac{x^{12}(1-x)}{\displaystyle\int_0^1 u^{12}(1-u)\mathrm{d}u}$,分布图(只绘制了区间 (0, 1) 的部分分布)如图 3.14 所示。

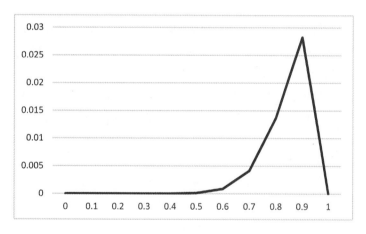

图 3.14 例 3.7 的部分分布

根据概率密度函数,可以计算得到它的概率均值约为 0.867,即该球员的点球命中率约为 0.867,比正常水平略低。

3.2.3 离散型概率分布

要想了解什么是离散型概率分布,首先要明白什么是离散型随机变量,如果随机变量 X 只可能取有限个可列的值,则 X 就称为离散型随机变量。

设 X 为离散型随机变量,它的一切可能取值为 $X_1, X_2, \cdots, X_n$,则它的概率分布函数为 $P = P\{X = x_i\}$,$i = 1, 2, \cdots, n$。

离散型概率分布和连续型概率分布有一个共同点,即 $\sum P_i = 1$,且 $P_i \geqslant 0$,一个离散型概率分布如图 3.15 所示。

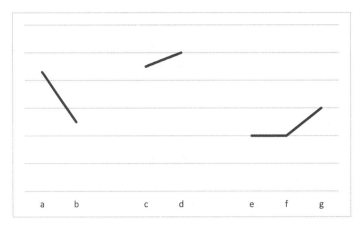

图 3.15　离散型概率分布

离散型概率分布再细分,可以分成如下几种类型。

1. 二项分布

在 n 次独立重复的伯努利试验中,设每次试验中事件 A 发生的概率为 p,用 X 表示 n 重伯努利试验中事件 A 发生的次数,X 的可能取值为 $0,1,\cdots,n$,事件 $\{x=k\}$ 为 n 次试验中事件 A 发生了 k 次,离散型随机变量 X 的概率分布即为二项分布。

说明:伯努利试验是在同条件的基础上,重复、独立地进行随机试验,并且该试验只有两种可能,即发生/不发生。假设该试验重复、独立地进行了 n 次,那么就称这一系列重复、独立的随机试验为 n 重伯努利试验。

二项分布的概率分布函数为

$$P_n(k) = C_n^k p^k (1-p)^{n-k} \ (k=0,1,2,\cdots,n)$$

它的期望为

$$E(X) = np$$

方差为

$$D(X) = np(1-p)$$

例 3.8　重复抛 10 次硬币,正面朝上和反面朝上的概率都为 0.5,其中有 4 次结果为正面朝上,6 次结果为反面朝上,那么出现这种情况的概率为 0.205。

设结果为正面朝上的次数为 k,则 k 的分布如表 3.4 所示。

表 3.4　抛 10 次硬币正面朝上次数 k 的概率分布

k	0	1	2	3	4	5	6	7	8	9	10
$P(k)$	0.001	0.0097	0.0439	0.117	0.205	0.246	0.205	0.117	0.0439	0.0097	0.001

表 3.4 数据的分布图如图 3.16 所示。

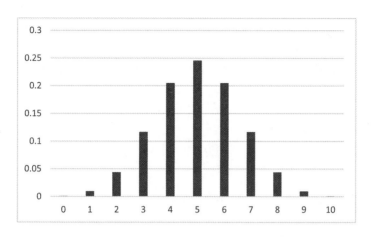

图 3.16　抛 10 次硬币正面朝上次数 k 的概率分布

二项分布还有一个比较重要的概念：协方差。

如果两个随机变量 X, Y 都服从二项分布，那么可以求它们两者的协方差：

$$\mathrm{Cov}(X, Y) = n(P_{xy} - P_x P_y)$$

其中 P_{xy}, P_x, P_y 分别为 X 和 Y 都等于 1 的概率，$X = 1$ 的概率，$Y = 1$ 的概率。

2. 0–1 分布

0–1 分布又叫作两点分布，它是 $n = 1$ 的二项分布，就如同抛硬币一样，结果只会出现正面朝上或反面朝上两种情况。设抛一次硬币正面朝上的概率为 p，那么抛一次硬币反面朝上的概率为 $1 - p$。

0–1 分布的形式为 $P\{p = k\} = p^k(1 - p)^{1-k}$，其中 $k = 0, 1$。将一个事件 X 发生记作 $x = 1$，不发生记作 $x = 0$，则 X 的分布律如表 3.5 所示。

表 3.5　0–1 分布

X	0	1
P	$1 - p$	p

0–1 分布的期望为

$$E(X) = p$$

方差为

$$p(1 - p)$$

3. 泊松分布

泊松分布的概率密度函数为 $P(X = k) = \dfrac{\lambda^k}{k!}\mathrm{e}^{-\lambda}, k = 0, 1, \cdots, n$。参数 λ 是单位时间（或单位面积）内随机事件的平均发生次数。泊松分布的期望和方差都为 λ。

泊松分布一般用于描述单位时间内随机事件发生的次数。

泊松分布的推导如下。

设一个单位时间为 $[0, 1)$，然后取一个很大的自然数 n，将单位时间 $[0, 1)$ 切分为等长的 n 段，那么

每一段的长度就为 $\frac{1}{n}$。假设在每一段 l_i 的时间段内,恰巧发生一件事件的概率近似与这段时间的长 $\frac{1}{n}$ 成正比,设为 $\frac{\lambda}{n}$。此时将时间段 $[0,1)$ 内发生的事件数 X 视作一个二项分布 $\mathrm{B}(n,\frac{\lambda}{n})$,则可以得到:

$$P(X=i)=\mathrm{C}_n^i(\frac{\lambda}{n})^i(1-\frac{\lambda}{n})^{n-i}$$

当 $n\to\infty$ 时:

$$\frac{\mathrm{C}_n^i}{n^i}\to\frac{1}{i!}$$

$$(1-\frac{\lambda}{n})^n\to\mathrm{e}^{-\lambda}$$

那么,将 $P(X=i)$ 变形可得到:

$$P(X=i)=\frac{\mathrm{e}^{-\lambda}\lambda^i}{i!}$$

此时这个式子是不是很眼熟? 3.2.2小节的指数分布就是根据泊松分布推导出来的。

3.3 极大似然估计(MLE)

极大似然估计是1821年由德国数学家C.F.Gauss提出的,也称为最大概率估计或最大似然估计。极大似然估计是建立在极大似然原理上的。

它的直观解释是:看到的是什么结果,那么就认为这个结果是出现的最为"合理"的结果,其间不考虑任何其他因素。这就造成这种估计受偶然性因素的影响比较大。总不能因为笔者今天买彩票中了500万元,就认为买彩票中500万元很容易吧?

3.3.1 什么是极大似然估计

2.4节介绍了似然函数的相关概念,似然函数是一种关于统计模型中的参数的函数,给定输出 x 时,关于参数 θ 的似然函数 $L(\theta|x)$(在数值上)等于给定参数 θ 后变量 x 的概率:$L(\theta|x)=P(X=x|\theta)$。当参数 θ 取某一个值 e 时,似然函数 $L(\theta|x)$ 的值为最大值,那么就认为当事件 x 发生时,参数 θ 取 e 最"合理"。

结合似然函数的特点,一个随机试验有很多种可能,将它总结为一个事件组:$A,B,C,\cdots$。如果随机进行一次试验,出现的结果是事件 A,那么就认为事件 A 是使似然函数 $L(\theta|x)$ 的值为最大值的那个参数,在试验中出现的概率较大,事件 A 是该试验的"合理"值。

逆向思考,事件 x 发生的情况下,参数 θ 取 e 出现的概率最大。随机进行一次试验,有极大可能出现的结果自然是概率最大的事件,即在事件组 $A,B,C,\cdots$ 中,随机一次试验出现的结果是事件 A,那么就可以认为事件 A 是这个似然函数的"合理"值,它在试验中出现的概率最大。

说明:极大似然估计也可以这样理解,某个参数能使这个样本出现的概率最大,那么就不再去选择其他小概率的样本,就把这个参数作为估计的真实值。

例3.9 有三个箱子,甲箱子中有90个红球和10个黑球,乙箱子中有90黑球和10个白球,丙箱子中有90个白球和10个红球。现在从三个箱子中随便取一个箱子,然后再从取的这个箱子中取一个球,结果是红球,这时可以认为取出的这个箱子有很大可能是甲箱子。

因为从甲箱子中取出红球的概率是$P(甲) = 0.9$;从乙箱子中取出红球的概率是$P(乙) = 0$;从丙箱子中取出红球的概率是$P(丙) = 0.1$;在这三个概率中,$P(甲)$最大,所以人们更愿意认为抽到的这个箱子是甲箱子。

在统计学中,极大似然估计是参数估计的方法之一。

参数估计:某个随机样本(如例3.9中的球的颜色分布)满足某种概率分布,但是并不清楚其中的具体参数(哪个箱子是甲,哪个箱子是乙,哪个箱子是丙),那么就通过若干次试验,用结果(取出的球的颜色)推测参数的大概值(取出的箱子大概是哪个箱子)。

在例3.9中,第一次取球的箱子,取出的球是红球,那么根据已知的条件,从甲箱子中取出红球的概率是$P(甲) = 0.9$;从乙箱子中取出红球的概率是$P(乙) = 0$;从丙箱子中取出红球的概率是$P(丙) = 0.1$,则可以认为这个箱子有很大可能是甲箱子。

假设第二次取球的箱子,取出的球是黑球,那么同样根据已知条件,从甲箱子中取出黑球的概率是$P(甲) = 0.1$;从乙箱子中取出黑球的概率是$P(乙) = 0.9$;从丙箱子中取出黑球的概率是$P(丙) = 0$,则可以认为这个箱子有很大可能是乙箱子。

通过这个简单的例子,可以简单了解极大似然估计的概念。接下来,继续深入了解极大似然估计是如何应用的。

3.3.2 极大似然估计的应用

关于极大似然估计的应用,也需要综合考虑其对应的分布情况,是离散型概率分布还是连续型概率分布。

1. 对于离散型概率分布

随机变量X为离散型,其概率分布为$P(X = x) = p(x; \theta)$,其中θ为未知参数。设$X_1, X_2, \cdots, X_n$是取自样本总体的容量为n的样本,那么$X_1, X_2, \cdots, X_n$的联合分布律为

$$\prod_{i=1}^{n} p(x_i; \theta)$$

又设$X_1, X_2, \cdots, X_n$的一组观测值为$x_1, x_2, \cdots, x_n$,那么样本$X_1, X_2, \cdots, X_n$取得观测值$x_1, x_2, \cdots, x_n$的概率为

$$L(\theta) = L(x_1, x_2, \cdots, x_n; \theta) = \prod_{i=1}^{n} p(x_i|\theta)$$

$L(\theta)$为样本的似然函数,它是关于参数θ的函数。

2. 对于连续型概率分布

随机变量X为连续型,其概率密度函数为$f(x; \theta)$,其中θ为未知参数。设$X_1, X_2, \cdots, X_n$是取自样本总体的容量为n的样本,那么$X_1, X_2, \cdots, X_n$的联合概率密度函数为

$$\prod_{i=1}^{n} f(x_i|\theta)$$

又设 $X_1, X_2, \cdots, X_n$ 的一组观测值为 $x_1, x_2, \cdots, x_n$，则随机点 $X_1, X_2, \cdots, X_n$ 落在点 $x_1, x_2, \cdots, x_n$ 的邻边（边长分别为 $\mathrm{d}x_1, \mathrm{d}x_2, \cdots, \mathrm{d}x_n$ 的 n 维立方体）内的概率近似为

$$\prod_{i=1}^{n} f(x_i \mid \theta)$$

则得到似然函数：

$$L(\theta) = L(x_1, x_2, \cdots, x_n; \theta) = \prod_{i=1}^{n} f(x_i \mid \theta)$$

然后固定观测值 $x_1, x_2, \cdots, x_n$，挑选参数 θ，使似然函数取得最大值，即满足：

$$L(\theta^*) = L(x_1, x_2, \cdots, x_n; \theta^*) = \max L(x_1, x_2, \cdots, x_n; \theta)$$

得到的 θ^* 就是极大似然估计值，它对应的统计量 $X_1, X_2, \cdots, X_n$ 的观测值称为极大似然估计量。

3. 应用

3.3.1小节举了一个取球的例子。这个例子就相当于学习熟悉极大似然估计时的"Hello Word"。那么，接下来就用一个案例来实战一下，先从一维数据入手，循序渐进，从一维数据维度慢慢向高维数据维度去进阶。

案例1 应用极大似然估计的原理，设计一个简单的算法demo，通过外形参数，即横截面长轴与纵截面长轴的比例，判断一个水果是橙子还是橘子。

采用数学思想，设

（1）橙子的横截面长轴为 x_a，纵截面长轴为 y_a。

（2）橘子的横截面长轴为 x_b，纵截面长轴为 y_b。

（3）橙子的横纵截面比为 $k_a = \dfrac{x_a}{y_a}$，橘子的横纵截面比为 $k_b = \dfrac{x_b}{y_b}$。

通过样本(k, class)来进行估计，大概k取什么值时对应的结果为橙子或橘子。

此处采用随机生成的方式来生成一组样本值。

```python
class DATAS():
    def __init__(self, numbers, classes_list):
        self.numbers = int(numbers)          # 需要生成数据的数量
        self.classes_list = classes_list     # 生成数据的类别列表
    # 生成数据的函数
    def generate(self):
        data_variate = np.array(np.random.random(self.numbers)+0.6) # 随机生成样本数据
        data_class = []
        while True: # 死循环
            data_class.append(self.classes_list[np.random.randint(0,
                            len(self.classes_list), 1)[0]])
                                            # 将随机生成的类别添加到列表中
            if len(data_class) == self.numbers: # 生成足够的数据时结束
                break
        return data_variate, data_class
```

此处采用NumPy库的random来进行随机数据的生成，生成一组k值在区间[0.6, 1.6]的随机小数，表示水果的横截面长轴与纵截面长轴的比例，然后再对应随机生成它们的class，即'orange'或'tangerine'。

然后将整个功能使用一个类进行封装。DATAS类接收参数 numbers、classes_list，即需要生成数据的数量、生成数据的类别列表。以下是调用示例。

```
datas = DATAS(200, ['orange', 'tangerine'])      # 生成数据
variate_list, value_list = datas.generate()      # 分割数据
```

此处使用代码随机生成了200条数据，类别设置的是橙子和橘子。

为了验证，将这些数据写入一个 CSV 文件，用表格进行保存。

```
write_list = []
for (variate, value) in zip(variate_list, value_list):      # 循环读取数据
    write_list.append([variate, value])
with open("./doc/3_2_1_learning_paremeters.csv", 'w') as f: # 打开文件并写入数据
    writer = csv.writer(f)
    writer.writerows(write_list)
```

将对应的k值"variate"和结果"value"两两组合成一个子列表，再将子列表合并成一个列表，调用 csv 库的 writerows()函数进行写入。

接下来是重点，自定义一个简单的极大似然估计的功能，实现对目标参数k的估计。

```
class MLE():
    def __init__(self, variate_list, value_list, classes_list, learning_rate=0.02):
        self.variate_list = np.array(variate_list)  # 样本数据
        self.value_list = np.array(value_list)       # 样本标签值
        self.classes_list = classes_list             # 标签列表
        self.learning = learning_rate                # 区间参数
        self.learning_parameters = []                # 样本区间

    # 计算参数先验概率
    def prior(self):
        probability_list = []
        for cls in self.classes_list: # 循环标签列表,计算每个标签的先验概率
            num = len(np.argwhere(self.value_list==cls))
            probability = num / len(self.value_list)
            probability_list.append(probability)
        return probability_list
    # 极大似然估计
    def estimate(self):
        print("Start!")
        probability_list = self.prior()     # 调用函数进行计算
        print("The prior probability of acquisition is: ", probability_list)

        min_variate = np.min(self.variate_list)
        max_variate = np.max(self.variate_list)
        while True: # 循环生成小区间
            learn_section = [min_variate, min_variate+self.learning]      # 设置参数区间
            if learn_section[1] >= max_variate:
                learn_section[1] = max_variate
```

```
            learn_indexs = np.intersect1d(np.argwhere(self.variate_list>=
                                            learn_section[0]),
                                np.argwhere(self.variate_list<
                                            learn_section[1]))
            learn_values = self.value_list[learn_indexs]
            numbers = len(learn_values)
            if numbers == 0:                        # 当没有新数据时结束
                break

            joint_probability_list = [] # 联合概率
            for cls in self.classes_list:   # 计算联合概率
                cls_values_number = len(learn_values[np.argwhere(
                                        learn_values==cls)])
                cls_probability = cls_values_number / numbers
                joint_probability_list.append(cls_probability)

            likelihood_value_list = []              # 似然函数
            for i, jp in enumerate(joint_probability_list): # 计算似然值
                likelihood_value = jp / probability_list[i]
                likelihood_value_list.append(likelihood_value)

            probability_value=self.classes_list[np.argmax(likelihood_value_list)]
            self.learning_parameters.append((learn_section, probability_value))
            print("The MLE of the interval [", learn_section[0], learn_section[1], ")
                is: ", probability_value)
            min_variate = learn_section[1]
            if learn_section[1] == max_variate:
                break

    def save_parameters(self):
        with open("./doc/3_2_1.txt", 'a', encoding='utf-8') as p:
            for parameters in self.learning_parameters:
                p.write(str(parameters)+"\n")
        p.close()
```

将样本的参数列表 variate_list、样本值列表 value_list、样本值的类别列表 classes_list、学习参数 learning_rate 作为类变量传入，然后根据学习参数对样本总体进行分段学习。

这里之所以要设置一个参数 learning_rate，是因为在样本总体中，既存在橙子，又存在橘子，所以这个样本总体的样本参数 variate_list 中，按照极大似然估计的原理，肯定存在一个参数 θ，使似然函数 $L(\theta)$ 取得最大值，即参数对应的结果为"橙子"或"橘子"。

注意：这里的结果是一个估计结果，并不是肯定结果，因为实际中肯定会存在特例。

为了尽可能地得到较为准确的值，理论上学习参数 learning_rate 越小越好；但是由于这里设置的样本总体的数量为 200 条，所以也不能不计后果地一味减小这个参数。此处样本参数区间为 [0.6，1.6]，因此将参数设置为默认值 learning_rate=0.02。

函数 prior()的作用是根据传入的样本总体值计算对应的结果 classes_list 中各个结果的先验概率，此处即计算 P(橙子)和 P(橘子)。

接下来就是编写核心函数 estimate()。该函数的思路如下。

（1）获取到样本总体的最大值 max_variate、最小值 min_variate、先验概率 probability_list。

（2）根据参数 learning_rate 确定样本参数学习区间 learn_section——当样本总体和学习参数取值分布合理时，该学习区间 learn_section 即可认为是一个事件 k_i。

（3）判断样本参数学习区间 learn_section 的上限是否大于样本总体的最大值 max_variate，如果结果为 True，则将该学习区间 learn_section 的上限设置为样本总体的最大值 max_variate。

（4）根据样本参数学习区间 learn_section 获取到对应的样本值结果并组成列表 learn_values。

（5）计算对应的样本值结果列表 learn_values 中"橙子"和"橘子"的概率，将结果作为联合概率存入列表 joint_probability_list 中。

（6）根据条件概率公式计算出关于参数 θ 的所有似然值，并存入列表 likelihood_value_list 中；此处的似然值 = 样本联合概率(joint_probability_list)/参数 θ 的样本先验概率(probability_list)。

（7）找到每个事件 k_i 对应的极大似然估计值 θ_k——此处为 probability_value。

（8）将每个区间的估计值 θ_k、样本参数学习区间 learn_section 采用列表的形式进行保存。

函数 save_parameters()为文件写入操作。

将这个案例流程用图形展示出来，如图 3.17 所示。

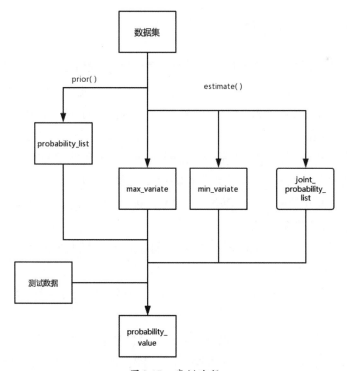

图 3.17　案例流程

这是一个简单的极大似然估计原理的应用。

总结:对于这个例子,其原理很简单,假设在样本总体 Z 中,有 x 个橘子,y 个橙子,那么就可以得到一个先验概率(橘子记作 A,橙子记作 B)。

$$P(A) = \frac{x}{z}, P(B) = \frac{y}{z}$$

然后将样本总体 Z 切分为 n 个区间,将每一个区间作为事件 $k_i, i \in [1, n]$,分别计算似然值 $L(\theta | k_i)$,得到事件 k_i 的极大似然估计值 θ_k,这个 θ_k 就是采用极大似然估计的方法得到的一个估计值。假设输入一个 k 值 1.111,得到值 1.111 对应的事件为 k_{11},而 k_{11} 对应的极大似然估计值为"橘子",那么就输出结果为"橘子"。

 ## 3.4 最大后验估计(MAP)

最大后验估计可以理解成在极大似然估计的基础上加入参数 θ 的先验分布,结合极大似然估计的概念理解最大后验估计会比较容易。

与极大似然估计的直观解释"看到的是什么结果,那么就认为这个结果是出现的最为'合理'的结果,其间不考虑任何其他因素"不同,最大后验估计在考虑看到的这个结果是不是最"合理"的结果时,要考虑所有结果的经验分布。

3.4.1 什么是最大后验估计

在极大似然估计中,能够使似然函数 $L(\theta | x)$ 取得最大值的参数 θ 就认为是"合理"的,这个 θ 的值就是估计值。在采用极大似然估计的方法解决问题时,θ 的值是固定的,即参数 θ 是已经客观存在的。就如 3.3 节的案例 1 中,待估计的参数"橙子"和"橘子"是客观存在的,然后在观测组 k 中去计算似然函数的值,寻找 θ_{mle},使似然值最大。

而在最大后验估计中,认为参数 θ 也是一个变量,它也具有某种概率分布(先验概率)。在解决问题时除了要考虑似然函数 $L(\theta | x)$ 的值,还要考虑参数 θ 的先验分布 $P(\theta)$。

例 3.10 小明和朋友在学校看见前面有一位身材高挑、长头发的人,但是这个人衣服穿得比较中性,不知道这个人是男性还是女性。

这时小明朋友直接跟小明说,她是女的。小明问朋友为什么,朋友告诉小明一般很少有男性留头发,所以留长头发的很可能是女性。

这就是极大似然估计,因为 $P(女 | 长头发) > P(男 | 长头发)$,所以可以条件反射地得出结论,这是一位女性。

如果加一个附加条件,这所学校男女比例达 999∶1,这时还能说前面这个人是女性吗?

这就是最大后验估计的思想,即参数"男性"与"女性"也是具有概率分布的,在进行估计时,不能只考虑似然值,还得考虑参数本身的概率分布。

最大后验估计,顾名思义,就是取最大的后验值。仍然结合极大似然估计的思想来帮助理解最大后验估计。

极大似然估计可以表示为

$$L(\theta_{\text{mle}}|x) = \max f(x|\theta)$$

注意：$P(x)$为概率，$f(x)$为分布，此处解决的问题本质是分布问题，所以使用$f(x)$而不是$P(x)$。

在最大后验估计中，参数θ也是一个变量，它也具有某种概率分布$g(\theta)$，则θ的后验分布为

$$f(\theta|x) = \frac{f(x|\theta)g(\theta)}{\int f(x|\theta')g(\theta')\mathrm{d}(\theta')}$$

此时$\int f(x|\theta')g(\theta')\mathrm{d}(\theta') = f(x)$是一个不受参数影响的样本分布，认为其是一个定值，所以此处的后验分布问题$f(\theta|x)$就等同于求分布$f(x|\theta)g(\theta)$的最大值。

现在最大后验估计问题就清晰了。结合极大似然估计，最大后验估计可以理解成在极大似然估计的基础上，又加入了θ的先验分布。

3.4.2　最大后验估计的应用

现在结合3.3节的案例1，稍微对它改变一下条件，再动手试一试。

案例2　应用最大后验估计的原理，设计一个简单的算法demo，通过外形参数，即横截面长轴与纵截面长轴的比例，判断一个水果是橙子还是橘子。其中加入了先验条件：橙子和橘子出现的总比例为4∶6。

采用数学思想，设

（1）橙子的横截面长轴为x_a，纵截面长轴为y_a。

（2）橘子的横截面长轴为x_b，纵截面长轴为y_b。

（3）橙子的横纵截面比为$k_a = \dfrac{x_a}{y_a}$，橘子的横纵截面比为$k_b = \dfrac{x_b}{y_b}$。

先验概率：$P(橙子) = 0.4$；$P(橘子) = 0.6$。

然后沿用3.3节的案例1中的代码思路。

（1）将样本总体n等分，将每一份作为一个事件k。

（2）在样本总体中计算橙子、橘子的比例，作为样本的先验概率。

（3）在每一个等分区间中计算橙子、橘子的比例，作为样本的联合概率。

（4）根据最大后验估计公式，此处的后验概率值 = (样本的联合概率*先验概率)/样本的先验概率。

注意：此处区分两个先验概率，一个是表示参数的客观先验概率；另一个是样本的先验概率，用于辅助计算似然值，样本的先验概率仅存在于样本之中。

（5）分别计算出后验分布值，取最大后验分布值对应的参数作为估计值。

仍然沿用案例1中的随机生成数据的代码，接下来直接定义最大后验估计的功能。

```
class MAP():
    def __init__(self, variate_list, value_list, classes_list,
                 prior_probability_list, learning_rate=0.02):
```

```python
        self.variate_list = np.array(variate_list)              # 样本数据
        self.value_list = np.array(value_list)                  # 样本标签
        self.classes_list = classes_list                        # 标签列表
        self.prior_probability_list = prior_probability_list    # 先验概率
        self.learning = learning_rate                           # 区间参数
        self.learning_parameters = []                           # 事件区间

    # 计算样本value的先验概率
    def prior(self):
        probability_list = []
        for cls in self.classes_list:    # 循环标签列表计算先验概率
            num = len(np.argwhere(self.value_list==cls))        # 统计每个标签的数量
            probability = num / len(self.value_list)
            probability_list.append(probability)
        return probability_list
    # 实现最大后验估计
    def estimate(self):
        print("Start!")
        probability_list = self.prior()
        print("The prior probability of acquisition is: ", probability_list)

        min_variate = np.min(self.variate_list)       # 样本数据最小值
        max_variate = np.max(self.variate_list)       # 样本数据最大值
        while True:
            learn_section = [min_variate, min_variate+self.learning]    # 设置区间
            if learn_section[1] >= max_variate:
                learn_section[1] = max_variate
            learn_indexes = np.intersect1d(np.argwhere(self.variate_list>=
                                                    learn_section[0]),
                                    np.argwhere(self.variate_list<
                                                    learn_section[1]))
            learn_values = self.value_list[learn_indexes]
            numbers = len(learn_values)
            if numbers == 0:
                break
            # 计算联合概率
            joint_probability_list = []
            for cls in self.classes_list:
                cls_values_number = len(learn_values[np.argwhere(learn_values==cls)])
                cls_probability = cls_values_number / numbers
                joint_probability_list.append(cls_probability)  # 联合概率
            # 计算后验概率
            posterior_value_list = []
            for i, jp in enumerate(joint_probability_list):
                likelihood_value = jp / probability_list[i]     # 联合概率/先验概率
                posterior_value_list.append(likelihood_value *
                                        self.prior_probability_list[i])
            # 进行数据格式整理
```

```
        probability_value = self.classes_list[np.argmax(posterior_value_list)]
        self.learning_parameters.append((learn_section, probability_value))
        print("The MAP of the interval [", learn_section[0], learn_section[1], ")
            is: ", probability_value)
        min_variate = learn_section[1]
        if learn_section[1] == max_variate:
            break
# 保存参数
def save_parameters(self):
    with open("../doc/3_3_1.txt", 'a', encoding='utf-8') as p:   # 打开文件
        for parameters in self.learning_parameters:              # 逐行写入文件
            p.write(str(parameters)+"\n")
    p.close()
```

该功能即在极大似然估计的基础上,添加了参数"橙子""橘子"的先验分布,然后计算后验概率的值。具体的步骤详解参考3.3节中的案例1介绍。

说明:在此例中,由于采用的是随机生成实验数据的方式,所以并不能直观地展示出最大后验估计与极大似然估计的区别,有兴趣的读者可以自行搜集一份真实数据进行两者的直接对比展示。从理论上来说,极大似然估计属于频率派,这一思想认为概率是事件在长时间内发生的频率;最大后验估计属于贝叶斯派,这一思想认为概率是指对一件事情发生的相信程度。

3.5 贝叶斯估计

贝叶斯估计与最大后验估计的形式很相似,但是也仅仅是相似,两者的应用有着很明显的区别:最大后验估计是贝叶斯估计的一种,最大后验估计的最终目标是得到一个具体参数值θ;而贝叶斯估计的目标是得到参数θ的分布,即它的估计值不是一个确定的值。

3.5.1 什么是贝叶斯估计

贝叶斯估计是利用贝叶斯定理(2.5节)结合新的证据及以前的先验概率来得到新的概率。
2.5节介绍的贝叶斯定理如下。

$$P(A_i \mid B) = \frac{P(B \mid A_i)P(A_i)}{\sum_j P(B \mid A_j)P(A_j)}$$

则结合贝叶斯定理得到贝叶斯估计:

$$H(\theta \mid x) = \frac{f(x \mid \theta)g(\theta)}{h(x)} = \frac{f(x \mid \theta)g(\theta)}{\int f(x \mid \theta)g(\theta)\mathrm{d}(\theta)}$$

其中$g(\theta)$为参数θ的先验分布,非样本信息;$H(\theta \mid x)$为参数θ的后验分布;$h(x)$为样本x的分布。看这个式子的形式,是不是很像3.4节的最大后验估计? 其实最大后验估计就可以认为是贝叶斯

估计的一种特例。

贝叶斯估计是在最大后验估计(MAP)的基础上进行拓展的。贝叶斯估计不再是直接估计参数 θ 的值,它允许参数服从某种概率分布。

然后根据参数的先验分布和观测,求出参数的后验分布,将得到的后验分布作为先验分布(对先验分布进行校正)。

再根据后验分布求出后验分布的期望值作为最终的估计值。

为什么要取后验分布的期望作为估计值,这就涉及降低风险的问题。

3.5.2 贝叶斯估计算法思想

(1)确定参数 θ 的先验分布 $f(\theta)$。

(2)根据样本总体 $X_1, X_2, \cdots, X_n$ 的观测值 $x_1, x_2, \cdots, x_n$,求出样本的联合分布(θ 的函数):

$$f(X|\theta) = \prod_{i=r}^{n} f(x_i|\theta)$$

(3)利用贝叶斯公式,计算 θ 的后验分布(θ 的函数):

$$H(\theta|x) = \frac{f(x|\theta)g(\theta)}{\int f(x|\theta)g(\theta)\mathrm{d}(\theta)}$$

(4)求贝叶斯估计值:

$$E(\theta|x) = \int \theta \cdot H(\theta|x)\mathrm{d}\theta$$

将(3)中的分母部分 $\int f(x|\theta)g(\theta)\mathrm{d}(\theta)$ 理解成一个定值,则贝叶斯估计可变成求如下式子的过程。

$$E(\theta|x) = \int \theta \cdot f(x|\theta)g(\theta)\mathrm{d}\theta$$

3.5.3 贝叶斯估计的应用概述

贝叶斯估计常用于进行参数的估计,并不适用于对事件进行估计。它的应用思路就是先计算得到参数 θ 的概率分布,然后根据这个概率分布的期望去估计参数 θ 的取值。

如果应用于离散型概率分布中,如3.4节的案例2,假设得到了后验分布:

$$H(\theta|x) = \begin{cases} 0.42, \theta = 橘子 \\ 0.58, \theta = 橙子 \end{cases}$$

用0表示橘子,1表示橙子,如果得到的贝叶斯估计值为0.56,那么得到的0.56是橘子还是橙子,这其中又该如何分类?

所以,贝叶斯估计适用于参数估计,不太适用于具体事件的估计。具体的贝叶斯参数估计将会在后面的章节中继续介绍。

3.6 小结

在了解了极大似然估计、最大后验估计、贝叶斯估计后,下面对它们三者进行一个总结与区分。

(1)极大似然估计:将样本中出现频率最高的值作为估计值。无论是连续型概率分布还是离散型概率分布,它的极大似然估计值即为它的似然函数极大值,即

$$\theta_{mle} = \mathrm{argmax}\, f(x|\theta)$$

其中$f(x|\theta)$为样本关于参数θ的后验分布,取决于样本观测值。

(2)最大后验估计:在极大似然估计的基础上加入了参数θ自身的先验分布,可以理解为

$$最大后验估计 = 极大似然估计 \cdot g(\theta)$$

其中$g(\theta)$为参数θ的先验分布。然后取最大后验估计的最大值对应的参数θ作为最大后验估计值,即

$$\theta_{map} = \mathrm{argmax}\, f(x|\theta) \cdot g(\theta)$$

其中$f(x|\theta)$为样本关于参数θ的后验分布,取决于样本观测值;$g(\theta)$为参数θ的先验分布,取决于以往的经验。

(3)贝叶斯估计:可以理解为

$$贝叶斯估计 = 极大似然估计 \cdot g(\theta)$$

但是它与最大后验估计的区别是:最大后验估计是取(极大似然估计 $\cdot g(\theta)$)的最大值;而贝叶斯估计是根据(极大似然估计 $\cdot g(\theta)$)得到的概率分布计算期望值,即

$$H(\theta|x) = \frac{f(x|\theta)g(\theta)}{h(x)} = \frac{f(x|\theta)g(\theta)}{\int f(x|\theta)g(\theta)\mathrm{d}(\theta)}$$

其中$g(\theta)$为参数θ的先验分布,取决于以往的经验,非样本信息;$H(\theta|x)$为参数θ的后验分布;$h(x)$为样本x的分布,取决于样本。

技巧:极大似然估计与最大后验估计是做"选择题";贝叶斯估计是做"解答题"。

第 4 章

贝叶斯分类

★本章导读★

　　贝叶斯分类是一类以贝叶斯定理为基础的分类算法的总称,在这些分类算法中,朴素贝叶斯算法是最常见的一种分类算法。在一些场合中,朴素贝叶斯算法可以与决策树、神经网络分类算法媲美。该算法原理简单、分类准确率高、速度快。

　　其实分类的概念,每个人都不陌生,每个人每天的生活中都在进行分类。例如,很多男生每次看到一个漂亮的姑娘,都会下意识地判断她结婚没有? 没结婚的话有没有男朋友? 组成人们日常生活的一分子就是分类过程。在买东西时,会对商品进行分类,什么是需要的,什么是不需要的;在交际时,会对别人进行分类,她是一个外向的人,还是一个内向的人;在吃饭时,会对饭店进行分类,哪家饭店味道好,哪家味道不好,哪家是中餐,哪家是火锅,哪家是大排档……种种问题,多到数不胜数。

　　本章要介绍的贝叶斯分类算法,即寻求一种数学、机器上的表达方法,去复刻分类这一过程,并将这一能力赋予到机器、程序上去,让机器、程序能在交互的基础上进一步提升它们的"智能"。

★知识要点★

- 朴素贝叶斯算法。
- 贝叶斯分类器的原理。
- 鸢尾花分类器实例。

4.1 **朴素贝叶斯算法**

朴素贝叶斯算法是对贝叶斯定理最直观的一种应用,它的思想主张将不同的特征属性独立分开,假定特征属性之间互不相关。

然后通过样本数据集计算目标的特征条件概率和特征属性的先验概率,最终得到目标的分类属性。

它看似简单粗暴的逻辑,却大大提高了场景中的计算效率,降低了算法的复杂度。而且由于它独特的思想(假定特征属性之间相互独立),使得它的稳定性很好,这也是它能够在如今机器学习各种理论层出不穷的时代中稳坐一块江山的原因。

4.1.1 理解朴素贝叶斯算法

1. 简介

分类算法的作用是:根据给出的特征得出结果。不同的分类算法,在由指定特征得到分类类别时的处理思想不同。

朴素贝叶斯算法是应用最为广泛的算法之一,它在贝叶斯算法的基础上进行了相应的简化,即假定给出目标值时,各属性之间是相互独立的。也就是目标值的属性中,没有哪个属性变量对于决策结果占有较大的比重,也没有哪个属性变量对于决策结果占有较小的比重。

例4.1 去饭店吃饭,很多人会考虑饭店的人多不多,价格贵不贵,菜的分量多不多,这三个问题就可以作为人们对饭店分类的属性值。这三个属性变量可以假设为三个独立的属性,它们中的任何一个属性对结果的影响占比是一样的。现有这样一组数据,如表4.1所示。

表4.1　例4.1属性展示

人多不多	价格贵不贵	菜的分量多不多	去不去
多	贵	多	去
不多	贵	多	不去
多	不贵	少	去
不多	不贵	少	去

现在有一家饭店,人多,价格贵,菜的分量多,试着判断某人要不要去这家饭店吃饭。

将这个问题转换成数学问题,即比较 $P($人多,贵,量多$|$去$)$ 和 $P($人多,贵,量多$|$不去$)$ 的值,假如前者的值大于后者,那答案就是去;反之,如果后者的值大于前者,那答案就是不去。

现在试着求以下两个值。

（1）$P($人多,贵,量多$|$去$)$

$= [P($人多$|$去$) \cdot P($去$)/P($人多$)] \cdot [P($贵$|$去$) \cdot P($去$)/P($贵$)] \cdot [P($量多$|$去$) \cdot P($去$)/P($量多$)]$

$= (2/3 \times 3/4 \div 1/2) \times (1/3 \times 3/4 \div 1/2) \times (1/2 \times 3/4 \div 1/2)$

$= 3/8$

（2）$P($人多,贵,量多$|$不去$)$

$= [P($人多$|$不去$) \cdot P($不去$)/P($人多$)] \cdot [P($贵$|$不去$) \cdot P($不去$)/P($贵$)] \cdot$

$\quad [P($量多$|$不去$) \cdot P($不去$)/P($量多$)]$

$= (1 \times 1/4 \div 1/2) \times (1 \times 1/4 \div 1/2) \times (1 \times 1/4 \div 1/2)$

$= 1/8$

比较（1）、（2）的值发现，$P($人多,贵,量多$|$去$) > P($人多,贵,量多$|$不去$)$，所以答案是去。

通过例4.1又发现一个问题，即朴素贝叶斯算法在进行问题简化的同时，还降低了分类效果。因为在实际问题中，情况肯定会更复杂一点，很多人更关注的是价格和分量的关系，也就是性价比。

不过将朴素贝叶斯算法应用到这种实际场景中，确实是极大地简化了算法的复杂性。

说明：朴素贝叶斯算法是一类以贝叶斯定理为基础的分类算法的总称，并不是指某一个特定的算法。

2. 数学表达

将贝叶斯公式：

$$P(A|B) = \frac{P(B|A)P(A)}{P(B)}$$

换个表达方式，换成分类问题中的名称表达，即为

$$P(类别|特征) = \frac{P(特征|类别)P(类别)}{P(特征)}$$

那么，朴素贝叶斯算法思想就一目了然了。

假设有一个样本数据集D，它的特征条件X之间相互独立，特征属性集为

$$X = \{x_1, x_2, \cdots, x_n\}$$

样本数据集对应的类变量为

$$Y = \{y_1, y_2, \cdots, y_m\}$$

其中数据集D有m个类别，则可以得到如下信息。

（1）Y的样本类别先验概率：$P(Y)$。

（2）样本特征概率：$P(X)$。

（3）类别条件概率：$P(X|Y)$。

根据贝叶斯定理，得到：

$$P(Y|X) = \frac{P(X|Y)P(Y)}{P(X)}$$

将X, Y换成具体的特征与类别，即

$$P(y_i|x_1,x_2,\cdots,x_n) = \frac{P(x_1,x_2,\cdots,x_n|y_i)P(y_i)}{P(x_1,x_2,\cdots,x_n)} = \prod_{j=1}^{n}\frac{P(x_j|y_i)P(y_i)}{P(x_j)}$$

对于每个类别 y_i，上述式子的分母都为 $P(x_1)\cdot P(x_2)\cdot\cdots\cdot P(x_n)$，即每个类别对应的贝叶斯公式的分母都是相同的。所以，朴素贝叶斯算法可以简化为

$$P(y_i|x_1,x_2,\cdots,x_n) = \prod_{j=1}^{n}P(x_j|y_i)P(y_i)$$

到这一步，要提一下 3.4 节中的最大后验估计。因为这两者都是贝叶斯公式的直接应用，两者的形式非常相像。

从本质上来说，最大后验估计与朴素贝叶斯算法是一样的，都是通过输入 X 求出使后验概率最大的输出 Y。但是它们的区别在于 $P(Y)$。

在最大后验估计的数学式中：

$$f(\theta|x) = \frac{f(x|\theta)g(\theta)}{\int f(x|\theta')g(\theta')\mathrm{d}(\theta')}$$

其中 $g(\theta)$ 为一个与样本无关的先验分布。

而在朴素贝叶斯算法的数学式中：

$$P(Y|X) = \frac{P(X|Y)P(Y)}{P(X)}$$

其中 $P(Y)$ 为与样本有联系的样本类别先验概率。

4.1.2　应用朴素贝叶斯算法

朴素贝叶斯算法经常用于机器学习中，机器学习的详细概念将会在后面的章节中单独讲解，本小节将使用朴素贝叶斯算法来熟悉算法原理。

案例　实现对某电商平台的评论过滤，如果某用户的评论为差评，就将该评论进行标记。即对用户评论进行好、差两个类别的分类。

注意：此例只是一个算法展示案例，并不是一个严谨的机器学习案例。

接下来整理要点。

在开始工作之前，需要先理一理如何去实现这个功能。想要成为一名算法师，就必须得有一个清晰的思路和掌握大局的观念。

简化场景，设在某用户的评论中，可以提取出作为特征的关键词有"不划算""划算""好""不""数据""体验""偏差""大""小"等词组。

将本案例拆解为如下流程。

(1)对样本数据进行分解，提取出数据中的特征集，此例只对特征集中的各个字段进行检索。例如，评论"真心觉得不划算，站上去两次竟然是两个不同的数据，而且偏差很大"命中了特征集中的字段"不划算""偏差""大"，那么该评论的特征即为["不划算""偏差""大"]。

(2)计算样本集各类别的特征条件概率，即 $P("不划算"|好)$、$P("不划算"|差)$、$P("偏差"|好)$、

P("偏差"|差)。

(3)计算样本集类别的概率,即 P(好)、P(差)。

(4)使用朴素贝叶斯算法计算 P(好|"不划算","偏差","大")和 P(差|"不划算","偏差","大"),通过比较两者的值来进行评论好、差的分类。

下面就用一份论坛上某电商平台的评论数据集的一部分来进行代码实战。此案例选取20组数据进行演示。

通过上述流程,知道要计算样本类别概率、样本类别条件概率、特征概率,所以肯定得先把数据加载进来。仍然通过类来包装这个加载功能。

```python
class DataLoader():
    def __init__(self, file_path):
        self.file_path = file_path    # 数据集文件路径
    # 读取文件
    def read_file(self):
        df = pd.read_excel(self.file_path)      # 读取 Excel 文件
        labels = df.iloc[:, 0].values           # 提取第一列数据为标签
        features = df.iloc[:, 1:].values        # 提取剩下的列数据为特征

        return features, labels        # numpy.ndarray


    # 计算类别概率
    def labels_probability(self, labels):
        label_classes = []
        for label in labels:
            flag = False

            for i, label_class in enumerate(label_classes):
                if label in label_class:
                    label_classes[i][1] += 1
                    flag = True
                else:
                    continue
            # 判断每次处理的类别是否已经统计过,如果已经统计过,则
            # 需要在对应的类别数量+1;如果没有,则需要添加一个类别
            if not flag:
                label_classes.append([label, 1])

        label_classes_probability = []
        for label_class in label_classes:
            label_classes_probability.append([label_class[0],
                                    label_class[1]/len(labels)])
        # 使用统计的方式计算得到类别的列表,以及类别在样本中的先验概率
        return label_classes_probability, label_classes

    # 计算特征概率
    def features_probility(self, features):
```

```python
    new_features = []
    features_num = []

    for i, feature_list in enumerate(features):
        for feature in feature_list:                    # 对特征列表进行循环计算
            if type(feature) == str:                    # 判断特征的类型是否为字符串
                if feature not in new_features:          # 如果特征不在新的特征列表中
                    new_features.append(feature)         # 添加特征到新列表
                    features_num.append(1)

                else:
                    idx = np.argwhere(np.array(new_features)==feature)
                    features_num[int(idx)] += 1

            else:
                break
    all_num = np.sum(features_num)  # 统计特征的维度（数量）
    for i, fnum in enumerate(features_num):
        features_num[i] = fnum / all_num            # 归一化

    return new_features, features_num

# 计算类别条件概率
def label_feature_probability(self, features, labels, label_classes,
                            label_classes_probability):
    """
    :param features: 原始features列表
    :param label_classes_probability: 类别先验概率
    :return:
    """
    new_feature_label_sets = []
    features_num = []
    new_feature_list = []
    new_feature_num = []

    for i, feature_list in enumerate(features): # 循环特征列表
        for feature in feature_list:  # 如果特征在列表中,对特征进行如下计算
            if type(feature) == str:
                if feature not in new_feature_list:
                    new_feature_list.append(feature)
                    new_feature_num.append(1)
                else:
                    idx = np.argwhere(np.array(new_feature_list)==feature)
                    new_feature_num[int(idx)] += 1

                for label in label_classes:
                    if label[0] == labels[i]:
                        flag_num = 0
                        for ii, feature_label_set in
```

```
                          enumerate(new_feature_label_sets):
                    if feature_label_set[0] == feature and
                            feature_label_set[1] == label[0]:
                        features_num[ii] += 1
                    else:
                        flag_num += 1

                if flag_num == len(new_feature_label_sets):
                    new_feature_label_sets.append((feature, label[0]))
                    features_num.append(1)
        else:
            break
    label_feature_probability = []
    for i, feature_label_set in enumerate(new_feature_label_sets):
        idx = np.argwhere(np.array(new_feature_list)==feature_label_set[0])
        label_feature_probability.append(features_num[i]/
                                    new_feature_num[idx[0][0]])

    return new_feature_label_sets, label_feature_probability


def calculate_probability(self, features, labels):
    label_classes_probability, label_classes = self.labels_probability(labels)
    print(label_classes)
    print("样本类别概率:", label_classes_probability)

    new_feature_label_sets, label_feature_probability =
        self.label_feature_probability(features, labels, label_classes,
                                    label_classes_probability)
    print(new_feature_label_sets)
    print("样本类别的特征条件概率:", label_feature_probability)

    return label_classes, label_classes_probability, \
            new_feature_label_sets, label_feature_probability
```

1. 实现数据加载

定义DataLoader类,实现对样本集的数据加载和解析。此处使用file_path作为类的唯一参数传入,它表示的是存储样本数据的文件。

函数read_file(self)的功能是读取文件,并将文件中存储的样本信息返回。此处的文件的存储格式如图4.1所示。

	A	B	C	D	E	F	G	H	I	J
1	差	不划算	两次	不	数据	偏差	大			
2	差	售后	垃圾	战斗机	态度	差	价格	高	加	费
3	差	产品质量	不好	售后	不好					
4	差	加热	慢	控制	不	准确				
5	差	求	别	卖	受	不				
6	优	不错	便宜	实用	方便					
7	优	性价比	高	精度	高					
8	优	价格	实惠	小	不错					
9	优	不错	值得							
10	优	好	数据	准确						

图 4.1 样本文件的存储格式

XLSX文件的第一列存储的是每条样本的类别,后面依次存储的是该样本的特征。

函数 read_file()将文件存储的信息转换成程序的列表返回,分别是特征列表和类别列表,即 features 和 labels。其存储格式为[样本1特征列表,样本2特征列表,…],[样本1类别,样本2类别,…]。

2. 计算样本类别的先验概率

函数 labels_probability(self, labels)的功能是计算类别的概率,在此案例中,该函数的功能是计算好评和差评的频数(出现的数量),然后得出各个类别的先验概率和类别的种类,即label_classes_probability 和label_classes。该函数将函数read_file()读取返回的类别列表labels作为入参。

该函数的逻辑思想如下。

(1)获取到样本集的所有类别信息存储的列表。

(2)找出该列表中所有的不同元素,这些元素即为类别种类。

(3)遍历该列表,去统计不同的元素在列表中出现的频数(次数)。

假如该列表中有3个元素:A、B、C,统计出它们出现的频数,即A为30,B为22,C为14。那么,就可以得到这3个元素对应的先验概率,即类别的先验概率$P(Y)$。然后将类别、概率分别用两个列表存储起来。该函数返回结果的结构如表4.2所示。

表4.2 函数 labels_probability()返回结果的结构

返回结果	结构
label_classes	[类别1,类别2,…,类别n]
label_classes_probability	[P(类别1),P(类别2),…,P(类别n)]

注意:两个列表的索引必须一一对应,如果列表label_classes的第一位是元素B,那么对应的列表label_classes_probability的第一位也必须是B的概率,这样才能保证后续计算的可信度。

3. 计算类别的特征条件概率

函数label_feature_probability(self, features, labels, label_classes, label_classes_probability)的功能是计算样本中各个类别的特征条件概率,它接受的参数有函数read_file()读取返回的特征列表features和类别列表labels,函数labels_probability()返回的类别的种类label_classes和类别的先验概率label_classes_probability,共4个参数。然后返回样本各个类别的特征条件概率对应的特征—类别组合和类别的特征条件概率,即new_feature_label_sets和label_feature_probability。

该函数的逻辑思想如下。

（1）已知样本的特征列表、样本的类别列表、类别的种类、类别的先验概率，都是列表存储。

（2）然后①统计出特征列表中的不同元素，即特征种类；②每个特征种类对应的类别可以有"好评"，也可以有"差评"，所以还需要在第①步的基础上，再次细分出特征种类—类别的数量，将会得到表4.3所示的数据。

表4.3　特征—类别展示

特征	类别	数量
特征1	类别1	Num1
特征1	类别2	Num2
…	…	…
特征1	类别n	Num3
特征2	类别1	Num4
特征2	类别2	Num5
…	…	…
特征2	类别n	Num6
…	…	…
特征m	类别1	Num7
特征m	类别2	Num8
…	…	…
特征m	类别n	Num9

计算出每个类别对应的特征条件概率，即 $P($特征$m|$类别$n)$。

（3）返回各个类别的特征条件概率对应的特征—类别组合和类别的特征条件概率，两者的值采用列表存储，返回结果的结构如表4.4所示。

表4.4　函数 label_feature_probability() 返回结果的结构

返回结果	结构
new_feature_label_sets	[[特征1, 类别1], [特征1, 类别2], …, [特征m, 类别n]]
label_feature_probability	[$P($特征1$|$类别1$)$, $P($特征1$|$类别2$)$, …, $P($特征$m|$类别$n)$]

说明：根据上面对朴素贝叶斯算法原理的推导，得到：

$$P(y_i|x_1, x_2, \cdots, x_n) = \prod_{j=1}^{n} P(x_j|y_i)P(y_i)$$

即在计算类别的后验概率时，需要计算各个特征对应的 $P(x_j|y_i)P(y_i)$。又由于程序语言具有一定的局限性，所以在程序中计算时，特意用一个列表保存特征条件概率对应的特征—类别组合，这样才能在后续计算时进行遍历计算，计算出各个特征、类别对应的 $P(x_j|y_i)P(y_i)$。

4. 实现分类

函数 calculate_probability(self, features, labels) 是对整个朴素贝叶斯算法的整合与实现。在写代码

的过程中,为了保持代码的可读性与可扩展性,将算法内部的各个子计算分别用一个函数进行了包装,所以在最后,需要这么一个函数对类别定义的各个子功能,即各个函数进行一次调用。

然后将算法思想中需要的各个参数返回:label_classes、label_classes_probability、new_feature_label_sets、label_feature_probability。它们分别对应类别的种类、类别的先验概率、类别的特征条件概率对应的特征—类别组合、类别的特征条件概率。

该函数的逻辑思想如图4.2所示。

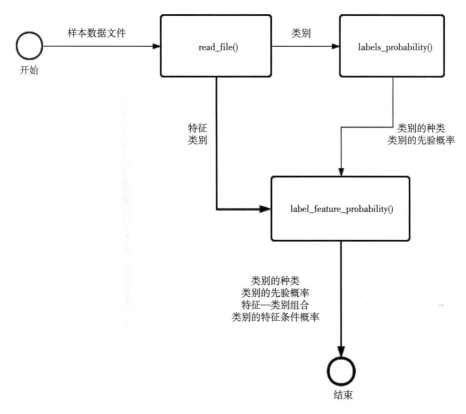

图4.2 函数calculate_probability()的逻辑流程

该函数返回结果的结构如表4.5所示。

表4.5 函数calculate_probability()返回结果的结构

返回结果	结构
label_classes	[类别1, 类别2, …, 类别n]
label_classes_probability	[P(类别1), P(类别2), …, P(类别n)]
new_feature_label_sets	[[特征1, 类别1], [特征1, 类别2], …, [特征m, 类别n]]
label_feature_probability	[P(特征1∣类别1), P(特征1∣类别2), …, P(特征m∣类别n)]

说明:这样做的好处如下。

（1）保持代码的可读性与可扩展性。

（2）逻辑清晰，即便过很长时间再来看这个代码，仍然可以理出逻辑。

（3）这样进行一次整合，目标功能块的类与外部程序交互得少，不容易出现逻辑、数据结构的混乱。

在定义好朴素贝叶斯算法的核心功能后，下面就是用这个功能进行实现了。

功能的代码如下。

```python
def Judge(features_list,
         label_classes, label_classes_probability,
         new_feature_label_sets, label_feature_probability
         ):
    positive = 0      # 积极变量，即好评的后验概率
    negative = 0      # 消极变量，即差评的后验概率
    for feature in features_list:  # 对特征列表进行遍历
        for i, label in enumerate(label_classes):   # 对类别列表进行遍历
            P_label = label_classes_probability[i][1]
            # 实现对公式 P(y_i|x_1,x_2,…,x_n) 的计算
            for j, feature_label_set in enumerate(new_feature_label_sets):
                if feature_label_set[0] == feature and feature_label_set[1] ==
                        label[0]:
                    P_feature_label = label_feature_probability[j]
                    # 计算好评的后验概率
                    if label == '优':
                        if positive == 0:
                            positive = P_label * P_feature_label
                        else:
                            positive = positive * P_label * P_feature_label
                    # 计算差评的后验概率
                    else:
                        if negative == 0:
                            negative = P_label * P_feature_label
                        else:
                            negative = negative * P_label * P_feature_label

    print(positive, negative)
    if positive >= negative:
        print("好评")
    else:
        print("差评")

    return positive, negative
```

这段代码就是对封装好的朴素贝叶斯算法功能模块进行调用。首先假设已知一条评论，提取出了特征，将这些特征用列表features_list保存，然后将功能模块返回的所有参数传入函数，再根据朴素贝叶斯算法思想，计算出 $P(y_i|x_1,x_2,…,x_n)$，即各个特征序列对应的类别后验概率。

然后根据得到的值进行判断，取最大值对应的 y_i 作为预测值输出和返回。

在此例中,设定的评论只有"好评"和"差评"两种,所以只需要计算出对应的 $P($好评$|$特征$)$ 和 $P($差评$|$特征$)$,比较两者的值来判断输入的特征列表是"好评"还是"差评"。

说明:此处将封装好的功能模块返回的结果作为已知经验,即通过已知的样本集得到类别的先验概率、类别的特征条件概率;将输入的特征列表作为条件信息;这个函数的功能是通过已知信息判断条件信息对应的未知信息——类别。

至此,这个评论的"好""差"分类功能就实现了,整个案例算法的程序逻辑流程如图4.3所示。

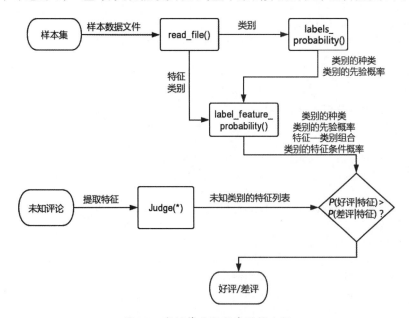

图4.3　案例算法的程序逻辑流程

用数学语言表示,如图4.4所示。

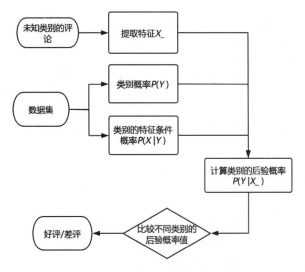

图4.4　案例算法的数学逻辑流程

4.1.3 使用朴素贝叶斯算法实现案例

从本案例开始,演示的案例代码将会逐步趋于标准的代码书写风格,里面将会涉及面向对象——类的内容,以及数据切片等操作。

使用朴素贝叶斯算法原理实现案例的评论分类的功能代码如下,具体的代码分析与逻辑流程参照4.1.2小节。

```python
class DataLoader():
    def __init__(self, file_path):
        self.file_path = file_path  # 接收参数:文件路径

    def read_file(self):
        df = pd.read_excel(self.file_path)  # 读取文件
        labels = df.iloc[:, 0].values        # 分割标签列
        features = df.iloc[:, 1:].values     # 提取特征列

        return features, labels       # numpy.ndarray

    # 计算类别概率
    def labels_probability(self, labels):
        label_classes = []
        for label in labels:
            flag = False          # 统计是辅助变量,无实际意义
            for i, label_class in enumerate(label_classes):  # 循环统计标签种类
                if label in label_class:
                    label_classes[i][1] += 1
                    flag = True
                else:
                    continue
            if not flag:
                label_classes.append([label, 1])
        label_classes_probability = []
        for label_class in label_classes:
            label_classes_probability.append([label_class[0],
                                    label_class[1]/len(labels)])

        return label_classes_probability, label_classes

    # 计算特征概率
    def features_probility(self, features):
        new_features = []
        features_num = []

        for i, feature_list in enumerate(features):
            for feature in feature_list:
                if type(feature) == str:
```

```
                if feature not in new_features:
                    new_features.append(feature)
                    features_num.append(1)
                else:
                    idx = np.argwhere(np.array(new_features)==feature)
                    features_num[int(idx)] += 1
            else:
                break
    all_num = np.sum(features_num)
    for i, fnum in enumerate(features_num):
        features_num[i] = fnum / all_num

    return new_features, features_num

# 计算类别条件概率
def label_feature_probability(self, features, labels, label_classes,
                              label_classes_probability):
    """
    :param features: 原始features列表
    :param label_classes_probability: 类别先验概率
    :return:
    """
    new_feature_label_sets = []
    features_num = []
    new_feature_list = []
    new_feature_num = []

    for i, feature_list in enumerate(features):
        for feature in feature_list:
            if type(feature) == str:
                if feature not in new_feature_list:
                    new_feature_list.append(feature)
                    new_feature_num.append(1)
                else:
                    idx = np.argwhere(np.array(new_feature_list)==feature)
                    new_feature_num[int(idx)] += 1

                for label in label_classes:
                    if label[0] == labels[i]:
                        flag_num = 0
                        for ii, feature_label_set in enumerate(
                                new_feature_label_sets):
                            if feature_label_set[0] == feature and \
                                    feature_label_set[1] == label[0]:
                                features_num[ii] += 1
                            else:
                                flag_num += 1
```

```
                        if flag_num == len(new_feature_label_sets):
                            new_feature_label_sets.append((feature, label[0]))
                            features_num.append(1)
                    else:
                        break
            label_feature_probability = []
            for i, feature_label_set in enumerate(new_feature_label_sets):
                idx = np.argwhere(np.array(new_feature_list)==feature_label_set[0])
                label_feature_probability.append(features_num[i]/
                                        new_feature_num[idx[0][0]])

            return new_feature_label_sets, label_feature_probability

    def calculate_probability(self, features, labels):
        label_classes_probability, label_classes = self.labels_probability(labels)
        print(label_classes)
        print("样本类别概率:", label_classes_probability)
        # new_features, features_probability = self.features_probility(features)
        # print(new_features)
        # print("样本特征概率:", features_probability)
        new_feature_label_sets, label_feature_probability = \
            self.label_feature_probability(features, labels, label_classes,
                                        label_classes_probability)
        print(new_feature_label_sets)
        print("样本类别的特征条件概率:", label_feature_probability)

        return label_classes, label_classes_probability, \
                new_feature_label_sets, label_feature_probability

def Judge(features_list,
        label_classes, label_classes_probability,
        new_feature_label_sets, label_feature_probability
        ):
    positive = 0
    negative = 0
    for feature in features_list:
        for i, label in enumerate(label_classes):
            P_label = label_classes_probability[i][1]

            for j, feature_label_set in enumerate(new_feature_label_sets):
                if feature_label_set[0] == feature and feature_label_set[1] == label[0]:
                    P_feature_label = label_feature_probability[j]

                    if label == '优':
                        if positive == 0:
                            positive = P_label * P_feature_label
                        else:
```

```
                            positive = positive * P_label * P_feature_label

                    else:
                        if negative == 0:
                            negative = P_label * P_feature_label
                        else:
                            negative = negative * P_label * P_feature_label

    print(positive, negative)
    if positive >= negative:
        print("好评")
    else:
        print("差评")
return positive, negative


if __name__ == '__main__':
    dataloader = DataLoader("./4_1_1.xlsx")
    features, labels = dataloader.read_file()
    label_classes, label_classes_probability, \
    new_feature_label_sets, label_feature_probability = \
        dataloader.calculate_probability(features, labels)
    features_list = ['售后', '垃圾']
    positive, negative = Judge(features_list,
        label_classes, label_classes_probability,
        new_feature_label_sets, label_feature_probability)
```

如果需要使用案例代码进行练习,数据请参考图4.5所示的Excel数据结构。

差	不划算	两次	不	数据	偏差	大			
差	售后	垃圾	战斗机	态度	差	价格	高	加	费
差	产品质量	不好	售后	不好					
差	加热	慢	控制	不	准确				
差	求	别	卖	受	不				
优	不错	便宜	实用	方便					
优	性价比	高	精度	高					
优	价格	实惠	小	不错					
优	不错	值得							
优	好	数据	准确						
优	颜色	漂亮							
优	值得	推荐							
差	垃圾								
差	太坑	态度	差	质量	不行				
差	差	有问题							
差	失望	垃圾							
优	愉快								
优	质量	不错	价格	实惠					
差	质量	不好	态度	不行					
差	速度	慢	服务	差劲					

图 4.5　Excel数据结构

4.2 贝叶斯分类器

分类器是在已有样本数据的基础上,通过"学习"构造的,它能够将数据映射成某一组类别中的一个,从而可以应用于预测。

可以将分类器理解成一个函数,这个函数可以将数据映射成一个值,假设这个映射函数是 $y = x$,那么输入的 $x < 0$ 得到的是负数;输入的 $x > 0$ 得到的是正数。这就实现了一个简单地对 x 进行二分类的功能,原理如图4.6所示。

在图4.6中,以直线为一条分界线,位于直线上方的为一类,位于直线下方的为一类。

如果是对一组多维数据进行二分类,如三维,那么它的分类原理如图4.7所示。

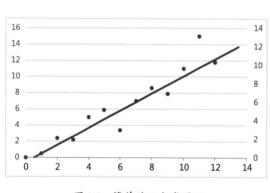

图4.6　简单的二分类原理

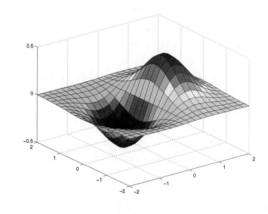

图4.7　三维数据的二分类原理

对于三维数据,可以用一个二维平面将这组三维数据分为两类,一类数据位于这个二维平面之上,另一类数据位于这个二维平面之下。

总结起来,分类器的作用就是对于 n 维数据,找到一个 $(n-1)$ 维度的超平面,使该超平面能够将这组多维的空间数据分成独立的几部分。本章主要介绍二分类原理。

贝叶斯分类器就是应用贝叶斯算法思想去构建这么一个分类器(或者说是映射),从而对输入的特征数据 X 进行分类。

4.2.1 贝叶斯分类器简介

贝叶斯分类器是各种分类器中分类错误概率最小或在预先给定代价的情况下平均风险最小的分类器,它是基于最基本的统计分类方法设计的。其分类原理是通过某对象的先验概率,利用贝叶斯公式计算出其后验概率,即该对象属于某一类的概率,选择具有最大后验概率的类作为该对象所属的类。

分类器的构造方法很多,常见的有贝叶斯方法、决策树方法、基于实例的学习方法、人工神经网络方法、支持向量机方法、基于遗传算法的方法、基于粗糙集的方法、基于模糊集的方法等。

贝叶斯方法以其独特的不确定性知识表达形式、丰富的概率表达能力、综合先验知识的增量学习特性等,成为众多方法中最为引人注目的焦点之一。

分类是一个两步过程,步骤如下。

第一步,用已知的实例集构建分类器。这一步一般发生在训练阶段或叫学习阶段。用来构建分类器的已知实例集称为训练实例集,训练实例集中的每一个实例称为训练实例。由于训练实例的类标记是已知的,所以分类器的构建过程是有导师的学习(有监督学习)过程。相比较而言,在无导师的学习过程中,训练实例的类标记是未知的,有时甚至连要学习的类别数也是未知的,如聚类。

第二步,使用构建好的分类器分类未知实例。这一步一般发生在测试阶段或叫工作阶段。用来分类的未知实例称为测试实例。一般在分类器被用来预测之前,需要对它的分类精度进行评估。只有分类准确率达到要求的分类器才可以用来对测试实例进行分类。

贝叶斯方法提供了推理的一种概率手段。它假定待考查的变量遵循某种概率分布,且可根据这些概率及已观察到的数据进行推理,从而作出最优的决策。

贝叶斯方法不仅能够计算显式的假设概率,还能为理解多数其他方法提供一种有效的手段。贝叶斯方法的主要特点如下。

(1)增量式学习。

即不断地从新样本中学习新的知识,并且还能够保存大部分以前已经学习到的知识。它是一种类似于人类自身的学习方式。

具体的解释:使用样本 a 训练得到一个模型 m,如果现在又得到新的样本 b,那么使用新样本 b 对模型 m 进行训练,得到的新模型能够学习到样本 a 与样本 b 的特征。

(2)先验知识可以与观察到的实例一起决定假设的最终概率。

即在进行判断时,既要考虑主观因素,也要考虑客观因素,不会仅仅依靠某一单一的证据进行判断。

比如人们在超市买东西时,需要由自身的消费能力与商品是否必需两个因素决定是否购买某一商品。

(3)允许假设作出不确定的预测。

即作出的判断没有绝对的情况,在进行判断时会综合考虑各种结果出现的可能,即便某一种结果出现的概率非常高,能够达到99%,但是始终不会为100%。

例如,"某人天天都做好事,那这个人有很大可能是好人",而不能判定"这个人一定是好人"。

(4)对新实例的分类可以有多个假设,以它们的概率为权重一起作出预测。

对新出现的特征(实例)进行分类判断,可以计算出多种可能的假设概率,并以这些概率为权重进行预测(判断)。这一点与第(3)点相似。

4.2.2　贝叶斯分类器的原理

在4.1节中了解了朴素贝叶斯算法的原理,也通过一个评论分类的简单算法展示案例加深了对朴素贝叶斯算法的理解,那么本着实用主义的思想,所有的理论都要实际落地到现实生活中去应用。所以,接下来将会详细介绍什么是贝叶斯分类器,以及贝叶斯分类器是如何运用朴素贝叶斯算法工作的。

完整的贝叶斯分类器并非只是一个对朴素贝叶斯算法的单独应用,就像人们虽然学了加减乘除,但是生活中很多时候买东西并不是对加减乘除的某一个运算的单独运用,而是将加减乘除联合使用的。

所以,本小节会尝试将前面的章节中所了解、学习到的知识进行融合,逐渐去完善应用系统。

4.2.1小节提到,分类是一个两步过程,第一步是构建分类器,第二步是应用。那么,接下来就跟随着两步走的思路,来了解贝叶斯分类器。

首先,不管是两步走还是几步走,全局观肯定是要有的,所以得先整理一下思路。

第一步:构建分类器。

结合4.1节的评论分类案例,首先得确定属性、准备样本数据集,有了数据才能继续后面的训练,所以可以将第一步分为以下两个阶段。

(1)准备阶段:准备样本数据集。

(2)训练阶段:运用样本数据集进行训练。

第二步:使用训练好的分类器对未知类别的实例进行分类。

贝叶斯分类器的流程如图4.8所示。

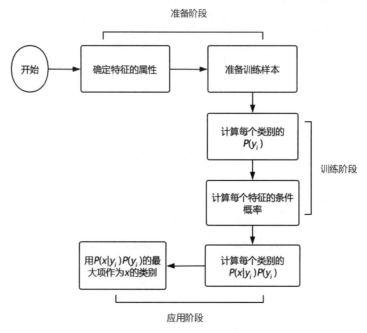

图4.8　贝叶斯分类器的流程

说明：其实从流程图可以发现，它就是朴素贝叶斯算法的流程。贝叶斯分类器可以理解成一个"计算器"，这个"计算器"就将简单的"加减乘除"包装成了一个工具，这样后续使用时不用自己再去进行复杂的计算，直接用这个"工具"就能得到结果。"偷懒"是促使科技进步的根本。

4.2.3　对贝叶斯分类器进行训练

在对贝叶斯分类器的整体流程有了一个了解后，下面就要具体地去确定第一步——构建分类器的各个阶段如何运行。同样结合朴素贝叶斯算法思想去进行。

（1）准备阶段。

准备阶段的内容比较简单，就是将所有的特征属性统计出来。这一步虽然简单，但是很关键，如果漏了某一个特征属性，那么最终得到的分类器结果将会出现巨大的偏差。

（2）训练阶段。

准备阶段统计了特征属性，但是这个特征属性只是收集样本数据集时的一个"参考"，分类器作为一个"工具"，肯定不能每次训练都手动录入字段。就像在4.1节的评论分类案例中，会出现这种情况：每个样本并不包含全部的特征属性，这样特征属性会特别多。大多数人也不会选择每次都手动录入数据。所以，训练阶段的第一个工作，即要自动统计出全部特征属性。

然后让分类器训练时也自动统计出类别。

最后才是根据得到的特征属性和类别，去应用朴素贝叶斯算法进行计算，将各个特征属性的条件概率、样本的类别概率计算出来并保存。

这就是第一步的构建分类器，用图形展示，如图4.9所示。

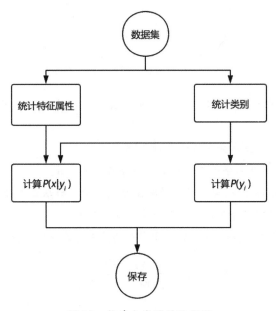

图4.9　构建分类器的流程图

注意：在训练过程中，连续型特征属性和离散型特征属性对应的计算方式不同。

1. 对于离散型

如文本分类这种特征属性,它的特征属性是离散的,每个特征属性是一个0-1分布,即一个样本对于某一个特征属性,要么有,要么没有。就如同样本"这件商品真差劲",它没有特征属性"好";样本"这件商品好差劲",它有特征属性"好"。

对于这类离散型特征属性,在训练时,就可以通过简单的遍历去依次计算出各个特征属性的条件概率。

说明:这种遍历的算法在逻辑上是最简单、最容易理解的,实际在设计分类器训练时,还是先将数据归一化/标准化再进行训练,这样可以有效地降低系统的开销。

2. 对于连续型

对于连续型特征属性,如"人的身高"这个特征属性,在庞大的数据集中,它的属性值可以设为一个正态分布$X \sim (\mu, \delta^2)$,其中μ为样本总体的期望,δ为样本方差。特征属性x的概率密度函数为

$$f(x) = \frac{1}{\sqrt{2\pi}\sigma} \exp\left(-\frac{(x-\mu)^2}{2\sigma^2}\right)$$

将它用图形展示出来,如图4.10所示。

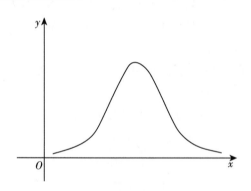

图4.10　连续型特征属性x的正态分布

说明:在前面的章节中介绍过,正态分布是应用最为广泛的一种分布,主要是基于其如下几个特性。

(1)很多随机现象可以用正态分布描述或近似描述。

(2)在一定条件下,某些概率分布可以利用正态分布近似计算。

(3)在非常一般的充分条件下,大量独立随机变量的和近似服从正态分布。

(4)数理统计中的某些常用分布是由正态分布推导得到的。

这类问题,在训练过程中无法针对每个特征属性的值来计算$P(x|y_i)P(y_i)$,这时通过公式推导:

$$P(x_i|y) = \frac{P(x_i y)}{P(y)} = \frac{P(y|x_i)P(x_i)}{P(y)}$$

其中$\dfrac{P(y|x_i)}{P(y)}$可以从样本中计算得出,理解成一个定值,则可得到推导(此推导省略了已确定可以作为定值的部分):

$$P(x_i|y) = \frac{1}{\sqrt{2\pi\delta_{y,i}^2}}\exp(-\frac{(x_i-\mu)^2}{2\delta_{y,i}^2})$$

即将$P(x_i|y)$也理解成一个正态分布,$P(x_i|y)\sim(\mu,\delta_{y,i}^2)$,$\mu$和$\delta_{y,i}^2$分别为$y$类样本在第$i$个特征属性上取值的期望和方差。

同样还得考虑一种特殊情况,即训练集中有属性未出现。这种情况常用"拉普拉斯修正"(平滑处理),把$P(y)$和$P(x_i|y)$改写成如下形式。

$$P(y) = \frac{y\text{类样本的数量}+1}{\text{训练样本集的数据总量}+\text{训练集中可能的类别数量}}$$

$$P(x_i|y) = \frac{y\text{类样本在第}i\text{个属性上取值为}x_i\text{的样本数}+1}{y\text{类样本的数量}+\text{第}i\text{个属性可能的取值数量}}$$

说明:上述这种情况一般会出现在样本容量较小的情况下。

4.3 贝叶斯分类器构建

构建并训练好了分类器,接下来就是使用分类器。通过4.2节的流程构建好分类器,使用时只需要将未知的实例特征送入分类器中,分类器会计算$P(x|y_i)P(y_i)$的值,并将其最大项作为x的类别。

下面就着手来构建一个简单的分类器。

注意:本节内容是基于分类器原理搭建案例demo,还称不上是一个严格意义上的分类器,严格意义上的分类器将会在机器学习的内容之后进行介绍。

4.3.1 加载、解析数据

任何分类器,第一步必须先加载、解析数据,记住这是必需的操作。关于如何加载、解析数据并无明显的限制,这一步骤一般都是自定义实现,所以该步骤仅作了解即可。

(1)读取样本数据文件的数据。

(2)将训练数据集中的标签(类别)与特征分开。

此处为规范化编程,所以将整个步骤用一个类进行封装,具体如下。

```python
class DataLoader():
    def __init__(self, file_path):
        self.file_path = file_path

    # 加载数据集文件
    def LoadFile(self):
        datas = pd.read_excel(self.file_path)
        labels = datas.values[:, :1]
        features = datas.values[:, 1:]
        return labels, features
```

```
# return type:
#     lables: 2-d list    (n, 1)        返回数据的格式
#     features: 2-d list  (n, m)        返回数据的格式
```

在这个类中,只需要传入文件的路径,调用LoadFile()函数就可得到数据集的所有标签和特征。

说明:在此类中,只定义了XLS和XLSX两种文件的读取方式,如果需要加载其他类型的文件,则需要采用其他的方式。

4.3.2 训练数据

从训练步骤开始,后面的步骤都是定义在一个类中进行操作的。此处将对这个类分开进行解释。

在训练这一步,又分为4个小步骤。

(1)加载特征的所有不同数据。

(2)加载标签(类别)的所有不同数据。

(3)对训练数据集的特征进行标准化处理。

(4)使用标准化处理后的数据去计算相应的$P(x|y_i)$和$P(y_i)$。

第一步:首先看看训练这个步骤的目的,训练的目的是要得到P(特征j|类别i)和P(类别i),如果不提前将特征和标签的元素统计出来,在后续对庞大的数据进行统计计算P(特征j|类别i)和P(类别i)这两个数据时,无法快速检索训练数据集中相关的数据,这是从效率上考虑,为了提高效率而进行的一个步骤。

例4.2 现在有身高、体重两个特征,如表4.6所示。

表4.6 身高、体重特征

身高/cm	155.3	171.5	171.5	176.0
体重/斤	90.2	145.3	160.2	120.9

在表4.6中,第二条数据和第三条数据的身高是一样的。

按照正常的思维是:从第一条数据开始检索,第一条数据的身高为155.3,那么检索后面的所有数据中身高为155.3的值,得到身高为155.3的数量。

第一条数据检索完成后,再从第二条数据开始检索,第二条数据的身高为171.5,那么检索后面的所有数据中身高为171.5的值,得到身高为171.5的数量。

如此,光是检索的计算次数就达到$\frac{n(n+1)}{2}$,n为训练样本数据的条目数。

如果一开始就提前加载好所有不同类型的数据,如表4.6所示的示例数据,先找到身高的不同数据(155.3,171.5,176.0),需要计算n次。

然后再根据这几个有限的数据进行检索,统计数量,其计算量为$k \cdot n$,k为不同数据的元素个数,n为训练样本数据的条目数。

最终这种方式的计算次数为$(k+1) \cdot n$。在庞大的训练数据集中,肯定会有很多值重复的情况存在,即k肯定远远小于n。

说明：上述举例是将身高这个特征作为离散型分布，对于连续型分布的特征，只需要知道特征名即可，不需要统计每种特征下面的不同数据。

所以，提前加载特征和标签的不同数据，可以有效降低计算量。

如何加载类别，请参考如下代码。

```
# 加载标签类别列表
def LoadLabelsList(self, labels):
    for label in labels:
        if label[0] not in self.labels_list:
            self.labels_list.append(label[0])
```

事先建立一个空的列表 self.labels_list，然后遍历标签列表（标签列表来自 4.3.1 小节步骤，即加载、解析数据），只要出现新的标签值，就将其加入 self.labels_list 中。

第二步：加载特征数据，这一步要考虑两种情况，即离散型分布的特征和连续型分布的特征。

参考代码如下。

```
# 加载特征属性列表
def LoadFeaturesList(self, features):
    """
    判断样本数据的特征属性类型是离散型还是连续型，在返回的 Dataset 中进行标记，便于后续训练
    如果为描述型样本数据，如文本特征属性，为离散型
    如果为数据型样本数据，如人的身高、体重等特征属性，为连续型
    连续变量：是指在一定区间内可以任意取值，相邻的两个数值可作无限分割（可取无限个值）。例如，身
高，身高可以是 183，也可以是 183.1，还可以是 183.111……
    离散变量：是指其数值只能用自然数、整数、计数单位等描述的数据。例如，职工个数（总不能是 1.2 个
吧）、成绩 A+ 等
    """
    height, width = features.shape
    for i in range(width):
        column = features[:, i]
        column_type = [type(a) for a in column]
        if dict in column_type or list in column_type or tuple in column_type:
            print("第", i+1, "列存在非法数据格式")
            return None
        else:
            column_type_set = set(column_type)
            if len(column_type_set) > 1:
                print("第", i+1, "列存在非法数据格式")
                return None
            else:
                if list(column_type_set)[0] in [str, int]:    # 离散型属性
                    flag = True
                else:
                    indexs = np.argwhere(column!=column)      # 去除NaN
                    new = []
                    try:
                        for idx in indexs:
```

```
                    new.append(column[idx[0]])
                except:
                    pass
                column = list(set(column)-set(new))
                if len(column) < 4:
                    flag = True
                else:
                    flag = self.verify(column)
        # 离散属性
        if flag:
            elements = []
            for element in column:
                if element not in elements:
                    elements.append(element)
            self.features_list.append(elements)
            self.dis_or_continuous.append(False)
        # 连续属性
        else:
            self.features_list.append(i)
            self.dis_or_continuous.append(True)

# 加载标签类别列表
def LoadLabelsList(self, labels):
    for label in labels:
        if label[0] not in self.labels_list:
            self.labels_list.append(label[0])
```

第三步：将4.3.1小节步骤即加载、解析数据得到的特征列表转换成一个二维的数组，每一行表示一条数据，每一列表示一个属性。

（1）剔除非法的数据格式。

此处将元组、列表、字典作为非法的数据格式，每一列进行一次检索，发现这三种数据格式，则将数据置为无效，设置为空。

另外，由于是使用Pandas库进行数据读取的，所以如果原始训练数据集中有空值，在读取进类中后，会变成NaN，所以还要将NaN值也置为无效数据。

（2）判断每一列的属性是离散型属性还是连续型属性。

这里使用了一个检验函数，代码如下。

```
# 验证输入的列表值是连续型还是离散型
def verify(self, value_list):
    statistic, pvalue = stats.shapiro(value_list)
    # print(statistic, pvalue)
    if pvalue > 0.5:
        return False
    else:
        return True
```

该函数会计算属性列各个值之间的依赖性,当这个依赖值大于0.5时,就将该属性列设为连续型属性;否则,为离散型属性。

如果是离散型属性列,后面的步骤中就要进行不同特征值的统计。

(3)将特征值进行标准化。

标准化也是为了使训练过程中的计算更容易些。例如,有一个数据集如图4.11所示。

A	2		4		
B	5	1	5	0	
C	21		5		2
A		4	1		
D	2	326	125		

图4.11　特殊的特征样例

在这个数据集中,可以发现几乎每条数据都有空缺的特征值,在读取数据时,程序可以很轻易地检测到中间的空缺值,然后将空缺的值设为无效。

但是如果遇到像第1、2、4、5这四条数据,末尾的特征值是空缺的,这种情况下程序是发现不了数据末尾缺失特征值的。

这样就导致一个问题,同一批的训练数据集,它们的特征维度会出现很多情况,有的是三维的,有的是四维的。

标准化特征值就是为了避免这种情况,将所有的数据都统一成一个特征数据维度。例如,在图4.11展示的数据中,特征属性有5列,那就将所有的数据特征都置为五维,空缺的都用无效数据表示。

第四步:首先计算所有标签的样本先验概率,即$P(y)$,这个可以根据4.3.1小节步骤即加载、解析数据得到的标签列表直接进行统计计算得到。

然后就是计算$P(x_i|y)$,这里分为以下两种情况。

(1)离散型特征属性:通过已经得到的每一个特征列的不同数据元素,分别进行遍历得到标签y下面的属性x_i的数量,然后除以不同标签y对应的数据总数即可得到$P(x_i|y)$。

(2)连续型特征属性:对于连续型特征属性,需要先计算出不同标签y对应的该特征属性的期望μ和标准差δ,得到多个正态分布,如图4.12所示。

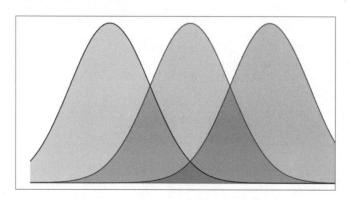

图4.12　连续型特征属性列的分布

这时得到的 $P(x_i|y)$ 是一个函数,形式如下。

$$\frac{1}{\sqrt{2\pi}\sigma}\exp(-\frac{(x-\mu)^2}{2\sigma^2})$$

不论是离散型特征属性分布还是连续型特征属性分布,最终的目的只有一个:当得到一个特征列表 $[x_1, x_2, \cdots, x_n]$ 时,能够分别得到 $P(x_i|y)$ 的值,然后分别计算

$$\prod_{j=1}^{n} P(x_j|y_i)P(y_i)$$

得到最大值对应的 y_i。

所以,不论中间的计算过程中得到的 $P(x_i|y)$ 是一个具体的值还是一个函数,当确定 x_i 的取值后,$P(x_i|y)$ 都是一个数值。

离散型特征属性分布和连续型特征属性分布只是中间的一个过渡方式不同。

说明:在此分类器中,假设连续型特征属性分布都是正态分布的。如实际情况不符合正态分布,需要根据其他连续型分布的概率密度函数进行计算。

4.3.3 保存、加载模型

在此分类器中,为了便于理解,将使用JSON格式保存训练过程中计算出来的各个参数,模拟保存模型的过程。

参考代码如下。

```
# 保存模型——JSON格式
def save(self, save_path):
    with open(save_path, 'w') as f:
        json.dump(self.model, f)


# 加载模型
def load(self, load_path):
    with open(load_path, 'r') as j: # 打开JSON文件
        load_dict = json.load(j)      # 读取文件数据
    self.model = load_dict
    self.labels_list = []
    self.labels_pro_list = []
    for key, value in self.model['labels'].items():
        self.labels_list.append(key)
        self.labels_pro_list.append(value)
    print(self.labels_list)
    print(self.labels_pro_list)
    print(self.model['feature_label'])
```

1. 保存模型

模型的保存,大多数都是以字典的形式保存,这是因为字典的key-value格式非常适用于检索。试想一下,当一个模型有成千上万的参数时,如果一个一个地遍历索引参数,那么工作量是巨大的。

所以,将模型以字典的key-value形式保存,就是为了方便加载。

2. 加载模型

加载模型就是加载模型参数,并还原模型结构。由于该示例分类器结果比较简单,并不存在复杂的结构,所以只需要将所有的key-value加载即可。

如果模型是一个具有一定结构的形式,那么在加载模型时,不仅要读取参数,还要将各个参数赋值到相应的位置。

例如,设计一个线性的二分类分类器对一组二维特征属性进行分类,什么意思呢?将训练数据集进行二维的图形化展示,就是一堆点,然后用一条直线将点进行二分类,如图4.13所示。

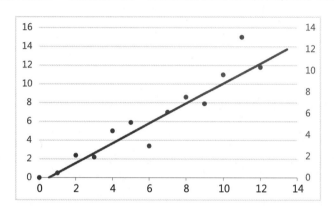

图4.13　对二维特征属性进行线性二分类

这时的分类模型就有一个结构:

$$y = k \cdot x + b$$

参数为k和b。那么,在加载模型时,要读取k和b的值,然后将它们赋值到相应的位置以还原这个模型。假设$k = 5, b = -100$,那么还原出来的模型就是$y = 5x - 100$。

说明:上述情况只存在于模型有明确的结构层次时,本章节的示例分类器中设计的分类器并没有结构,所以只需要加载参数即可。

严谨一点,对本分类器使用结构性的数据进行保存,可以这样设计结构(思路仅供参考,不具有唯一性),如表4.7所示。

表4.7　模型结构化数据样例展示示例

feature	label				
	label_1	label_2	label_3	label_4	…
feature_1	P_{11}	P_{12}	P_{13}	P_{14}	…
feature_2	P_{21}	P_{22}	P_{23}	P_{24}	…
feature_3	P_{31}	P_{32}	P_{33}	P_{34}	…
feature_4	P_{41}	P_{42}	P_{43}	P_{44}	…
…	…	…	…	…	…

这样在根据模型进行预测时，只需要读取对应的 P_{ij} 即可。不过使用这种方式保存模型，需要将 label 和 feature 规范好，就像 4.3.2 小节中的第二步，在使用分类器时，需要将原始数据规范后再进行分类。

4.3.4 使用模型

使用模型就是根据 4.3.2 小节中计算出来的 $P(y)$ 和 $P(x_i|y)$，或者是通过加载事先训练保存下来的模型参数 $P(y)$ 和 $P(x_i|y)$，去计算

$$P(y_i|x_1, x_2, \cdots, x_n) = \prod_{j=1}^{n} P(x_j|y_i) P(y_i)$$

然后再比较 $P(y_i|x_1, x_2, \cdots, x_n)$ 的值，选取最大值对应的 y_i 作为分类结果。

部分参考代码如下。

```python
# 预测
def predict(self, features):    # features为特征列表
    length = len(features)
    all_probability = []
    for j, label in enumerate(self.labels_list): # 遍历计算该特征对应每个label的后验概率
        label_probability = self.labels_pro_list[j]
        all = 0
        for i in range(length):
            feature_labels = self.model['feature_label']
            feature = features[i]
            feature_labels_ = str(i) + '-' + label + "-" + str(feature)
            try:
                all += label_probability * feature_labels[feature_labels_]
            except:
                all += 0
        all_probability.append([label, all])
    print(all_probability)
    max_pro = 0 # 选取最大的概率
    max_pro_label = ''
    for lst in all_probability:
        if lst[1] > max_pro:
            max_pro_label = lst[0] # 获取最大概率对应的label
    print("predicted label is: ", max_pro_label)
    return max_pro_label
```

至此，一个简单的具备加载数据、解析数据、训练数据、保存模型、加载模型、使用模型功能的简单的分类器就完成了。

注意：本章的示例代码仅做逻辑上的梳理，并不能作为真正的工程应用。一般的工程应用，可直接使用 Python 的 sklearn 库，该库是专门针对机器学习的，里面将成熟的理论及模型都做好了封装，可以直接通过 API 调用。里面也有单独功能的封装，可以通过使用这些功能模块自行设计机器学习模型。

4.4 标准的分类器构建——鸢尾花分类

本节将使用Python的机器学习库sklearn构建一个严格意义上的分类器——鸢尾花贝叶斯分类器。

从严谨的角度出发，为了确保程序的真实可靠性，此处采用真实的数据集进行分类，采用开源的鸢尾花数据集。

4.4.1 制作数据集

由于此处采用的是开源的鸢尾花数据集，该数据集是整理好并收录在sklearn库中的，所以此步骤仅需要切分数据集，不需要进行特征提取。鸢尾花数据集如图4.14所示。

	SepalLength	SepalWidth	PetalLength	PetalWidth	Species
0	6.4	2.8	5.6	2.2	2
1	5.0	2.3	3.3	1.0	1
2	4.9	2.5	4.5	1.7	2
3	4.9	3.1	1.5	0.1	0
4	5.7	3.8	1.7	0.3	0

图4.14 鸢尾花数据集截选

说明：离线的鸢尾花数据集下载地址为http://download.tensorflow.org/data/iris_training.csv，其中有花萼长度（Sepal Length）——第一列，花萼宽度（Sepal Width）——第二列，花瓣长度（Petal Length）——第三列，花瓣宽度（Petal Width）——第四列，共计四个属性。标签（Species）0、1、2分别表示山鸢尾（Setosa）、变色鸢尾（Versicolor）、弗吉尼亚鸢尾（Virginical）。

此处采用Python的sklearn库可以直接导入数据，代码如下。

```
data = load_iris()
# 获取数据的标签
iris_target = data.target
# 获取数据的特征，并将格式转换成DataFrame格式
iris_features = pd.DataFrame(data=data.data, columns=data.feature_names)
print(iris_target)
print(iris_features)
```

该段代码会输出鸢尾花数据集的特征与标签，参照图4.14。

4.4.2 切分数据集

得到数据集后，就需要把数据切分为训练用的数据集和测试用的数据集，代码如下。

```
X_train, X_test, y_train, y_test = train_test_split(iris_features, iris_target,
                                    test_size=0.2, random_state=0)
```

技巧:这一步仍是直接调用sklearn库的切分数据集的函数,它能根据传入的比例自动将数据集切分为四部分,即训练特征、测试特征、训练标签和测试标签。

1. 选择机器学习算法(此处选用朴素贝叶斯算法)

这一步也可以直接通过sklearn库导入,代码如下。

```
Classifier = GaussianNB()
```

2. 训练数据

上一步得到了一个朴素贝叶斯算法的分类器对象,那么训练数据只需要调用这个对象中的训练函数并传入数据即可,代码如下。

```
classifier.fit(X_train, y_train)
```

3. 验证

验证就是用训练得到的模型对测试用的数据集特征进行预测,得到模型的预测标签,然后用这个预测标签和数据集的真实标签进行比对,计算准确率。

```
test_predict = classifier.predict(X_test)
print('accuracy:{}' .format(metrics.accuracy_score(y_test, test_predict)*100))
print(test_predict)
print(y_test)
```

最终得到的准确率约为96.67%,运行结果如图4.15所示。

图4.15 鸢尾花模型的运行结果

可以看到,在测试用的30条数据中,有一条数据预测出错,所以最终得到的准确率约为96.67%。

说明:本节实现的这个机器学习案例都是调用的sklearn库函数,为什么呢?因为sklearn库是Python中专门集成的机器学习库,它收纳了机器学习相关的各种算法、结构及相关的计算规则,所以在平时的应用中,除非是使用自己的算法,否则都是直接调用这个库。如果是需要自己实现算法,那么就需要编写规则实现上述第三步的模型对象。

4.4.3 鸢尾花分类案例代码

构建鸢尾花分类器的完整代码如下。注意,这份代码是按照标准使用各种库构建的一个分类器,在行业中有时很多东西都是通过调用底层写好的库进行构建,所以并不是所有的逻辑都需要自己编写的(不过在了解、熟悉一个新的算法前,需要自己动手梳理逻辑,这样才能更快地掌握)。参考该实例代码并自己尝试写一下标准的代码demo。

```
from sklearn.datasets import load_iris
import pandas as pd
from sklearn.model_selection import train_test_split
from sklearn.naive_bayes import GaussianNB
from sklearn import metrics
data = load_iris()
# 获取数据的标签
iris_target = data.target
# 获取数据的特征,并将格式转换成DataFrame格式
iris_features = pd.DataFrame(data=data.data, columns=data.feature_names)
print(iris_target)
print(iris_features)
X_train, X_test, y_train, y_test = train_test_split(iris_features, iris_target,
                                                    test_size=0.2, random_state=0)
classifier = GaussianNB()
classifier.fit(X_train, y_train)
test_predict = classifier.predict(X_test)
print('accuracy:{}' .format(metrics.accuracy_score(y_test, test_predict)*100))
print(test_predict)
print(y_test)
```

4.5　小结

　　本章主要针对贝叶斯分类算法中的朴素贝叶斯算法进行了介绍,其明显的优势就是原理简单、分类准确率高、速度快。但是该算法并不能适用于所有场景,在有些场景明确知晓变量(属性)之间的关联性比较强时,采用该算法会适得其反。

　　例如,在实际应用的评论分类中,如果只依靠对关键词(特征)的独立分类,并不能完全达到预期效果。如"这商品简直别太好""好不好商家自己心里明白"这些具有歧义文字的评论,就需要结合上下文(前后的特征)进行分类,如果对特征进行独立分类,则很容易得到错误的分类结果。所以,朴素贝叶斯算法比较适用于场景中各变量(属性)是独立的或相互依赖程度很低。例如,机器学习的经典案例:鸢尾花分类中,属性变量为花瓣长度、花瓣宽度,这两个属性可以认为相互的依赖性很低,可以把它们理想成独立的。这时可以采用朴素贝叶斯算法进行分类。

　　本章概括起来就是需要明白如何应用这个公式:朴素贝叶斯算法数学式。

$$P(Y|X) = \frac{P(X|Y)P(Y)}{P(X)}$$

　　其中 $P(Y)$ 与样本总体有关。

第 5 章

从贝叶斯到随机场

　　第4章介绍了贝叶斯分类器的原理，即根据样本数据集计算出各个类别的特征条件概率，从而得到各个类别的后验概率，再选取最大后验概率的类别作为分类结果。从概率的角度来说，这样的处理方式，优点是降低计算的复杂度，减小了系统的开销。但是从实际的应用上来说，这样的处理方式会过于"客观"地去考虑问题，从而导致部分情况偏离实际的分布，即忽略了"主观"上的因素。

　　例如，在病例诊断中，存在误诊。如果将有病的人误诊为无病，那么这个病人将会错过最佳治疗时机，造成严重的后果；如果将无病的人误诊为有病，那么这个人将会承受一定的心理压力。无论是第一种情况的错过最佳治疗时机，还是第二种情况的承受心理压力，都是风险，不过这两种情况造成的影响不一样，即风险不同。很明显第一种的风险远远高于第二种的风险。

　　在机器学习中，误判无法百分之百地避免。但是作为一门严谨的技术，应用场景是不允许存在大风险的，意思是说：虽然不能完全把风险降为0，但是可以将风险尽可能地降到最低，从而提升系统、模型的可信度（准确率）。现在清楚了风险的存在，那么如何去降低风险，就成了每名研究者在设计算法、网络、系统的过程中都要考虑的一个问题了。降低风险出现的概率这个过程叫作优化。

★ 知识要点 ★

- 优化的作用。
- 马尔科夫随机场。
- 图像分割。

说明：本章将考虑对使用最小错误分类策略的分类器结果进行优化。

5.1 对最小错误分类进行结果优化

现在的机器学习只能说是从某一方面去进行"取巧",尽可能地去适用于更多的场景,但是没有办法做到针对每个场景都发挥百分之百的性能。所以,就产生了"优化"的概念。

结合第4章的分类器来进行解释:在已有分类器的基础上,对结果进行一次再校验,从而提高输出结果的准确率。

从严谨的学术角度来说,优化是指通过构造目标函数,找到一个能使目标函数取得极值的解。

这个目标函数即为损失函数。在第4章的分类器示例中,相当于只进行了一次训练,即通过计算各类别、特征属性对应的条件概率来得到后验概率,通过后验概率直接判断未知的特征属性所属分类的类别。但是在机器学习中,只通过一次这样的训练得到的模型可信度是特别低的。

例5.1 现在有一组示例数据,如表5.1所示。

表5.1 分类示例数据

类别	1	1	1	0	0	0	1	1
特征1	1	2	2	1	2	1	3	3
特征2	1	1	2	-1	0	0	1	3

将特征1设为x轴,特征2设为y轴,通过散点图展示出来,如图5.1所示。

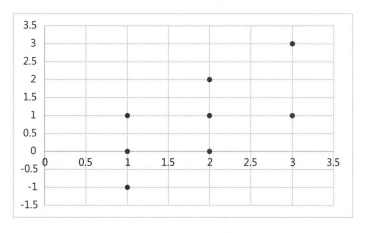

图5.1 例5.1示例数据散点图

采用朴素贝叶斯算法来进行分类,可以得到如下特征的结果后验概率。

$$P(1|1, 1) = 1/3$$
$$P(0|1, 1) = 0$$
$$P(1|1, 0) = 0$$
$$\cdots$$

如果特征2不是离散型分布,而是一个连续型分布,如图5.2所示。

说明：正常情况下，在两个类别的界限附近是存在很多交叉分布的数据的，图5.2仅供参考，不符合实际的分布情况。

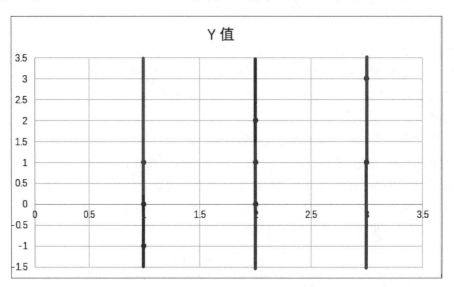

图5.2　分类示例数据连续型分布

假设特征属性2是符合正态分布的，它的概率分布如图5.3所示。

结合贝叶斯估计算法思想进行参数估计。通过图像可以比较直观地看到分界点，但是在机器学习中，所有的参数都要通过数学计算得到，所以要再整理一下思路。

不考虑特征属性1，只考虑特征属性2的连续型分布（正态分布）。做一个二分类的分类器，通过样本计算$P(\text{feature}|\text{label1})$和$P(\text{feature}|\text{label2})$，可以得到类别特征条件概率分布，如图5.4所示。

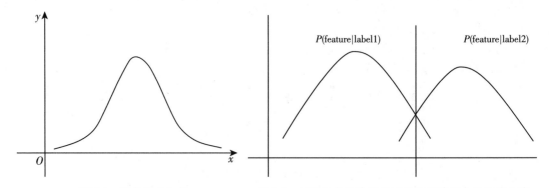

图5.3　概率正态分布　　　　　图5.4　正态分布的特征属性的类别特征条件概率分布

在两个类别特征条件概率分布的交叉临界部分，根据朴素贝叶斯算法思想，会存在较多的误判分类，这是贝叶斯分类算法的弊端，因为它只是通过概率分布进行分类。

如果将这种情况的特征属性用点图表示出来，它将如图5.5所示。

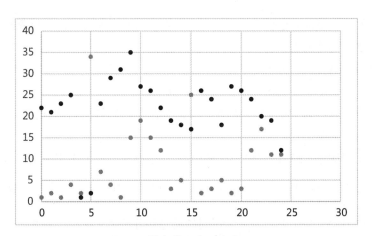

图5.5　样本特征交叉分布示例

仔细观察两种不同颜色的散点,在分布的中间(或者说是临界的部分),对应图5.5的纵坐标区间 [10, 20] 之间,两个类别的分布是比较混乱的,无法区分开。

要降低这种不规则分布的分类问题,单纯地通过贝叶斯分类器是无法实现的,贝叶斯分类器(或者说是概率分类器)是通过"宏观"的数据(概率)进行分类,要提升分类的精度,那就只能从"微观"(特征)入手了。

即通过属性之间的关系、特征对属性进行分类,这个概念在图像分割中是很常见的。为了解决属性之间的关系问题,图像分割中提出了随机场的概念。在了解随机场之前,先了解一下马尔科夫链。

 ## 5.2　马尔科夫链

严谨的定义解释称:马尔科夫链是概率论和数理统计中具有马尔科夫性质且存在于离散的指数集和状态空间内的随机过程。对概率空间 $(\Omega, F, \mathbf{P})$ 内以一维可数集为指数集的随机变量集合 $X = \{X_n : n > 0\}$,如果随机变量的取值都在可数集 $X = s_i, s_i \in s$ 内且随机变量的条件概率满足关系 $P(X_{t+1} | X_t, X_{t-1}, \cdots, X_1) = P(X_{t+1} | X_t)$,则 X 称为马尔科夫链,可数集 $s \in \mathbf{Z}$ 称为状态空间,马尔科夫链在状态空间内的取值称为状态。

简单的理解就是,马尔科夫链是一个随机过程,而且是一个特殊的随机过程,它的特殊之处在于它拥有"鱼的记忆"。即当前变量的状态只依赖于它的前一个变量的状态。马尔科夫链的状态如图5.6所示。

图5.6　马尔科夫链的状态

在这个马尔科夫链中,变量 X_2 只与它的前一个变量 X_1 的状态相关;变量 X_3 只与它的前一个变量 X_2 的状态相关,而与变量 X_1 的状态无关。

例**5.2** 袋中取球。假设一个袋子中有3个黑球和3个白球,现在不放回地取球,在已知本次取球的颜色后,求下一次取出球的概率。

这是一个马尔科夫链过程,分析如下。

设B为取出黑球,W为取出白球。

(1)如果第一次取出黑球,则概率为$P(B) = 0.5$;如果第一次取出白球,则概率为$P(W) = 0.5$。完成第一次取球后,袋中还剩5个球。

(2)第二次取出黑球:由于每次取出的球不放回,所以此时需要考虑第一次取出的球是什么颜色,如果第一次取出的球是黑球,则第二次取出黑球的概率为$P(B|B) = \frac{2}{5}$;如果第一次取出的球是白球,则第二次取出黑球的概率为$P(B|W) = \frac{3}{5}$。用同样的思路分析第二次取出白球的概率:当第一次取出黑球时概率为$P(W|B) = \frac{3}{5}$,当第一次取出白球时概率为$P(W|W) = \frac{2}{5}$。完成第二次取球后,袋中还剩4个球。

(3)同样按照(2)这样分析,第三次取球的颜色需要考虑第二次取球的颜色。

将这个过程用图展示,如图5.7所示。

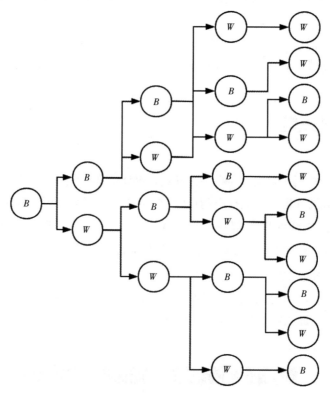

图5.7 不放回袋中的取球流程图

此图只展示了第一次取出黑球时,取5次球的情况。通过这个流程图可以发现,在确定当前取球的颜色后,图中每下一次取球都只与前一次取球有关。图5.7中的任意一条路径就是一条马尔科夫链。

5.2.1　状态转移

在马尔科夫链中,从当前结点到下一个结点的变换称为状态转移。例如,在例5.2中,第一次取出的是黑球,则第二次取出黑球的概率为 $P(B|B) = \frac{2}{5}$,取出白球的概率为 $P(B|W) = \frac{3}{5}$,这个概率就是状态转移的概率。

由两个结点所有的状态,即两个结点所有取值的概率组成一个矩阵——状态转移概率矩阵。如表5.2所示,其中横向表示第一次取球的颜色,纵向表示第二次取球的颜色。

表5.2　状态转移概率矩阵示例数据

第二次取球的颜色	第一次取球的颜色	
	B	W
B	$\frac{2}{5}$	$\frac{3}{5}$
W	$\frac{3}{5}$	$\frac{2}{5}$

在这个概率表中,完整地记录了从第一次取球到第二次取球的概率变换。将这个概率表用矩阵表示为

$$P = \begin{bmatrix} \frac{2}{5} & \frac{3}{5} \\ \frac{3}{5} & \frac{2}{5} \end{bmatrix}$$

这就是一个状态转移概率矩阵,准确来说它是第一次取球到第二次取球的颜色状态转移概率矩阵。

用数学的方式可以这样理解马尔科夫链中的状态转移概率矩阵:对于两个结点 S_1 和 S_2,它们分别有 m 种状态(变量取值)和 n 种状态(变量取值),设 $P_{i,j}$ 为第一个结点状态为 i 时第二个结点状态为 j 的概率,$P_{i,j} = P(S_j|S_i)$,则这两个结点间的状态转移概率矩阵为

$$P = \begin{bmatrix} P_{0,0} & P_{0,1} & \cdots & P_{0,n} \\ P_{1,0} & P_{1,1} & \cdots & P_{1,n} \\ \vdots & \vdots & & \vdots \\ P_{m,0} & P_{m,1} & \cdots & P_{m,n} \end{bmatrix}$$

马尔科夫链的概念要点如下。

如果引入时序的概念,即第一个结点为时刻 t 的状态,第二个结点为时刻 $t+1$ 的状态,那么对马尔科夫链更为严谨的数学定义为

$$P_{i,j}(t)$$

表示 $i^t \rightarrow j^{t+1}$ 的概率。

$$P_{i,j}(t) = P(S_{t+1} = j|S_t = i)$$

其中 $P[i:]$ 表示 $S_t = i$ 的所有概率,$P[:,j]$ 表示 $S_{t+1} = j$ 的所有概率。

在状态转移概率矩阵中还有一个重要的性质,即

$$\sum_{j=1}^{n} P_{i,j} = 1$$

注意:这里需要明确一点

$$\sum_{j=1}^{n} P_{i,j}(t) = 1$$

恒成立,但是

$$\sum_{i=1}^{n} P_{i,j}(t) = 1$$

不一定成立。

5.2.2　齐次马尔科夫链

5.2.1小节介绍了马尔科夫链的状态转移,接下来再结合例5.2和一个新的例子来了解齐次马尔科夫链。

齐次马尔科夫链的定义:对于任意 $i,j \in T$,马尔科夫链 $\{X_t, t \in T\}$ 的状态转移概率 $P_{i,j}(t)$ 与 t 无关,则称马尔科夫链是齐次的,并将 $P_{i,j}(t)$ 记作 $P_{i,j}$。

在例5.2中,第一次取球到第二次取球的颜色状态转移概率矩阵在表5.2中已经计算得到了,然后再看第二次取球到第三次取球的颜色状态转移概率矩阵。

注意:在计算第二次取球到第三次取球的颜色状态转移概率矩阵时,是认为第一次取球的颜色已经确定了的。

(1)第一次取球为黑色(B)时,得到的第二次取球到第三次取球的状态转移概率矩阵如表5.3所示。

表5.3　第一次取球为黑色得到的第二三次状态转移概率矩阵示例数据

第二次取球的颜色	第三次取球的颜色	
	B	W
B	$\dfrac{1}{4}$	$\dfrac{3}{4}$
W	$\dfrac{2}{4}$	$\dfrac{2}{4}$

(2)第一次取球为白色(W)时,得到的第二次取球到第三次取球的状态转移概率矩阵如表5.4所示。

表5.4　第一次取球为白色得到的第二三次状态转移概率矩阵示例数据

第二次取球的颜色	第三次取球的颜色	
	B	W
B	$\dfrac{2}{4}$	$\dfrac{2}{4}$
W	$\dfrac{1}{4}$	$\dfrac{3}{4}$

比较表5.3、表5.4和表5.2的数据,发现它们是不一样的。根据这个规则,如果再往后继续取第四次球,那么第三次取球到第四次取球的颜色状态转移概率矩阵肯定也是不一样的。

现在将例5.2的条件稍微改动一下。

例5.3 假设一个袋子中有3个黑球和3个白球,现在有放回地取球,求每次取出球的概率。

设B为取出黑球,W为取出白球。

(1)第一次取球的概率:$P(B) = \dfrac{1}{2}$,$P(W) = \dfrac{1}{2}$。

(2)第二次取球的条件概率表如表5.5所示。

表5.5 第二次取球出现各颜色的条件概率示例数据

第一次取球的颜色	第二次取球的颜色	
	B	W
B	$\dfrac{1}{2}$	$\dfrac{1}{2}$
W	$\dfrac{1}{2}$	$\dfrac{1}{2}$

(3)得到第三次、第四次、第五次、第六次取球的条件概率表都如表5.5所示。

(4)可以发现,在例5.3中,任意第i次取球到第$i+1$次取球的状态转移概率都和表5.5中的数据一样。

(5)在例5.3这个例子中的状态转移概率矩阵是齐次的,即在任意次数时(第一次除外),它的状态转移概率矩阵都是不变的,都是

$$P = \begin{bmatrix} \dfrac{1}{2} & \dfrac{1}{2} \\ \dfrac{1}{2} & \dfrac{1}{2} \end{bmatrix}$$

即便是将例子持续到无穷次,这个状态转移概率矩阵都不会变。对于例5.3的这个过程,就认为是齐次马尔科夫链。

说明:之所以在上面的叙述中要注明第一次除外,是因为第一次时发生的不是状态转移。

那么,现在就能理解什么是齐次马尔科夫链了,再总结一下,具体如下。

设对于一个过程,时刻t时的状态为i,时刻$t+1$时的状态为j,$P_{i,j}(t)$表示从时刻t的状态i发出,到达时刻$t+1$的状态j的条件概率,即$P_{i,j}(t) = P(S_{t+1}=j \mid S_t=i)$)。则对于任意时刻$t$,马尔科夫链的状态转移概率矩阵始终为

$$P = \begin{bmatrix} P_{0,0} & P_{0,1} & \cdots & P_{0,n} \\ P_{1,0} & P_{1,1} & \cdots & P_{1,n} \\ \vdots & \vdots & & \vdots \\ P_{m,0} & P_{m,1} & \cdots & P_{m,n} \end{bmatrix}$$

其中$P_{i,j}$为定值,不会因为t的变化而变化。这就是齐次马尔科夫链。

说明:在此节之后,通常将齐次马尔科夫链直接称为马尔科夫链,后续章节说的马尔科夫概念相关的内容都是针对齐次马尔科夫链的。

5.3 马尔科夫随机场

随机场的定义:在概率论中,由样本空间 $\Omega = \{0, 1, \cdots, G - 1\}^n$ 取样构成的随机变量 X_i 所组成的 $S = \{X_1, \cdots, X_n\}$。如果对于所有的 $\omega \in \Omega, \Pi(\omega) > 0$ 均成立,则称 Π 为一个随机场。

如今比较常见的随机场有马尔科夫随机场(MRF)、吉布斯随机场(GRF)、条件随机场(CRF)、高斯随机场等。本节将着重介绍马尔科夫随机场及其应用。

5.3.1 什么是马尔科夫随机场

马尔科夫随机场是对马尔科夫性质的应用。

1. 熟悉马尔科夫随机场

在5.2节中介绍了马尔科夫链相关的内容,马尔科夫性质和马尔科夫链是相似的思想。

马尔科夫性质指的是一个随机变量序列按时间先后关系依次排开时,第 $N + 1$ 时刻的分布特性,与 N 时刻以前的随机变量的取值无关。

随机场包含两个要素:位置和相空间。当给每一个位置按照某种分布随机赋予相空间的一个值之后,其全体就叫作随机场。这个概念可以理解成种地,"位置"是土地,"相空间"是农作物,在不同的土地上种不同的农作物,就是随机场给每个位置赋予相空间的不同值。

而马尔科夫随机场的思想可以通俗地理解为,任何土地上种什么农作物仅与它邻近的土地上种的农作物有关,与其他土地上种的农作物无关。

用数学的形式表达为,设 δ 为 S 上的邻域系统,如果随机场 $X = \{X_s, s \in S\}$ 满足:

$$P(X = x) > 0, \forall x \in S$$

$$P(X_s = x_s \mid X_r = x_r, r \neq s, \forall r \in \delta(s)) = P(X_s = x_s, X_r = x_r, \forall r \in \delta(s))$$

则称 X 为以 δ 为邻域系统的马尔科夫随机场。上面的式子表示马尔科夫随机场的局部特征。

马尔科夫随机场用无向图展示,如图5.8所示。

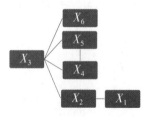

图5.8 马尔科夫随机场无向图

边表示结点之间具有相互关系,该关系是双向的、对称的,它采用势函数进行度量,具体如下。

$$\psi(x_i, x_j) = \begin{cases} 1, & x_i = x_j \\ 0, & \text{其他} \end{cases}$$

这说明该模型偏好变量x_i与x_j取相同值,即x_i与x_j取值正相关。

注意:势函数应该是非负函数,通常情况下势函数用指数函数定义。

正因为这个特性,使马尔科夫随机场最重要的应用就是在图像领域的图像分割。

2. 图像分割

图像分割可以理解成一个聚类问题,它是一个针对图像的像素级分类问题。如果将一张图像分割成前景和后景两部分,那就是将图像所有的像素点分成两类,每个像素点对应一个标签。

设有一张图像A的大小是$m \cdot n$,那么这张图像的像素点集合就是$X = \{x_1, x_2, \cdots, x_{m \cdot n}\}$。如果对这张图像进行分割,目标是分割成前景和后景两部分,分割完成的图像为B,B的大小仍然是$m \cdot n$,分割后的图像像素点集合为$S = \{s_1, s_2, \cdots, s_{m \cdot n}\}$。A和B的区别就在于,A是原始图像,它的像素值(集合X中各个元素的取值)范围为0~255;B是分割完成的图像,它的像素值(集合S中各个元素的取值)为0或1。

图像分割的过程就是:已知原始图像像素点集合X,求分割结果图像像素点集合S的过程。

将这个过程转化为概率就是:求$P(S|X)$。即在知道X_i值的情况下,求$P(S_j|X_i)$的最大值,将其最大值对应的S_j值设置为像素点i的标签。

图像分割实例如图5.9所示。

图5.9　图像分割实例

在实际应用中,可以很容易地得到X的值,根据贝叶斯公式:

$$P(A|B) = \frac{P(B|A)P(A)}{P(B)}$$

图像分割的过程就等价于求解:

$$\frac{P(X|S)P(S)}{P(X)}$$

其中$P(S)$为标记场的先验概率。

图5.10所示为截选自某一学生试卷的图片样例。

(2)某同学在实验中有 1.5 g 的铜粉剩余,该同学将制得的 $CuSO_4$ 溶液倒入另一蒸发皿中加热浓缩至有晶膜出现,冷却析出的晶体中含有白色粉末,试解释其原因:＿＿＿＿

图 5.10　试卷图片截选样例

在这个场景中,存在黑色的文字信息作为前景,两种底色作为背景。在不考虑深度学习方法的情况下,采用常规的操作对这张图片进行前后景分离提取,具体步骤如下。

(1)将图片转换成灰度图。

(2)将灰度图进行二值化。

说明:二值化是一种图像分割方法的总称,即将图像的像素进行二分类。

对图像进行二值化有3种传统的算法方式。

(1)阈值分割。

(2)OTSU 阈值分割。

(3)自适应阈值分割。

下面看看这3种方式的分割结果。

阈值分割的代码如下。

```
img = cv2.imread('file_path')
gray = cv2.cvtColor(img, cv2.COLOR_BGR2GRAY)          # 灰度处理
binary_100 = cv2.threshold(gray, 100, 255, cv2.THRESH_BINARY)[1]     # 分割阈值100
binary_150 = cv2.threshold(gray, 150, 255, cv2.THRESH_BINARY)[1]     # 分割阈值150
binary_200 = cv2.threshold(gray, 200, 255, cv2.THRESH_BINARY)[1]     # 分割阈值200
cv2.imshow('100', binary_100)
cv2.imshow('150', binary_150)
cv2.imshow('200', binary_200)
cv2.waitKey()
```

结果分别如图5.11~图5.13所示。

图 5.11　阈值100的分割结果

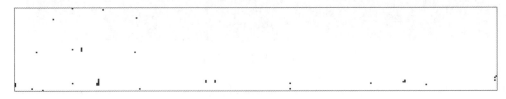

图 5.12　阈值150的分割结果

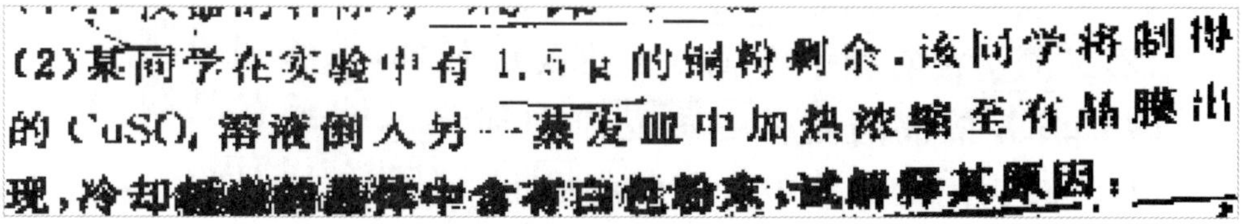

图 5.13　阈值 200 的分割结果

OTSU 阈值分割的代码如下。

```
img = cv2.imread('file_path')
gray = cv2.cvtColor(img, cv2.COLOR_BGR2GRAY)
binary = cv2.threshold(gray, 0, 255,
                       cv2.THRESH_BINARY+cv2.THRESH_OTSU)[1]    # OTSU二值化
cv2.imshow('binary', binary)
cv2.waitKey()
```

结果如图 5.14 所示。

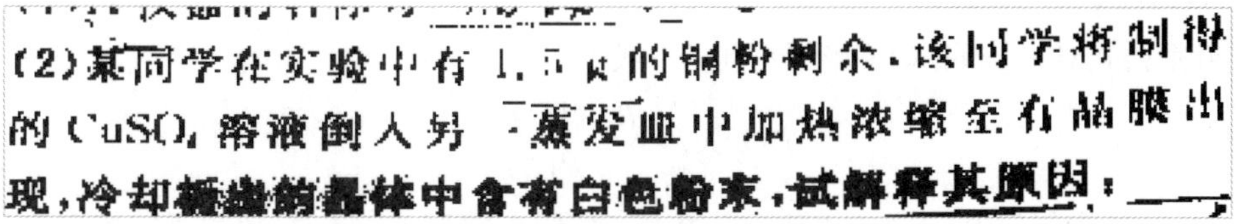

图 5.14　OTSU 阈值分割结果

自适应阈值分割的代码如下。

```
img = cv2.imread('file_path')
gray = cv2.cvtColor(img, cv2.COLOR_BGR2GRAY)
binary = cv2.adaptiveThreshold(gray, 255, cv2.ADAPTIVE_THRESH_MEAN_C,
                               cv2.THRESH_BINARY, 5, 5) # 自适应二值化
cv2.imshow('binary', binary)
cv2.waitKey()
```

结果如图 5.15 所示。

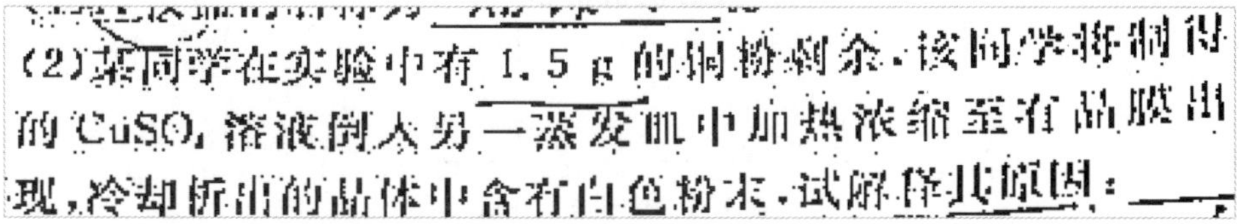

图 5.15　自适应阈值分割结果

通过这 3 种方式的结果展示,可以发现自适应阈值分割的方式在传统的二值化算法中效果是比较好的,但是如果直接用自适应阈值分割的结果去进行识别不可行。将图形放大可以发现,即便自适应阈值分割的表现已经足够好了,但是它的前景边缘出现了很多的噪点,有的部位还出现了缺失,细节如图 5.16 所示。

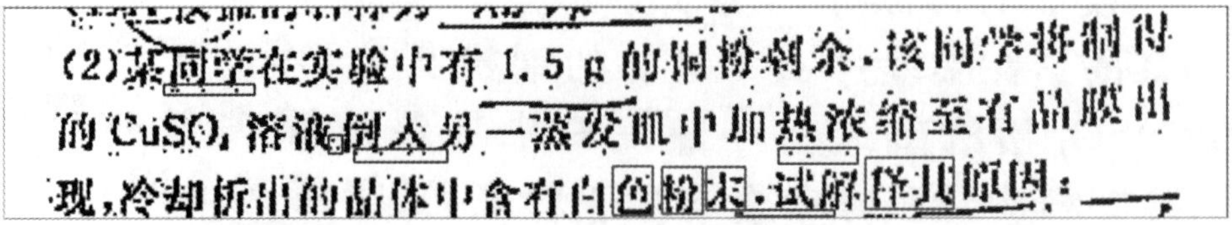

(2)某同学在实验中有 1.5 g 的铜粉剩余，该同学将铜得
的 CuSO₄ 溶液倒入另一蒸发皿中加热浓缩至有晶膜出
现，冷却析出的晶体中含有白色粉末，试解释其原因：

图 5.16　自适应阈值分割结果细节

说明：图中框选的是噪点和部位缺失的文字。

既然依靠传统的算法无法达到目的，那为什么马尔科夫随机场的应用就一定能达到好的效果呢？请跟着下面的内容继续学习。

3. 马尔科夫随机场应用思路

从理论上来说，由于图像中某些区域的相邻像素点间会有相似的颜色、纹理之类的特征，所以会对阈值分割的结果产生比较大的影响。所以，图像分割的主要思路是降低这种情况对结果的影响。

前文介绍了图像分割就是求各个像素点的 label 的过程，通过每个像素点的像素值 X，求像素点属于每个 label 的概率 $P(\text{label}|X)$。

用贝叶斯公式对 $P(\text{label}|X)$ 变形可得到如下式子。

$$P(L|X) = \frac{P(X|L)P(L)}{P(X)}$$

其中 $P(X|L)$ 为似然值（参考 2.4 节），它表示在像素点的 label 为 L 时，像素点的像素值为 X 的概率；$P(L)$ 为待分类标签的先验概率；$P(X)$ 为一个常量。

再将马尔科夫特性应用到图像中，认为图像的任一点的特征都只与其附近的一小块区域相关，与其他区域无关。如此，即可形成一个 8 邻域，如图 5.17 所示。

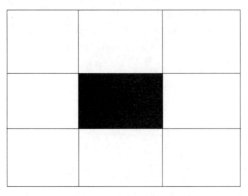

图 5.17　像素点 8 邻域

在文字图像中，如果某一个像素点周围的像素都是白色的，那么这个点的像素值也有很大可能是白色的。如图 5.17 所示，假设黑色标识的这个像素点周围 8 个邻域都是白色的，那么这个点的像素值也可能是白色的。

回到分割的问题上，在图像分割开始时是没有标签的。所以，要求标签的概率，就要一开始假设一个标签。

对一张图初始化一个分割标签,这个标签不一定是对的。初始化标签一般是用K-means算法处理,得到一个预分割初始标签。

说明:K-means聚类算法是通过计算不同样本间的距离来判断它们的相近关系的,相近的就会放到同一个类别中,用于做预处理分类问题效果比较好。

对二分类问题进行分析。

假设某一点和它周围8个邻域的初始标签如图5.18所示。

将图5.18转换成无向图,每个像素点是无向图中的一个结点,每个结点之间都有联系,如图5.19所示。

0	0	1
1	1	0
1	0	0

图5.18　预分割初始标签

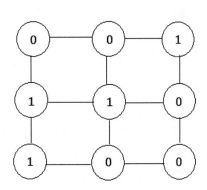

图5.19　无向图

说明:根据Hammersley-Clifford定理,马尔科夫随机场可以与吉布斯分布一致。

用吉布斯分布的概率密度函数替代$P(L)$。

通俗地理解为,根据像素点周围分布的标签信息的概率,将该概率作为局部的先验概率。例如,在图5.19中,可以计算得到$P(0) = 5/8$,$P(1) = 3/8$,这两个值即为$P(L = 0)$和$P(L = 1)$的值。

然后还需要求$P(X|L)$,它表示当像素点的label为L时,像素点的像素值为X的概率。在图像中,像素点都是独立的,并且认为每一类标签中的像素点的值都服从高斯分布(正态分布),正态分布的函数形式为

$$f(x) = \frac{1}{\sqrt{2\pi}\sigma} \exp\left(-\frac{(x-\mu)^2}{2\sigma^2}\right)$$

那么,对于每一个标签L,也可以建立一个属于该类别的高斯密度函数:

$$P(X|L) = \frac{1}{\sqrt{2\pi}\sigma} \exp\left(-\frac{(X-\mu)^2}{2\sigma^2}\right)$$

假设有一张图,它的二分类得到的两个类别的高斯分布如图5.20所示。

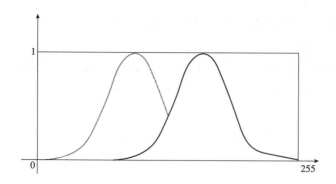

图5.20 两个类别的高斯分布

这样对于任意一点，当知道它确定的像素值X后，就可以得到它对应的$P(X|L_1)$和$P(X|L_2)$。例如，$X = 30$，在图5.20中，$X = 30$是在靠近最左边的位置，此时可以得到$P(X|L_1) > P(X|L_2)$，然后再分别将$P(X|L_1)$和$P(X|L_2)$对应乘$P(L_1)$和$P(L_2)$，假设$P(X|L_1) \cdot P(L_1) > P(X|L_2) \cdot P(L_2)$，那么就将该点分为第一类。

如此，对图像中的每一个点进行一次计算，就叫作一次迭代，这样迭代一次后，即会对预分割的结果进行一次更新。完成一次迭代的这个更新结果作为下一次迭代的输入（标签），然后再继续迭代。如此反复下去，一直到稳定为止（或是到达设定的迭代次数为止）。

注意：$P(L)$可以通过吉布斯分布的势能函数求得，$P(X|L)$需要用标记信息求得。

例5.4 用图5.18和图5.19展示的预分割邻域进行迭代演示，设该邻域的真实像素值如图5.21所示。

（1）先验概率：$P(0) = 5/8$，$P(1) = 3/8$。

（2）似然值计算：$P(100|0) = 0.5$，$P(100|1) = 0.5$。

（3）得到后验概率：$P(0|100) = 5/16$，$P(1|100) = 3/16$。

（4）得到像素值对应的标签类别：$100 \rightarrow 0$。

（5）得到对图5.18更新后的标签，如图5.22所示，将该标签数据作为下一次迭代的输入数据。

20	100	222
120	100	80
110	90	80

0	0	1
1	0	0
1	0	0

图5.21 例5.4的3×3邻域的真实像素值　　　　图5.22 图5.18迭代一次后得到的标签图

（6）当完成整张图的一次迭代后，重复步骤（1）~（5），直至得到的结果标签图和上一次的结果标签图一致时退出，或者达到设定的迭代次数时退出。

注意：马尔科夫随机场概念的应用，是根据某一像素点周围邻域来计算该像素点的类别概率，所以在例5.4这个8邻域中，是使用邻域计算出的信息计算是否需要对中心点的像素类别进行更新，并非像朴素贝叶斯算法那样对局部信息的全部进行更新。用图形展示它们的区别，如图5.23所示。

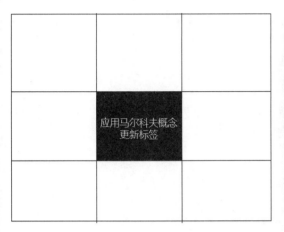

图5.23　马尔科夫随机场（左）和贝叶斯分类（右）应用中心图像分割的区别

5.3.2　基于马尔科夫随机场的图像分割实例

实践是检验真理的唯一标准。介绍了应用马尔科夫随机场的图像分割，从理论上来说，它可以根据局部信息解决相似的颜色、纹理等对图像分割带来的影响。那么，接下来就使用案例进行验证。

1. 图像预分割得到预分类标签

5.3.1小节介绍过，预分割有两种方式，一种是随机生成预分割标签，另一种是使用K-means聚类算法生成预分割标签。下面分别使用两种方式进行实现。

（1）定义好各种参数并读取图像生成灰度图。

```
# 定义参数
class_num = 2          # 类别数量
epochs = 100           # 迭代次数
images_path = r"C:\Users\Xiufaaa\Desktop\0\3.jpg"        # 图像路径
# 读取图像并预处理
img = cv2.imread(images_path)
gray = cv2.cvtColor(img, cv2.COLOR_BGR2GRAY)             # 将图像转换成灰度图
cv2.imshow("gray", gray)          # 展示灰度图
high, width = img.shape[:2]       # 获取图像的宽和高
print(high, width)
```

（2）随机生成预分割标签。

采用随机生成预分割标签的方式比较简单，直接调用NumPy库的随机函数生成。

```
label = np.random.randint(1, class_num+1, (high, width))
```

注意：因为label需要用于后续的计算，考虑加减乘除的性质，所以label设置成大于0的整数。生成label的size和图像的size保持一致。例如，图像的宽和高分别为100、200，那么生成的label对应的宽和高也得分别为100、200。

（3）使用K-means聚类算法生成预分割标签。

```
gray_data = np.array(gray).flatten().astype(np.float32) # 数据展平
# # 迭代参数
criteria = (cv2.TERM_CRITERIA_EPS+cv2.TermCriteria_MAX_ITER, 20, 0.5)
flags = cv2.KMEANS_RANDOM_CENTERS
# # 进行聚类
compactness, label, centers = cv2.kmeans(gray_data, class_num, None, criteria, 1, flags)
label = label[:, 0].reshape((high, width)).astype(np.uint8)      # 转换标签格式
# 展示K-means预分割结果
cv2.imshow("label", label*255)
cv2.waitKey()
label += 1
```

K-means聚类算法属于线性分类，对于非线性的数据会失效，如图5.24所示。

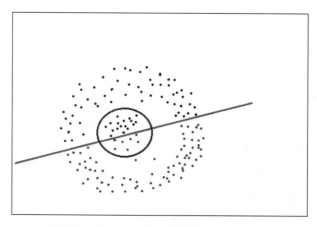

图5.24　K-means对非线性数据的分类结果

说明：图中圆圈表示的轮廓为实际分割线，直线为K-means的线性分割线。

图像的像素值是一个二维信息，最终的目标是对像素值进行分割，所以第一步需要对灰度图的数据进行展平处理，将图像的二维信息拉伸成一维的像素信息。这一步对应代码中的"数据展平"。

然后就是设置聚类过程中需要的参数，由于这里调用的是官方库的API接口函数，所以只需要按照官方文档设定好函数的参数即可。

变量criteria表示的是迭代停止的模式选择，它的格式是(type, max_iter, epsilon)，type有以下3种模式。

（1）cv2.TERM_CRITERIA_EPS：精确度（误差）满足epsilon停止。

（2）cv2.TERM_CRITERIA_MAX_ITER：迭代次数超过max_iter停止。

（3）cv2.TERM_CRITERIA_EPS+cv2.TERM_CRITERIA_MAX_ITER：两者合体，满足任意一个就结束。

此处选用的是第（3）种模式，max_iter设置为20，epsilon设置为0.5；即要么误差达到0.5时停止，要么迭代20次停止。

在调用cv2.kmeans这个库函数时，还需要设定迭代的次数（倒数第二个参数），由于此处只是需要生成一个预分割标签，并不追求标签的质量（已知这个标签会有错误分类），所以此参数设置为1即可。

最终得到的label还无法直接用于后面的马尔科夫迭代，中间还需要一个关键步骤：就是将K-means计算出来的标签label转换成可供后续计算的数据格式。

2. 定义特征卷积核

自定义代表8个方向的卷积核。

```
f_center_top = np.array([[0, 1, 0], [0, 0, 0], [0, 0, 0]])          # 中上
f_left_top = np.array([[1, 0, 0], [0, 0, 0], [0, 0, 0]])            # 左上
f_right_top = np.array([[0, 0, 1], [0, 0, 0], [0, 0, 0]])           # 右上
f_center_bottom = np.array([[0, 0, 0], [0, 0, 0], [0, 1, 0]])       # 中下
f_left_bottom = np.array([[0, 0, 0], [0, 0, 0], [1, 0, 0]])         # 左下
f_right_bottom = np.array([[0, 0, 0], [0, 0, 0], [0, 0, 1]])        # 右下
f_left_center = np.array([[0, 0, 0], [1, 0, 0], [0, 0, 0]])         # 左中
f_right_center = np.array([[0, 0, 0], [0, 0, 1], [0, 0, 0]])        # 右中
```

在图5.19中有过展示，在计算每一个点的像素值对应的标签时，需要结合它周围的8个像素点标签进行考虑，这也是马尔科夫随机场的特性应用于图像分割的结果：使用像素点周围8邻域作为局部特征信息，根据这个局部特征信息判断该像素点的标签是否需要更新。

所以，在定义特征卷积核时，设置了8个核，分别对应了8个邻域的位置。

说明：如果不是特别明白卷积原理，可以采用最直接的方式，通过长宽设置3×3的滑动窗口，依次计算每个窗口的信息，如图5.25所示。

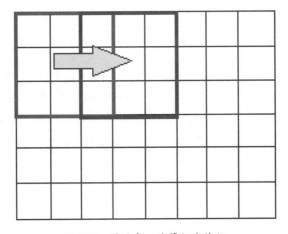

图5.25　滑动窗口计算邻域特征

注意:如果采用非卷积运算的方式,即图5.25展示的遍历滑动窗口这种计算方式,则算法的计算量会大幅度增加,如果图像质量较好,可能会导致电脑宕机,这种方式需谨慎使用。

3. 使用卷积核进行卷积

使用8个方向的卷积核分别进行卷积运算。

```
label_ct = cv2.filter2D(label, -1, f_center_top)
label_lt = cv2.filter2D(label, -1, f_left_top)
label_rt = cv2.filter2D(label, -1, f_right_top)
label_cb = cv2.filter2D(label, -1, f_center_bottom)
label_lb = cv2.filter2D(label, -1, f_left_bottom)
label_rb = cv2.filter2D(label, -1, f_right_bottom)
label_lc = cv2.filter2D(label, -1, f_left_center)
label_rc = cv2.filter2D(label, -1, f_right_center)
```

分别使用8个卷积核对预分割标签label进行卷积,最终得到8个卷积后的label图,它们分别对中上、左上、右上、中下、左下、右下、左中、右中这8个位置提取特征图。

技巧:其实可以理解成8张图分别保留的滑动窗口过程中中上、左上、右上、中下、左下、右下、左中、右中这8个位置的信息,其他信息全部置零。

4. 计算局部信息 $P(L)$

计算先验信息 $P(L)$,这一步是一个局部求解的问题。

```
p = np.zeros((class_num, high, width))
for i in range(class_num):
    label_i = (i+1) * np.ones((high, width))
    ct = 1 * np.logical_not(label_i-label_ct)
    lt = 1 * np.logical_not(label_i-label_lt)
    rt = 1 * np.logical_not(label_i-label_rt)
    cb = 1 * np.logical_not(label_i-label_cb)
    lb = 1 * np.logical_not(label_i-label_lb)
    rb = 1 * np.logical_not(label_i-label_rb)
    lc = 1 * np.logical_not(label_i-label_lc)
    rc = 1 * np.logical_not(label_i-label_rc)
    temp = ct + lt + rt + cb + lb + rb + lc + rc
    p[i, :] = (1.0/8) * temp
p[p==0] = 0.001
```

这一步要做的就是将步骤3中卷积得到的8个特征图相加,最终得到一个包含完整信息的特征图。然后计算每个类别的先验概率——$P(L)$,最后将结果用和图像size一样的二维数组保存。

注意:在最后一行有一个操作 p[p==0] = 0.001,表示将值为0的位置替换为0.001,这一步操作是为了避免后续对p进行加减乘除操作时出现除数为0的情况。

5. 计算似然值 $P(X|L)$

根据似然函数的概念计算似然值。

```
# 计算每个类别像素点像素值的期望和方差
mean = np.zeros((1, class_num))
variance = np.zeros((1, class_num))
for i in range(class_num):
    index = np.where(label==(i+1))
    data = img[index]
    mean[0, i] = np.mean(data)
    variance[0, i] = np.var(data)

# 正态分布,即P(X|L)
dis = np.zeros((class_num, high, width))
one = np.ones((high, width))
for j in range(class_num):
    M = mean[0, j] * one
    dis[j, :] = (1.0/np.sqrt(2*np.pi*variance[0, j]))*np.exp(-1.*((gray-M)**2)/
                (2*variance[0, j]))
```

结合5.3.1小节中介绍马尔科夫随机场应用思路的内容,可以知道求 $P(X|L)$ 是一个求正态分布的过程,即

$$P(X|L) = \frac{1}{\sqrt{2\pi}\sigma} \exp(-\frac{(X-\mu)^2}{2\sigma^2})$$

所以,第一步得先计算出每个类别对应的像素值的期望 μ 和方差 σ ,然后得到正态分布的函数;再通过分布函数计算每一个像素值对应的 $P(X|L)$,结果同样用和图像size一样的二维数组保存。

至此,图像分割过程中每个点计算标签类别需要的先验概率 $P(L)$ 和似然值 $P(X|L)$ 就全部得到了。下一步就是根据这两个值判断任一点的标签是否需要更新。

6. 计算分类结果

根据上一步计算的先验值、似然值计算最终的分类结果。

```
X_out = np.log(p) + np.log(dis)
# 更新label
label_c = X_out.reshape(2, high*width)
label_c_t = label_c.T
label_m = np.argmax(label_c_t, axis=1)
label_m = label_m + np.ones(label_m.shape)
label = label_m.reshape(high, width)
```

注意第一行,是一个求对数和的操作,这里需要说明一下,在5.3.1小节的图像分割部分中提到,图像分割是通过计算 $P(L) \cdot P(X|L)$ 得到 $P(L|X)$,然后将最大值对应的标签设置为像素点的标签。

为何到了最后一步变成了求对数和的操作?因为在实际中,将 $P(L)$ 和 $P(X|L)$ 两部分认为是两部分能量,所以转换成取对数相加;从数学的角度上解释,这两种方法的单调性是一致的;从算法的层面解释,此处的操作对象是二维数组(矩阵),使用对数相加的操作更加直观、简洁。

至此,一次迭代的过程就完成了,经过这一次的迭代,图像的标签相比于预分割标签会更精确。

5.4 图像分割案例及调试

通过5.3.2小节的介绍,一个完整的应用马尔科夫随机场实现图像分割的demo就可以实现了,下面根据一个案例来验证实际的分割效果。

5.4.1 图像分割案例

案例1 截选一张百度的首页图进行测试,如图5.26所示。

(1)采用K-means算法进行预分割,得到的预分割标签结果如图5.27所示。

图 5.26　百度首页原图　　　　　　图 5.27　随机生成标签分割百度样例

(2)对预分割标签的结果图使用5.3.2小节的demo进行分割,得到的结果如图5.28所示。

(3)此处产生一个问题,就是待分割目标的结果都出现了晕影,说明实际目标周围存在人眼无法分辨的晕影。所以,将分割类别数量由2改为4,结果如图5.29所示。

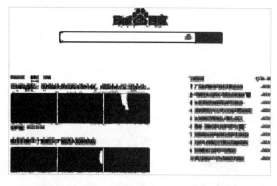

图 5.28　K-means生成标签分割百度样例　　　　图 5.29　对图像进行4个类别分割

通过图5.29的结果验证,将分割类别数量由2改为4后,分割效果提升了很多。

技巧:在此案例中,并不是分割的类别越多效果越好,一般选用的分割类别数量根据图像中主题颜色的种类数量确定。

马尔科夫随机场在应用于图像分割时的优势在于,它可以不用事先设定标签,它自己能够为图像打上任意标签。

不过马尔科夫随机场应用在图像分割中也有比较大的局限性,就是它在单调的图像中分割效果很差。比如黑底白字这种场景,因为在应用的过程中有一个很关键的地方,就是在求 $P(X|L)$ 时,设定的像素值是正态分布的,所以对于单调的图像,应用正态分布进行分割,反而适得其反。就如同上面这个案例,在图 5.29 中将分割类别数量改为 4 后,得到了较理想的效果,但是仔细观察还是可以发现,它漏分割了部分内容。

再看不对单调图像进行分割的效果。

案例2 对图 5.30 所示的图像进行分割,这张图的像素值不是均匀分布的,可以看到原图中的同一色调中,有些地方亮有些地方暗。

图 5.30 案例 2 原图

(1)它的灰度图如图 5.31 所示。

图 5.31 案例 2 灰度图

(2)使用聚类算法生成预分类标签,如图 5.32(二分类)和图 5.33(三分类)所示。

图 5.32　预分类标签(二分类)

图 5.33　预分类标签(三分类)

(3)经过一次迭代,最终得到的分割结果如图5.34(二分类)和图5.35(三分类)所示。

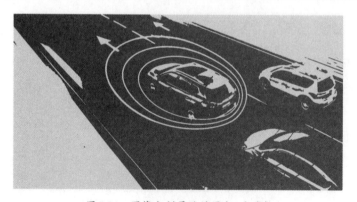

图 5.34　图像分割最终结果(二分类)

图5.35　图像分割最终结果(三分类)

注意:在上面的两个案例中,均只展示了一次迭代的结果。对图5.35进行10次迭代,结果如图5.36所示。

图5.36　对图5.35迭代10次的结果

可以看到,经过10次迭代,不规则的边与区域逐渐趋于平滑与标准。

所以,在实际应用的过程中,需要结合适合的场景使用。

5.4.2　图像分割案例完整实现

以下是使用马尔科夫随机场概念进行图像分割的完整案例实现代码,其中主要参数有3个。class_num为需要设定的图像标签的数量;epochs为希望算法迭代的次数;images_path为需要测试的图像路径。

```
import cv2
import numpy as np
# 定义参数
class_num = 2      # 类别数量
epochs = 100       # 迭代次数
images_path = r"C:\Users\Xiufaaa\Desktop\1.png"      # 图像路径
# 读取图像并预处理
img = cv2.imread(images_path)
```

```
gray = cv2.cvtColor(img, cv2.COLOR_BGR2GRAY)          # 将图像转换成灰度图
cv2.imshow("gray", gray)          # 展示灰度图
high, width = img.shape[:2]       # 获取图像的宽和高
print(high, width)
# 随机生成初始标签
label = np.random.randint(1, class_num+1, (high, width))
gray_data = np.array(gray).flatten().astype(np.float32)          # 数据展平
# # 迭代参数
criteria = (cv2.TERM_CRITERIA_EPS+cv2.TermCriteria_MAX_ITER, 20, 0.5)
flags = cv2.KMEANS_RANDOM_CENTERS
# # 进行聚类
compactness, label, centers = cv2.kmeans(gray_data, class_num, None, criteria, 1, flags)
label = label[:, 0].reshape((high, width)).astype(np.uint8)          # 转换标签格式
# 展示K-means预分割结果
cv2.imshow("label", label*255)
cv2.waitKey()
label += 1               # 排除0值
for i in range(epochs):       # 进行迭代
    # 定义卷积核
    f_center_top = np.array([[0, 1, 0], [0, 0, 0], [0, 0, 0]])        # 中上
    f_left_top = np.array([[1, 0, 0], [0, 0, 0], [0, 0, 0]])          # 左上
    f_right_top = np.array([[0, 0, 1], [0, 0, 0], [0, 0, 0]])         # 右上
    f_center_bottom = np.array([[0, 0, 0], [0, 0, 0], [0, 1, 0]])     # 中下
    f_left_bottom = np.array([[0, 0, 0], [0, 0, 0], [1, 0, 0]])       # 左下
    f_right_bottom = np.array([[0, 0, 0], [0, 0, 0], [0, 0, 1]])      # 右下
    f_left_center = np.array([[0, 0, 0], [1, 0, 0], [0, 0, 0]])       # 左中
    f_right_center = np.array([[0, 0, 0], [0, 0, 1], [0, 0, 0]])      # 右中

    # 特征卷积
    label_ct = cv2.filter2D(label, -1, f_center_top)
    label_lt = cv2.filter2D(label, -1, f_left_top)
    label_rt = cv2.filter2D(label, -1, f_right_top)
    label_cb = cv2.filter2D(label, -1, f_center_bottom)
    label_lb = cv2.filter2D(label, -1, f_left_bottom)
    label_rb = cv2.filter2D(label, -1, f_right_bottom)
    label_lc = cv2.filter2D(label, -1, f_left_center)
    label_rc = cv2.filter2D(label, -1, f_right_center)

    # 根据随机场性质计算局部特征
    p = np.zeros((class_num, high, width))
    for i in range(class_num): # 分别计算局部特征,8张特征图叠加归一
        label_i = (i+1) * np.ones((high, width))
        ct = 1 * np.logical_not(label_i-label_ct)
        lt = 1 * np.logical_not(label_i-label_lt)
        rt = 1 * np.logical_not(label_i-label_rt)
        cb = 1 * np.logical_not(label_i-label_cb)
        lb = 1 * np.logical_not(label_i-label_lb)
        rb = 1 * np.logical_not(label_i-label_rb)
        lc = 1 * np.logical_not(label_i-label_lc)
```

```
        rc = 1 * np.logical_not(label_i-label_rc)
        temp = ct + lt + rt + cb + lb + rb + lc + rc
        p[i, :] = (1.0/8) * temp
    p[p==0] = 0.001

    # 计算每个类别像素点像素值的期望和方差
    mean = np.zeros((1, class_num))
    variance = np.zeros((1, class_num))
    for i in range(class_num):
        index = np.where(label==(i+1))
        data = img[index]
        mean[0, i] = np.mean(data)
        variance[0, i] = np.var(data)

    # 正态分布,即P(X|L)
    dis = np.zeros((class_num, high, width))
    one = np.ones((high, width))
    for j in range(class_num):
        M = mean[0, j] * one
        dis[j, :] = (1.0/np.sqrt(2*np.pi*variance[0, j]))*np.exp(-1.*((gray-M)**2)/
                    (2*variance[0, j]))

    X_out = np.log(p) + np.log(dis)
    # 更新label
    label_c = X_out.reshape(class_num, high*width)
    label_c_t = label_c.T
    label_m = np.argmax(label_c_t, axis=1)
    label_m = label_m + np.ones(label_m.shape)
    label = label_m.reshape(high, width)
label = np.array(label_m.reshape(high, width)).astype(np.uint8) * 60
cv2.imshow('resoult', label)
cv2.waitKey()
```

5.5 小结

本章介绍了随机场及马尔科夫概念,它是机器学习中的一个重要板块。它的应用涉及了图像、语音、视频、决策等各行各业,在机器学习中的很多网络结构中都能看到它的影子。

通常研究的对象——马尔科夫链代表的是齐次马尔科夫链,即在这个马尔科夫链中,任意时刻的状态转移概率矩阵是不受时序影响的,或者可以认为它是不变的(前提是不改变条件)。用数学的方式理解就是:$P_{i,j}(t) = P(S_{t+1} = j | S_t = i)$不受时刻$t$的影响。

注意:马尔科夫链表示的是一个随机过程。

而对于马尔科夫性质的直接应用就是马尔科夫随机场,马尔科夫随机场应用的最直接有效的场景就是图像分割。目前人工智能发展的方向之一就是图像领域。对于图像分割,简单的理解就是,对图像中的每个像素点进行分类。利用马尔科夫随机场每个点只与它相邻的点有关的特性,可以构建图像的局部特征,然后根据局部特征进行图像分割,这种效果又比单纯的像素点分类效果好很多。

　　本章的内容概括起来就是在研究一种特殊的随机过程中的贝叶斯定理的应用。这个特殊的随机过程就是每个点只与它相邻的点有关,而与其他点无关。

第 6 章

参数估计

★ 本章导读 ★

在第 3 章中介绍过灵活运用贝叶斯思想进行参数估计，不过从严格意义上来说，第 3 章所介绍的估计还算不上严格意义上的参数估计，它是对事件的估计，因为其中估计的对象都是一个具体的事件。

而在机器学习中的参数估计，是对一个分布进行估计，得到的结果是一个概率分布（函数的形式）。

严格意义上的参数估计，是根据一个样本对总体的参数或含有参数的模型（函数）进行估计，得到的参数使该样本能够"代表"总体。在机器学习中，参数是核心，无论多么优秀的一个模型或网络，没有适合的参数，那么该模型或网络在应用中都得不到理想的效果。

本章将介绍常用的参数估计方法。

★ 知识要点 ★

- 点估计和区间估计。
- 极大似然估计。
- 贝叶斯估计。

6.1 参数估计的区分

参数估计是统计推断的一种。它是根据从总体中抽取的随机样本来估计总体分布中未知参数或函数的过程。按估计形式,参数估计可分为点估计和区间估计;按构造估计量的方法,参数估计可分为矩法估计、最小二乘估计、似然估计、贝叶斯估计等。不论是什么估计,都要处理以下两个问题。

(1)求出未知参数的估计量。

(2)在一定信度(可靠程度)下指出所求的估计量的精度。信度一般用概率表示,如可信程度为95%;精度用估计量与被估参数(或待估参数)之间的接近程度或误差来度量。

6.1.1 点估计

点估计是用样本统计量来估计总体参数,因为样本统计量为数轴上某一点的值,估计的结果以一个点的数值表示,所以称为点估计。

形象地阐述就是:假设总体 X 的分布形式已知,但是它的参数或函数未知,那么要得到总体的分布,就需要得到这些未知的参数。如何得到这些未知的参数,就需要借助样本来进行估计。点估计的方式就是构造一个只依赖样本的量作为未知的参数或函数的估计值。

例6.1 某人需要购买某个基金,但是他不能盲目地去购买,在购买之前,他根据买了某基金的用户分享的数据,得到了表6.1所示的数据。

表6.1 某基金样本示例数据

购买人数	盈利点
100	8%
150	5%
500	3%
150	2%
100	0%

那么,他采用最直接的平均法,得到平均的盈利值为

$$8\% \times 0.1 + 5\% \times 0.15 + 3\% \times 0.5 + 2\% \times 0.15 + 0 \times 0.1 = 3.35\%$$

所以,他认为该基金的盈利点为3.35%。这就是一个简单的点估计例子。

当然实际中不会用这种直接计算平均值的方法,一般常用的点估计方法为极大似然估计和最小二乘估计。

6.1.2 区间估计

区间估计是根据样本,按照一定的精度构造出适当的区间,把这个区间作为总体分布的未知参数或函数的真值所在范围的估计。

例6.2 某人需要进行理财,他找到一名理财顾问,顾问告诉他买某某基金,有90%的把握让他的盈利点不低于3%。

在例6.2中,"理财顾问"对某某基金的估计就是区间估计,顾问并不是告诉这个人能盈利的确定的值,例如,他能盈利3%或5%,而是告诉这个人的盈利不低于3%,即估计的是一个区间。

在区间估计中,有一个概念:置信区间,这在机器学习中是会经常接触到的一个概念,尤其是在深度学习中。

置信区间是由样本统计量构造的总体参数的估计区间,一个概率样本的置信区间是对这个样本的某个参数的区间估计,它表示参数的真实值有一定概率落在样本结果的周围的程度。

在置信水平固定的情况下,样本量越多,置信区间越窄。

在样本量相同的情况下,置信水平越高,置信区间越宽。

例6.3 表6.2所示为对某某基金的估计(其中某某基金的盈利上限为10%)。

表6.2 某某基金的置信区间与样本量关系示例数据

样本量	盈利置信区间	间隔	宽窄度	表达
100	0%~10%	10	宽	无
1000	2%~7%	5	较窄	大概能估计盈利点为4.5%
10000	3%~5%	2	窄	估计盈利较大概率为4%
1000000	3.5%~4.5%	1	更窄	有很大的概率盈利点为4%

对表6.1的数据可视化展示,如图6.1~图6.4所示(假设分布的期望与标准差是一样的)。

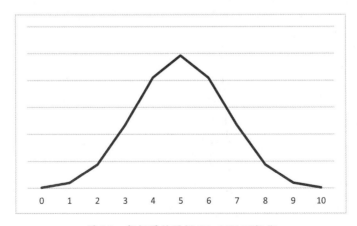

图6.1 数据置信区间0%~10%可视化

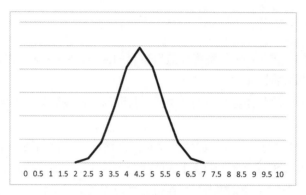

图 6.2　数据置信区间 2%~7% 可视化

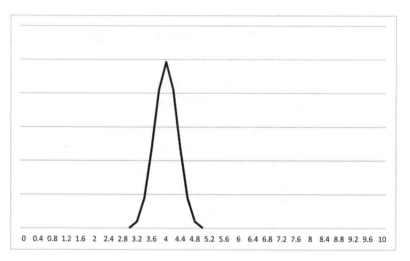

图 6.3　数据置信区间 3%~5% 可视化

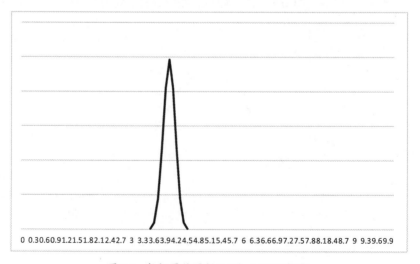

图 6.4　数据置信区间 3.5%~4.5% 可视化

通过图6.1至图6.4的可视化展示,在不考虑其他因素的条件下,只考虑会有收益,图6.4展示的情况是四种情况中收益最为理想的。

介绍了置信区间,还得了解如何构建置信区间。置信区间的构建方式有三种,具体如下。

1. 构建总体均值的置信区间

总体均值置信区间的构建规则如表6.3所示。

表6.3 总体均值置信区间的构建规则

分布	样本量n	方差已知δ	方差未知
正态分布	大样本 $n \geqslant 30$	$\bar{x} \pm Z_{\alpha/2} \dfrac{\delta}{\sqrt{n}}$	$\bar{x} \pm Z_{\alpha/2} \dfrac{s}{\sqrt{n}}$
正态分布	小样本 $n < 30$	$\bar{x} \pm Z_{\alpha/2} \dfrac{\delta}{\sqrt{n}}$	$\bar{x} \pm t_{\alpha/2} \dfrac{s}{\sqrt{n}}$
非正态分布	大样本 $n \geqslant 30$	$\bar{x} \pm Z_{\alpha/2} \dfrac{\delta}{\sqrt{n}}$	$\bar{x} \pm Z_{\alpha/2} \dfrac{s}{\sqrt{n}}$

其中Z为正态分布的临界值,t为t分布的临界值,δ为样本标准差,s为总体方差,α表示(1 – 置信度)。

正态分布的临界值可根据正态分布的临界值表查询得到;t分布的临界值可根据t分布的临界值表查询得到。

案例1 对样本容量为30、均值为800的一组数据进行区间估计。分别看看在样本标准差为50、方差为50的情况下,得到的90%、95%的置信区间分别为多少。

将该方法参照表6.3使用程序实现,代码如下。

```python
import scipy.stats
import numpy as np
def mean_interval(mean=None, std=None, sig=None, n=None, confidence=0.95):
    """
    :param mean: 样本均值
    :param std: 样本标准差
    :param sig: 总体方差
    :param n: 样本数量
    :param confidence: 置信度
    :return: 置信区间(lower, upper)
    """
    alpha = 1 - confidence
    # Z分布的临界值
    z_score = scipy.stats.norm.isf(alpha/2)
    # t分布的临界值
    t_score = scipy.stats.t.isf(alpha/2, df=(n-1))
    # 方差已知的情况
    if n >= 30 and (sig!=None):
        me = z_score * sig / np.sqrt(n)
        lower_limit = mean - me
        upper_limit = mean + me
```

```
    # 方差未知的大样本分布
    if n >= 30 and (sig==None):
        me = z_score * std / np.sqrt(n)
        lower_limit = mean - me
        upper_limit = mean + me

    # 方差未知的小样本分布
    if n < 30 and (sig==None):
        me = t_score * std / np.sqrt(n)
        lower_limit = mean - me
        upper_limit = mean + me

    return (round(lower_limit, 3), round(upper_limit, 3))
section = mean_interval(mean=800, std=None, sig=50, n=30, confidence=0.95)
print(section)
section = mean_interval(mean=800, std=50, sig=None, n=30, confidence=0.90)
print(section)
section = mean_interval(mean=800, std=50, sig=None, n=30, confidence=0.99)
print(section)
```

运行结果如图6.5所示。

```
(782.108, 817.892)
(784.985, 815.015)
(776.486, 823.514)

Process finished with exit code 0
```

图6.5　案例1的运行结果

2. 构建总体方差的置信区间

总体方差置信区间的构建规则如表6.4所示。

表6.4　总体方差置信区间的构建规则

参数	点估计量	置信区间	假定条件
δ^2 总体方差	s^2	$\dfrac{(n-1)s^2}{\chi^2_{\alpha/2}} \leqslant \delta^2 \leqslant \dfrac{(n-1)s^2}{\chi^2_{1-\alpha/2}}$	正态分布

其中α表示(1 - 置信度)；χ^2表示χ^2分布的临界值，它的值可根据χ^2分布的临界值表查询得到。

案例2　构建总体方差的置信区间，具体代码参照表6.4实现如下。

```
import scipy.stats
import numpy as np
def std_interval(mean=None, std=None, n=None, confidence=0.95, para=0):
    """
    :param mean: 样本均值
    :param std: 样本标准差
```

```
    :param n: 样本数量
    :param confidence: 置信度
    :param para: 0:计算总体标准差的置信区间;1:计算总体方差的置信区间
    :return:(lower, upper)
    """
    variance = np.power(std, 2)
    alpha = 1 - confidence
    # x^2分布的临界值
    chi_score0 = scipy.stats.chi2.isf(alpha/2, df=(n-1))
    chi_score1 = scipy.stats.chi2.isf(1-alpha/2, df=(n-1))
    if para == 0:
        lower_limit = np.sqrt((n-1) * variance / chi_score0)
        upper_limit = np.sqrt((n-1) * variance / chi_score1)
    if para == 1:
        lower_limit = (n-1) * variance / chi_score0
        upper_limit = (n-1) * variance / chi_score1
    return (round(lower_limit, 2), round(upper_limit, 2))
section = std_interval(mean=21, std=2, n=50, confidence=0.90)
print(section)
section = std_interval(mean=1.3, std=0.02, n=15, confidence=0.90)
print(section)
section = std_interval(mean=167, std=31, n=22, confidence=0.90)
print(section)
```

运行结果如图6.6所示。

```
(1.72, 2.4)
(0.02, 0.03)
(24.85, 41.73)

Process finished with exit code 0
```

图6.6　案例2的运行结果

3. 构建两个正态分布方差比的置信区间

方差反映了一组数据与其平均值的偏离程度。有时需要对两组数据进行聚集度或偏离度的衡量,就可以采用方差进行比较。对于两个正态分布,可以采用方差比进行衡量。对于估计,则采用方差比的置信区间进行估计。

两个正态分布方差比的置信区间可以直接按照如下公式进行构建。

$$\frac{s_1^2/s_2^2}{F_{\alpha/2}} \leqslant \frac{\sigma_1^2}{\sigma_2^2} \leqslant \frac{s_1^2/s_2^2}{F_{1-\alpha/2}}$$

其中σ^2为样本总体方差,s^2为点估计量,F为F分布的临界值,α为(1 − 置信度)。F分布的临界值可根据F分布的临界值表查询得到。

案例3　构建两个正态分布方差比的置信区间,具体代码参照上述公式并结合F分布的临界值表实现如下。

113

```
import scipy.stats
import numpy as np
data1 = [3.45, 3.22, 3.90, 3.20, 2.98, 3.70, 3.22, 3.75, 3.28, 3.50, 3.38, 3.35,
         2.95, 3.45, 3.20, 3.16, 3.48, 3.12, 3.20, 3.18, 3.25]
data2 = [3.22, 3.28, 3.35, 3.38, 3.19, 3.30, 3.30, 3.20, 3.05, 3.30, 3.29, 3.33,
         3.34, 3.35, 3.27, 3.28, 3.16, 3.28, 3.30, 3.34, 3.25]
def two_std_interval(d1, d2, confidence=0.95, para=0):
    """
    :param d1: 数据1
    :param d2: 数据2
    :param confidence: 置信水平
    :param para: 0:按两个总体的方差比进行计算;1:按两个总体的标准差比进行计算
    :return (lower, upper)
    """
    lower_limit = 0
    upper_limit = 0
    n1 = len(d1)
    n2 = len(d2)
    # d1的样本方差
    var1 = np.var(d1, ddof=1)
    # d2的样本方差
    var2 = np.var(d2, ddof=1)
    alpha = 1 - confidence
    # F分布的临界值
    f_score0 = scipy.stats.f.isf(alpha/2, dfn=n1-1, dfd=n2-1)
    f_score1 = scipy.stats.f.isf(1-alpha/2, dfn=n1-1, dfd=n2-1)
    if para == 1:
        lower_limit = np.sqrt((var1/var2)/f_score0)
        upper_limit = np.sqrt((var1/var2)/f_score1)
    if para == 0:
        lower_limit = (var1/var2) / f_score0
        upper_limit = (var1/var2) / f_score1
    return (round(lower_limit, 2), round(upper_limit, 2))
section = two_std_interval(data1, data2, confidence=0.95)
print(section)
```

运行结果如图6.7所示。

```
(4.05, 24.61)

Process finished with exit code 0
```

图6.7 案例3的运行结果

6.1.3 区分点估计与区间估计

为了清楚地区分点估计与区间估计,这里结合一个例子来分析。

例6.4 估计人类的平均身高。

这个问题是很常见的问题,全世界这么多人,肯定是有一个平均身高的,但是全世界几十亿人,总不能把每个人的身高都统计一遍再计算平均值,首先这个工作量就不现实。那么,要得到全世界人类的平均身高μ,就只能通过估计得到。

说明:人类的身高数据服从正态分布。

(1)如果采用点估计的方式,在全世界的人群中进行抽样统计,进行一次取样,然后计算样本身高均值得到μ',这个μ'就是对人类平均身高的点估计值。

(2)但是如果仅进行一次取样计算,就把这个均值μ'作为对人类身高的估计值,这显然不太具有说服力,实际情况中,不同地区的人身高水平都不同。所以,采取策略,从每一个世界大区进行一次抽样,分别得到各大区的平均身高$\mu'_1,\mu'_2,\cdots,\mu'_n$。

假设有一个先知,他告诉笔者人类身高数据的真实分布如图6.8所示。

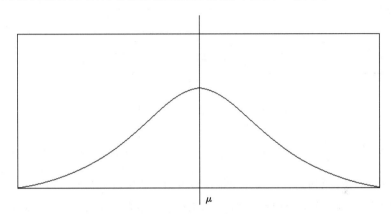

图6.8 人类身高数据的真实分布

那么,将每个大区的样本统计得到的平均身高绘制到图6.8上,如图6.9所示。

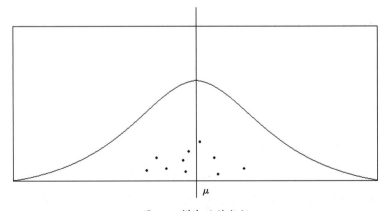

图6.9 样本统计数据

(3)但在实际的估计情况中,是没有这个先知数据的分布的,只能根据点估计的值进行真实值估计。即需要想办法通过图6.9中的点估计真实值的可能值。

（4）下面就采用区间估计的方式来估计真实值的可能值。采用95%的置信区间构造区间估计。

（5）如何构建95%的置信区间呢？即假设人群身高服从$X \sim (\mu, \sigma^2)$，其中μ未知，σ已知，由于对人群采样得到了一个样本容量为n，样本值为$X_1, X_2, \cdots, X_n$的样本，那么就可以得到样本的均值为$\dfrac{X_1 + X_2 + \cdots + X_n}{n}$，这个样本均值服从$\dfrac{X_1 + X_2 + \cdots + X_n}{n} \sim (\mu, \dfrac{\sigma^2}{n})$（根据正态分布的性质得到），则可以得到一个以$\mu$为中心，面积为0.95的区间，如图6.10所示。

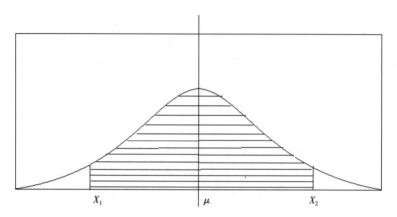

图6.10　以μ为中心，置信区间为95%的示例

即$P(X_1 \leqslant \dfrac{X_1 + X_2 + \cdots + X_n}{n} \leqslant X_2) = 0.95$，它表示这个样本的均值有95%的概率落入这个区间。

（6）所以，对第（2）步得到的点估计值按照第（5）步的方法构造95%的置信区间，即对每个大区的样本数据（身高均值）分别构造一个95%的小的置信区间，得到的结果如图6.11所示。

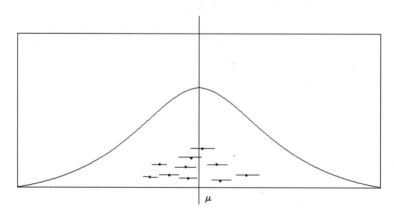

图6.11　点估计值构造95%置信区间

（7）第（6）步的结果仍然得不到确定的值，但是按照95%置信度构造的区间，如果数据正常，可以保证真实人类平均身高μ有95%在这些区间上。即如果构造100个小的区间（图6.11中的小线段），其中应该有95个区间会包含真正的均值μ（应该有95条小线段压在μ代表的这条直线上）。

总结：相比于点估计，区间估计的命中率更高，毕竟选择的余地多了。但是区间估计的代价也更高。

6.2 极大似然估计

在6.1节中了解了点估计和区间估计,接下来将介绍点估计中的极大似然估计。

在第3章中了解了极大似然估计的简单原理,即给定输出 x 时,关于参数 θ 的似然函数 $L(\theta|x)$(在数值上)等于给定参数 θ 后变量 x 的概率: $L(\theta|x) = P(X = x|\theta)$。当参数 θ 取某一个值 e 时,似然函数 $L(\theta|x)$ 的值为最大值,那么就认为当事件 x 发生时,参数 θ 取 e 最"合理"。当然这只是简单的原理,本节将结合该原理进行实际的参数估计。

极大似然参数估计,形象地解释就是:假设有一个参数模型,该模型结构等信息已知,只有参数未知。现在有一组数据 (X, Y),在正常情况下输入 X 能够得到结果 Y。利用极大似然参数估计模型参数就是:根据结果 Y 反推输入 X,将输入 X 出现概率最大时的参数作为模型的估计参数。

例6.5 根据例6.4,采用极大似然估计进行参数估计。

人群身高分布服从正态分布: $X \sim (\mu, \sigma^2)$,把这个正态分布理解成一个模型,即需要通过极大似然估计的思想估计参数 μ 和 σ。已知有一组身高的样本 $\{x_1, x_2, \cdots, x_n\}$。

正态分布的概率密度函数为

$$f(x) = \frac{1}{\sqrt{2\pi}\sigma} e^{-\frac{(x-\mu)^2}{2\sigma^2}}$$

(1)计算似然函数:

$$L(\mu, \sigma^2) = \prod_{i=1}^{n} \frac{1}{\sqrt{2\pi}\sigma} e^{-\frac{(x_i-\mu)^2}{2\sigma^2}}$$

(2)由于正态分布的概率密度函数形式比较复杂,直接计算比较困难,所以此处取对数进行简化。似然函数取对数:

$$\ln L(\mu, \sigma^2) = -\frac{n}{2}\ln(2\pi) - \frac{n}{2}\ln\sigma^2 - \frac{1}{2\sigma^2}\sum_{i=1}^{n}(x_i - \mu)^2$$

(3)分别对两个参数进行求导。令

$$\frac{\partial \ln L(\mu, \sigma^2)}{\partial \mu} = 0$$

$$\frac{\partial \ln L(\mu, \sigma^2)}{\partial \sigma^2} = 0$$

说明:此步骤是根据正态分布的函数性质得到的,正态分布的概率密度函数是一个先增后减的过程,当它取最大值时,恰巧是在其自身导数为0处。

得到参数的估计值:

$$\tilde{\mu} = \frac{1}{n}\sum_{i=1}^{n} x_i$$

$$\tilde{\sigma}^2 = \frac{1}{n}\sum_{i=1}^{n}(x_i - \tilde{x})^2$$

说明：上述示例中的步骤是求似然函数估计值的标准步骤，即(1)得到似然函数；(2)对似然函数取对数；(3)求导数；(4)解方程。

这是一个简单的极大似然参数估计示例，接下来再应用到机器学习中进行参数估计。

对于机器学习，它的似然函数可以写成：

$$L(\theta) = L(x_1, x_2, \cdots, x_n; \theta) = \prod_{i=1}^{n} f(x_i; \theta)$$

使用二分类的机器学习进行理解。

对于二分类(0-1分类)问题：设当 $y = 1$ 时，$P_1 = P(y = 1 | x, \theta) = \hat{y}$，则当 $y = 0$ 时，$P_0 = P(y = 0 | x, \theta) = 1 - \hat{y}$。

将两个式子合并就得到：$P(y | x, \theta) = \hat{y}^y (1 - \hat{y})^{1-y}$。

则可得到似然函数：$L(\theta) = \prod [p(x_i)]^{y_i} [1 - p(x_i)]^{1-y_i}$。

对似然函数取对数得到：$\ln(L(\theta)) = \sum y_i \ln P(x_i) + (1 - y_i) \ln(1 - P(x_i))$。

对 $\ln(L(\theta))$ 求极大值，得到 $P(x_i)$，即 $\hat{y}$，从而可得到参数 θ。

6.2.1　线性回归

极大似然估计在线性回归中使用得特别多，线性回归是利用线性回归方程的最小二乘函数对一个或多个自变量和因变量之间的关系进行建模的一种回归分析。

简单的理解就是，线性回归将自变量和因变量的关系看作一个线性的关系(一元一次函数)。

1. 回归系数

设自变量为 $\boldsymbol{X} = (x_1, x_2, \cdots, x_n)$，因变量为 $\boldsymbol{Y}$，则可以得到系数矩阵 $\boldsymbol{W}$，使得：

$$\boldsymbol{Y} = w_0 + w_1 x_1 + \cdots + w_n x_n = \boldsymbol{WX}$$
$$\boldsymbol{W} = [w_0, w_1, \cdots, w_n]^{\mathrm{T}}$$

其中 w_0 是全局的偏移量，在平面直角坐标系中为截距。

现在假设有 m 个样本，则对任意数据有 $\boldsymbol{y}_i = \boldsymbol{Wx}_i + \boldsymbol{\xi}_i$，其中 $\boldsymbol{x}_i = (x_1, x_2, \cdots, x_n)$ 为一个 n 维的数据，ξ_i 的分布为正态分布，概率密度函数为

$$P(\xi_i) = \frac{1}{\sqrt{2\pi}\sigma} \exp\left[-\frac{\xi_i^2}{2\sigma^2}\right]$$

那么，将 $\boldsymbol{y}_i = \boldsymbol{Wx}_i + \boldsymbol{\xi}_i$ 与 $P(\xi_i) = \frac{1}{\sqrt{2\pi}\sigma} \exp\left[-\frac{\xi_i^2}{2\sigma^2}\right]$ 结合可以得到：

$$P(\boldsymbol{y}_i | \boldsymbol{x}_i; \boldsymbol{\xi}_i) = \frac{1}{\sqrt{2\pi}\sigma} \exp\left[-\frac{(\boldsymbol{y}_i - \boldsymbol{Wx}_i)^2}{2\sigma^2}\right]$$

接下来就可以计算得到似然函数：

$$L(\boldsymbol{W}) = \prod_{i=1}^{m} P(\boldsymbol{y}_i | \boldsymbol{x}_i; \boldsymbol{\xi}_i) = \prod_{i=1}^{m} \frac{1}{\sqrt{2\pi}\sigma} \exp\left[-\frac{(\boldsymbol{y}_i - \boldsymbol{Wx}_i)^2}{2\sigma^2}\right]$$

然后对似然函数取对数进行计算。

说明：因为似然函数中有指数部分含有未知参数，所以为了简化计算量进行取对数计算。

$$l(\boldsymbol{W}) = \log L(\boldsymbol{W}) = m \log \frac{1}{\sqrt{2\pi}\sigma} - \frac{1}{\sigma^2} \cdot \frac{1}{2} \sum_{i=1}^{m} (\boldsymbol{y}_i - \boldsymbol{W}\boldsymbol{x}_i)^2$$

此处取只含未知参数的部分作为目标函数，即取目标函数为

$$\mathrm{Tar}(\boldsymbol{W}) = \frac{1}{2} \sum_{i=1}^{m} (\boldsymbol{y}_i - \boldsymbol{W}\boldsymbol{x}_i)^2 = \frac{1}{2}(\boldsymbol{W}\boldsymbol{X} - \boldsymbol{Y})^{\mathrm{T}}(\boldsymbol{W}\boldsymbol{X} - \boldsymbol{Y})$$

然后对目标函数Tar进行求导。得到：

$$\mathrm{Tar}' = \boldsymbol{X}^{\mathrm{T}}\boldsymbol{X}\boldsymbol{W} - \boldsymbol{X}^{\mathrm{T}}\boldsymbol{Y}$$

要使目标函数取到极值，则目标函数Tar的导数为0，即

$$\mathrm{Tar}' = \boldsymbol{X}^{\mathrm{T}}\boldsymbol{X}\boldsymbol{W} - \boldsymbol{X}^{\mathrm{T}}\boldsymbol{Y} = 0$$

则可得到参数 $\boldsymbol{W}$ 的计算式：

$$\boldsymbol{W} = (\boldsymbol{X}\boldsymbol{X}^{\mathrm{T}})^{-1}\boldsymbol{X}^{\mathrm{T}}\boldsymbol{Y}$$

至此，回归系数就得到了。

2. 实现

任何算法都不能仅仅限于理论推导，还得把它实现才行。下面就通过极大似然估计的思想，利用代码实现线性回归。该代码是直接根据回归系数推导公式的最终结果进行复现的，即复现了公式 $\boldsymbol{W} = (\boldsymbol{X}\boldsymbol{X}^{\mathrm{T}})^{-1}\boldsymbol{X}^{\mathrm{T}}\boldsymbol{Y}$。

具体代码如下。

```python
import numpy as np
import matplotlib.pyplot as plt
import math
import random
# 生成样本
x = np.arange(0, 100, 0.2)          # 生成0~100,间隔为0.2的一组数据
xArr = []    # 保存x轴数据
yArr = []    # 保存y轴数据
# 将生成的数据分布保存到xArr和yArr中
for i in x:
    lineX = [1]
    lineX.append(i)
    xArr.append(lineX)
    yArr.append(0.5*i+3+random.uniform(0, 1)*4*math.sin(i))
# 线性回归公式实现
x = np.mat(xArr)
y = np.mat(yArr).T
xTx = x.T * x
if np.linalg.det(xTx) == 0.0:
    print("逆矩阵计算失败")
ws = xTx.I * x.T * y
print(ws)
y = x * ws
# 画图
```

```
plt.title("linear regression")        # 显示标题title
plt.xlabel("independent variable")    # 显示X轴变量title
plt.ylabel("dependent variable")      # 显示Y轴变量title
plt.plot(x, yArr, 'go')
plt.plot(x, y, 'r')
plt.show()
```

此处通过代码自己生成一组样本数据,样本数据在坐标系中如图6.12所示。

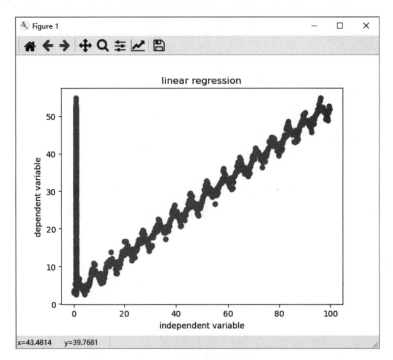

图 6.12　生成的样本数据

从这个样本数据可以看到,期望得到的线性回归应该是两条回归线。

下一步就是将本章节前面推导出的参数推导公式引入代码实现,得到回归线。这部分代码如下。

```
# 线性回归
x = np.mat(xArr)
y = np.mat(yArr).T
xTx = x.T * x
if np.linalg.det(xTx) == 0.0:
    print("逆矩阵计算失败")
ws = xTx.I * x.T * y
print(ws)
y = x * ws
```

最终将得到的回归线绘制到样本数据上去,通过直观的图形展示观测是否合理,如图6.13所示。

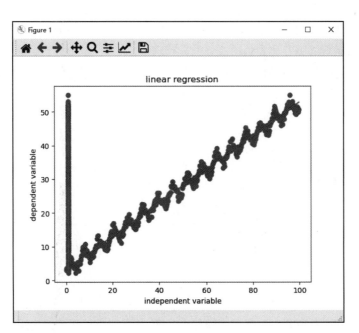

图6.13　回归线结果

可以看到,图中很细的这条线,回归效果非常好。

6.2.2　logistics回归

说明:本小节内容涉及梯度下降的内容,所以仅作了解即可。

在6.2.1小节介绍的线性回归中,有一点美中不足,就是它只能用于样本分布较为集中的场景,如果用于样本分布比较分散的场景,就容易出现偏差。

例如,仍然使用6.2.1小节的代码,但是把数据改成分散的数据,结果如图6.14所示。

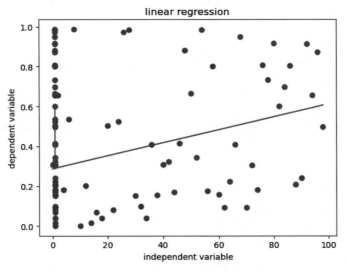

图6.14　样本分散时线性回归的结果

可以看到,这时线性回归的结果明显乱了。正是因为这样,logistics 回归才能发挥它的作用。那么,它是怎么运行的呢?此处仍用二分类进行理解。

对于参数 x,它分类为 1 和 0 的概率分别为

$$P(y = 1 | \boldsymbol{x}; \boldsymbol{\theta}) = h_{\boldsymbol{\theta}}(\boldsymbol{x})$$

$$P(y = 0 | \boldsymbol{x}; \boldsymbol{\theta}) = 1 - h_{\boldsymbol{\theta}}(\boldsymbol{x})$$

其中 $h_{\boldsymbol{\theta}}(\boldsymbol{x}) = g(\boldsymbol{\theta}^{\mathrm{T}}\boldsymbol{x}) = \dfrac{1}{1 + \mathrm{e}^{-\boldsymbol{\theta}^{\mathrm{T}}}}$,即后面将要介绍的 Sigmoid 函数。

将两个式子总结起来可以得到:

$$P(y | \boldsymbol{x}) = h(\boldsymbol{x})^{y}(1 - h(\boldsymbol{x}))^{1-y}$$

然后计算似然函数:

$$l(\boldsymbol{\theta}) = P(\boldsymbol{x} | \boldsymbol{\theta}) = P(x_1, x_2, \cdots, x_N | \boldsymbol{\theta}) = \prod_{i=1}^{N} P(x_i | \boldsymbol{\theta})$$

再取对数,得到:

$$l(\boldsymbol{\theta}) = \sum (y_i - 1)\boldsymbol{\theta}^{\mathrm{T}}x_i - \ln(1 + \mathrm{e}^{-\boldsymbol{\theta}^{\mathrm{T}}x_i})$$

到这一步,其实步骤和本章节开头的标准步骤如出一辙,均是对似然函数的应用。

然后对参数 $\boldsymbol{\theta}$ 求导,得到:

$$\nabla_{\boldsymbol{\theta}} l(\boldsymbol{\theta}) = \sum (y_i - u_i)x_i = \boldsymbol{X}^{\mathrm{T}}(y - u)$$

仍然是对似然函数的导函数进行 0 值求解问题,推导的过程可以参考本章节开头的推导过程。

最终能得到:

$$\boldsymbol{\theta} = \theta_j + \alpha(y^{(i)} - h_{\boldsymbol{\theta}}(x^{(i)}))x_j^{(i)}$$

下面应用乳腺癌数据集进行检测分类。这个数据集是开源的数据集,所以使用起来很方便。

为了区分开线性回归和 logistics 回归的区别,此处直接调用 sklearn 库的线性回归和 logistics 回归的接口函数。代码如下。

```python
from sklearn.linear_model import LogisticRegression, LinearRegression
import pandas as pd
import math
from sklearn.datasets import load_breast_cancer
from sklearn.model_selection import train_test_split
cancer = load_breast_cancer()
X = cancer.data
y = cancer.target
X_train, X_test, y_train, y_test = train_test_split(X, y, test_size=0.2)
# logistics回归
model = LogisticRegression()
model.fit(X_train, y_train)
train_score = model.score(X_train, y_train)
test_score = model.score(X_test, y_test)
print('\ntrain score:{}'.format(train_score))
print('test score:{}'.format(test_score))
# predict = model.predict(X_test)
# print(predict)
```

```
# 线性回归
model_ = LinearRegression()
model_.fit(X_train, y_train)
train_score_ = model_.score(X_train, y_train)
test_score_ = model_.score(X_test, y_test)
print('\ntrain score:{}'.format(train_score_))
print('test score:{}'.format(test_score_))
# predict_ = model.predict(X_test)
# print(predict_)
```

运行结果如图6.15所示。

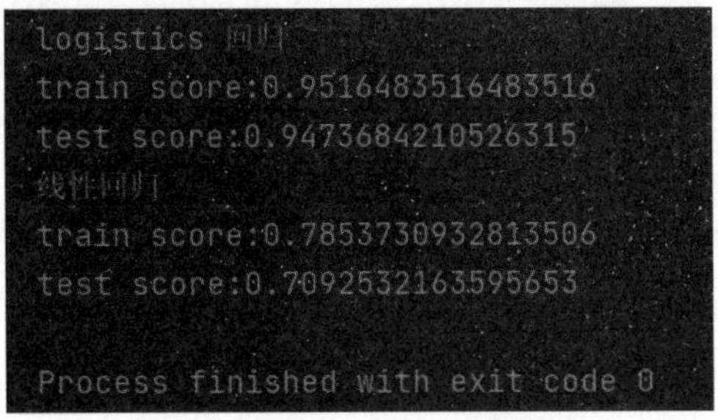

```
logistics 回归
train score:0.9516483516483516
test score:0.9473684210526315
线性回归
train score:0.7853730932813506
test score:0.7092532163595653

Process finished with exit code 0
```

图6.15　乳腺癌数据集的分类结果

通过对分类结果的统计,发现logistics回归不论是训练的准确率还是验证的准确率,都明显高于线性回归。

如果仅看准确率不能看出区别,那么再增加一个绘制的功能,将结果的真实值和预测值绘制出来看看区别。代码如下。

```
import matplotlib.pyplot as plt
import numpy as np
from sklearn.linear_model import LogisticRegression, LinearRegression
import pandas as pd
import math
from sklearn.datasets import load_breast_cancer
from sklearn.model_selection import train_test_split
cancer = load_breast_cancer()
X = cancer.data
y = cancer.target
X_train, X_test, y_train, y_test = train_test_split(X, y, test_size=0.2)
model = LogisticRegression()
model.fit(X_train, y_train)
train_score = model.score(X_train, y_train)
test_score = model.score(X_test, y_test)
print('logistics回归\ntrain score:{}'.format(train_score))
print('test score:{}'.format(test_score))
predict = model.predict(X_train)
model_ = LinearRegression()
model_.fit(X_train, y_train)
train_score_ = model_.score(X_train, y_train)
```

```
test_score_ = model_.score(X_test, y_test)
print('线性回归\ntrain score:{}'.format(train_score_))
print('test score:{}'.format(test_score_))
predict_ = model_.predict(X_train)
# 绘制结果
plt.figure(1)
plt.scatter(np.linspace(0, len(X_train), len(X_train)), y_train)
plt.scatter(np.linspace(0, len(X_train), len(X_train)), predict)
plt.figure(2)
plt.scatter(np.linspace(0, len(X_train), len(X_train)), y_train)
plt.scatter(np.linspace(0, len(X_train), len(X_train)), predict_)
plt.show()
```

绘制的结果如图6.16和图6.17所示。

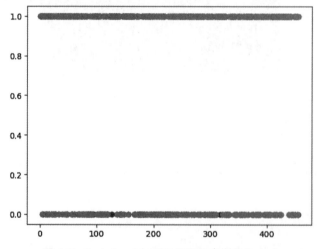

图6.16　logistics回归预测结果与真实结果比对

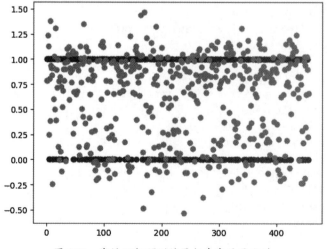

图6.17　线性回归预测结果与真实结果比对

之所以出现上面两幅图的差距,可以用以下两句话总结。

(1)线性回归用来预测,logistics回归用来分类。

(2)线性回归是拟合函数,logistics回归是预测函数。

这就是问题的根本所在。对于二分类问题,目标结果要么是类别0,要么是类别1,是一个分散的问题,而不是连续的问题。所以,应该使用logistics回归进行分类,而不是使用线性回归对一个分散的问题进行预测。对于这样一个结果是二分类的问题,不管线性回归怎样努力,都极难达到较好的拟合效果。在乳腺癌这个数据集中,特征有30个维度,即有30个变量,而且有些变量可能和结果没有关系,即有可能某一个特征为x_i,但是这个特征对应的结果类别属性0、1各占一半。

回到关键点上,线性回归的目的是得到一个函数,并不是结果,这也是造成图6.17这种乱点的原因。在这个例子中,logistics回归得到的结果不是0就是1,而线性回归得到一个函数$f(x)$,结果是将特征x_i传入函数计算得到$f(x_i)$的值,但是函数$f(x)$并不是只有结果0、1的。

注意:在了解了本节后,一定要区分线性回归与logistics回归两者的应用区别。虽然名字都叫回归,但是应用的性质可不一样,一定要区分清楚。

6.3 贝叶斯估计与推导

第3章介绍了简单的贝叶斯估计原理,即求$\int \theta \cdot f(x|\theta)g(\theta)\mathrm{d}\theta$的过程,其中$g(\theta)$为参数$\theta$的先验分布。

贝叶斯估计属于点估计的一种,参考第3章的贝叶斯估计原理,要进行贝叶斯参数估计,只要知道样本关于参数θ的条件概率和参数θ的先验概率即可。

此处需要注意的是,参数θ的先验概率并非来自样本信息,而是来自过往经验。在机器学习过程中,可以简单理解为它是上一次迭代后的参数概率分布,依据本次的样本信息学习调整上一次的参数概率分布。

贝叶斯估计的本质是通过贝叶斯决策得到参数θ的最优估计,使总体的期望风险最小。贝叶斯估计的步骤在第3章中介绍过,实际的应用和这个步骤相差无几。

(1)确定参数θ的先验分布$f(\theta)$。

(2)根据样本总体$X_1, X_2, \cdots, X_n$的观测值$x_1, x_2, \cdots, x_n$,求出样本的联合分布(θ的函数):

$$f(X|\theta) = \prod_{i=1}^{n} f(x_i|\theta)。$$

(3)利用贝叶斯公式,计算θ的后验分布(θ的函数):

$$H(\theta|x) = \frac{f(x|\theta)g(\theta)}{\int f(x|\theta)g(\theta)\mathrm{d}(\theta)}$$

(4)求贝叶斯估计值:

$$E(\theta|x) = \int \theta \cdot H(\theta|x)\mathrm{d}\theta$$

在此基础上,贝叶斯估计的过程中还定义了一个参数的方差量,来评估参数估计的准确程度或置信度。

设 $\lambda(\hat{\theta}, \theta)$ 是 $\hat{\theta}$ 作为 θ 估计量时的损失函数。定义样本 X 下的条件风险为

$$R(\hat{\theta}\,|\,x) = \int_{\theta} \lambda(\hat{\theta}, \theta) P(\theta\,|\,x)\mathrm{d}\theta$$

则可以得到：

$$R = \int_{E^d} R(\hat{\theta}\,|\,x) P(x)\mathrm{d}x$$

而 $R(\hat{\theta}\,|\,x)$ 是非负的，所以求 $R(\hat{\theta}\,|\,x)$ 最小即求 R 最小。可以得到最优估计：

$$\theta^* = \mathrm{argmin}\, R(\hat{\theta}\,|\,x) = \int_{\theta} \theta P(\theta\,|\,x)\mathrm{d}\theta$$

其中 $\lambda(\hat{\theta}, \theta) = (\theta - \hat{\theta})^2$。

例6.6 设总体 X 服从二项分布，即 $X \sim B(N, P)$，且 N 已知，P 为未知参数，P 的先验分布为0到1的均匀分布，现有 n 个样本 $\{x_1, x_2, \cdots, x_n\}$，求 P 的贝叶斯估计。

（1）确定概率密度函数：

$$P(X) = \mathrm{C}_N^x P^x (1 - P)^{N-x}$$

（2）计算联合概率分布：

$$h(X, \theta) = \prod_{i=1}^{n} \mathrm{C}_N^{x_i} P^{x_i} (1 - P)^{N-x_i}$$

（3）计算后验概率分布：

$$P(\theta\,|\,X) = \frac{h(X, \theta)}{\int h(X, \theta)\mathrm{d}\theta} = \frac{\Gamma(nN + 2) P^{\sum X_i} (1 - \theta)^{nN - \sum X_i}}{\Gamma(1 + \sum X_i)\Gamma(nN - \sum X_i + 1)}$$

（4）对（3）中计算的后验概率分布计算期望值：

$$\hat{\theta} = \frac{1 + \sum X_i}{nN + 2}$$

将此例用代码进行复现。

（1）随机生成一组样本数据，代码如下。

```
import numpy as np
import matplotlib.pyplot as plt
# 随机生成一组数据,正态分布服从
# (1, 1)
Y = np.random.normal(1, 1,
                     10000)
plt.hist(Y, bins=100)
plt.show()
```

将数据图形化展示出来，如图6.18所示。

（2）根据例6.6推导的公式进行实现，代码如下。

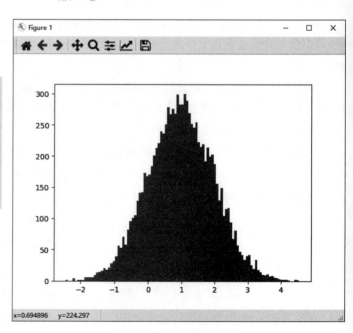

图6.18 样本数据图形化

```
# 实现参数估计的公式
mean = np.mean(Y)
sum = [0+y for y in Y]
theta = (1+sum[0]) / (len(Y)*mean+2)
```

（3）为了验证估计得到的分布和实际的分布是否接近，将估计得到的结果绘制出来进行展示，如图6.19所示。

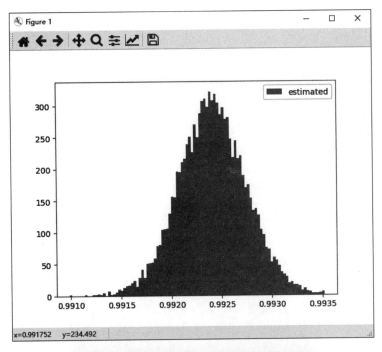

图6.19　估计结果

比较图6.18和图6.19，发现经过贝叶斯参数估计得到的估计值为 $\theta = 0.00019965763042810575$，与随机生成数据时的 $\theta = 1$ 相比，差距比较大。两者的均值几乎没有怎么变化。

 ## 6.4　小结

参数估计这一章比较偏向理论，它的实际应用大部分就是基于公式的复现。其中点估计和区间估计各有各的优势。

　　点估计适用于不考虑抽样误差，可以直接用样本信息表达总体的情景，它相比于区间估计，计算量小，在系统中实现快。不过由于用样本表达总体不可避免地会存在误差，所以使用这个方法时需要具体情况具体分析。

　　区间估计采用样本来估计总体的可能范围，它相比于点估计，正确率更高，但是算法的开销变大。

　　在机器学习中接触得比较多的估计方法是点估计，在使用点估计时，一般都结合损失函数进行使用。因为上面提到了使用点估计不可避免地会存在误差，所以需要结合损失函数"控制"误差的范围，使估计结果不至于偏离实际太远。相关的部分理论将会在第7章中讲解。

第 7 章
机器学习与深度学习

★本章导读★

　　人工智能是现在十分火热的一个领域,这个名词是在1956年提出的,这一概念形成的条件是:人们试图以机器代替人的部分脑力劳动,提高人类征服自然的能力。在1956年麦卡锡提出"人工智能"这个术语后的10年间,人工智能的研究在机器学习、定理证明、模式识别、问题求解、专家系统及人工智能语言等方面都取得了许多引人注目的成就。进入20世纪70年代后,人工智能领域逐渐涌现出更多研究成果,如机器翻译、专家系统等。

　　经过几十年的发展,目前人工智能已经形成了集视觉、自然语言、博弈、机器学习等多个方向的应用与研究。尤其是自2012年以来,进入数据时代后数据的爆发式增长,为人工智能提供了充足的"养分",尤其是在深度学习方面,语音识别和视觉识别取得了巨大的突破,使人工智能的产业落地与商业发展成为现实。

★知识要点★

　　♦人工智能的概念。
　　♦机器学习。
　　♦深度学习。

　　说明:由于人工智能的分类应用比较多,范畴广,所以本章将以人工智能的依赖——机器学习为主,然后再讲一讲当前最火热的深度学习,主要以概念介绍为主。

7.1　人工智能介绍

在生活中经常可以听到人工智能这个词,不管是专业的人还是非专业的人,都对它不算陌生了。但是什么是人工智能呢?

人工智能英文叫作 Artificial Intelligence,缩写为 AI,它是研究、开发用于模拟、延伸和扩展人的智能的理论、方法、技术及应用系统的一门新的技术科学。

从严格意义上来说,人工智能是计算机科学中的一个分支,它试图以类似人的智慧(思维)对事物作出反应。目前该领域的几个大的研究类别是机器人、语音识别、图像识别、自然语言处理、专家系统。人工智能发展的目标就是使机器能够胜任一些通常需要人类智慧才能完成的复杂工作。

7.1.1　机器人

将能够自动执行工作的机器装置赋予一定的人的智能属性就是机器人,它是一种可以半自主或全自主工作的智能机器。机器人具有感知、决策、执行等基本特征,可以辅助或代替人类完成危险、繁杂、重复的工作,大大提高工作的效率,扩大或延伸人的能力范围。

目前从应用角度进行分类,机器人可以分为两类:工业机器人和特种机器人。

工业机器人是指面向工业领域的多关节机械手或多自由度机器人。

特种机器人则是除工业机器人外的、用于非制造业并服务于人类的各种先进机器人。

之所以将机器人归纳于人工智能领域,是因为它的感知和决策是一个模仿人的智能的系统,例如,巡检机器人,它就是模仿人的智能,通过图像识别与机器学习在机器装置上的应用,代替人去自主地进行巡查、记录、告警等。

7.1.2　语音识别

语音识别的作用是将人类的语音中的词汇内容转换成计算机可读的输入,语音识别的流程可以概述为图 7.1。

语言是由多个词组成的,每个词又由多个音素组成。但是实际的语音是一个连续的音频流,它由相对稳定的状态和剧烈变化的状态混合而成,它的每一部分之间没有明确的界限。所以,语音识别中的难点也

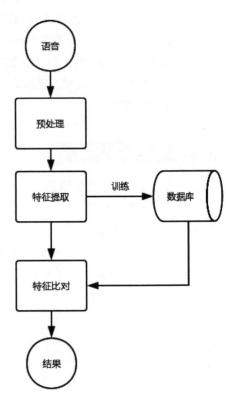

图 7.1　语音识别的流程

是重点,就是对目标语音进行去噪和提取特征。

语言识别的原理是将一段语音信号转换成相应的文本信息,系统主要包括特征提取、声学模型、语言模型和字典解码。

在特征提取阶段,需要对所采集到的声音信号进行滤波、分帧等预处理,把目标信号从原始信号中提取出来,然后将声音信号从时域转换到频域,生成合适的特征向量;声学模型再计算特征向量在声学特征上的得分;语言模型计算特征对应的词组序列的概率;最后根据已有的字典解码词组,得到文本的表示。

7.1.3　自然语言处理

自然语言处理(Natural Language Processing,NLP)是计算机科学领域与人工智能领域中的一个重要分支,它研究用计算机来处理、理解及运用人类语言。自然语言处理融合了语言学、计算机科学、数学等学科,涉及语音、语法、语义、语用等多维度的特征。

目前,人们主要通过两种思路来进行自然语言处理,一种是基于规则的理性主义,另一种是基于统计的经验主义。

理性主义方法认为,人类语言主要是由语言规则来产生和描述的。因此,只要能够用适当的形式将人类语言规则表示出来,就能够理解人类语言,并实现语言之间的翻译等各种自然语言处理任务。

经验主义方法则是从语言数据中获取语言统计知识,有效建立语言的统计模型。因此,只要有足够多的用于统计的语言数据,就能够理解人类语言。

自然语言处理的应用有文本生成、问答系统、对话系统、信息过滤、舆情分析、信息检索、机器翻译等。

自然语言处理的原理如图7.2所示。

图 7.2　自然语言处理的原理

7.1.4　图像识别

图像识别是指利用计算机对图像进行处理、分析和理解,以识别各种目标或对象,是深度学习算法的一种实践应用。传统的图像识别流程分为4个步骤:图像采集、图像预处理、特征提取和图像识别。

图像识别的发展到现在为止经历了3个阶段:文字识别、数字图像处理与识别、物体识别。

图像识别技术的过程分为5个步骤:获取图像、预处理、提取特征、分类器设计和分类决策。其中比较重要的一步是预处理,在很多图像中,目标的特征很小或很普通,预处理就是通过去噪、平滑、变化等形态操作加强图像的特征,使计算机在进行特征提取这一步时能够更好地感知到目标。

现阶段比较常用的图像识别技术是卷积神经网络,通过模仿人的神经网络来构建机器的神经网络,达到对图像的识别。

目前应用场景比较成熟的项目有人脸识别、车牌识别、证件识别等。

7.1.5　博弈

博弈是指某个个人或是组织,面对一定的环境条件,在一定的规则约束下,依靠所掌握的信息,从各自可供选择的行为或是策略中进行选择并加以实施,并从中各自取得相应结果或收益的过程。博弈论的基本概念包括参与人、行为、信息、战略、支付函数、结果、均衡。人机博弈就是人类和机器的一种比赛。

博弈可以理解为根据利己原则追求利益最大化。博弈在人工智能领域中常用来进行决策辅助,在人工智能领域有一个专业名词——生成式对抗网络(Generative Adversarial Network,GAN)。

一个GAN是由两个神经网络生成模型和判别模型组成的。

例如,图像生成,生成模型会随机产生图像;判别模型判断得到的图像是生成出来的假图还是来自数据集。如果图像被判定为是生成的或是假的,生成模型会调整其参数;相反,如果识别错误,判别模型会调整其参数。随着这个参数的不断调整,当达到一个无法继续改进的空间时,就称为一个纳什均衡状态。

可以理解为GAN是利用信息不断地对生成器进行自我否定、自我改进,直到判别模型难以判断生成器生成的结果是否真实为止。

目前该技术在图像生成方面的应用比较广,常用来做图像数据集增强。

 7.2　机器学习

人工智能十分依赖机器学习,作为人工的产物,让计算机学会"学习"知识才能算得上是模仿人的智慧,如果不会"学习",那就算不上智能,只能称为一个程序。经过前辈们的迭代,编程技术现在已经很成熟了,只要给定一段正确的代码,机器都可以按照指令执行,只是这样的机器无法半自主或全自主地进行工作,也就无法称为智能。

本节将走进人工智能领域,去了解机器学习。

7.2.1　什么是机器学习

机器学习是涉及概率论、统计学、逼近论、凸分析等多门学科的交叉学科,它的主要目的就是研究计算机如何模拟或实现人类的学习行为,对自身已有的知识进行"合理规划",以改善自身性能。

例7.1　有一堆点(x_i, y_j),表示平面直角坐标系上的一堆点,假设这堆点如图7.3所示。

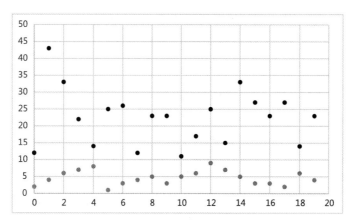

图 7.3　例 7.1 数据散点示例

现在需要将这堆点按照点的聚集程度分类(不限制分类的类别数量),用一条直线可以分为两类,这时可以得到这样一条线性分割,它分割的错误率比较低,如图 7.4 所示。

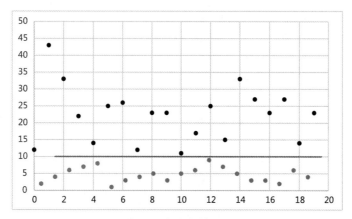

图 7.4　线性分割示例

但是下一次遇到对点进行分类的情况时,点的分布变成了图 7.5。

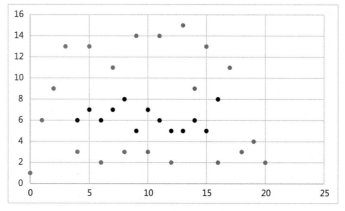

图 7.5　散点示例

这时仍然按照点的聚集程度用直线分类,出现的结果如图 7.6 所示。

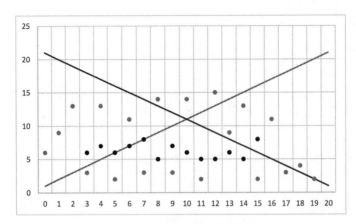

图 7.6　散点示例线性分割结果

可以发现,这时不管怎样分,都无法满足结果是按照点的聚集程度分类的。这时再给出一个提示:判断点的聚集程度时,根据点聚集的方式判断是否为包围式分布,如果是包围式的内外分布,就使用多边形进行分割。分割结果如图 7.7 所示。

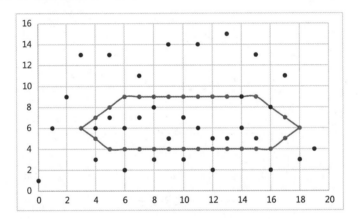

图 7.7　散点用圆弧分割结果

再复杂一些的情况如图 7.8 所示。

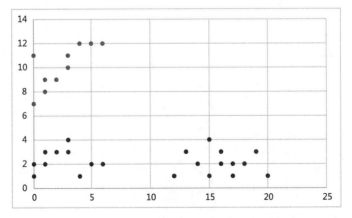

图 7.8　散点示例

对于这种情况,既不能用一条直线分割,也不能用圆弧分割。再给出一个提示:这种情况,要判断点聚集区间的数量,如果聚集点数量多于2个,就不能使用单一的直线或弧线分割,而是要先根据聚集程度进行中心聚合分类。

上述过程就可以理解为一个学习的过程。

在实际的机器学习过程中,可以理解为机器是在进行下面这样一个过程。

机器通过算法对数据集的所有可能结果的假设进行检验,找到一个最近似于真实规律的假设。设输入的数据集特征为X,结果为Y,目标函数为$f,f(x) \to y$,训练的这个过程就是求函数g,使得$g(x) \to y$,而且要使得函数g尽可能地接近函数f。

例7.2 有一组数据,如表7.1所示。

表7.1 示例数据

x	1	2	3	4	5	6	7	8
y	2	4	6	8	10	12	14	16

其中x为数据集的特征,y为数据集的结果,那么这组数据的目标函数为

$$f(x) = 2x$$

注意:这个目标函数$f(x)$是机器事先并不知道的,此处只是做方便理解过程的辅助,在实际的机器学习中,目标函数一般是无法通过人工计算得到准确的表述的,只能尽量拟合得到一个相似函数。

现在把这个数据集的特征x和结果y送入机器,机器通过算法开始学习,在学习的过程中,每学习一次参数就叫作一次训练。

说明:学习的概念会在后面的章节中介绍。

这组示例数据比较简单,假设学习3次就能达到效果,且它的学习过程如下。

第一次学习得到函数$g(x) = 1*x$。

第二次学习得到函数$g(x) = 1.5*x$。

第三次学习得到函数$g(x) = 1.9*x$。

过程如图7.9所示。

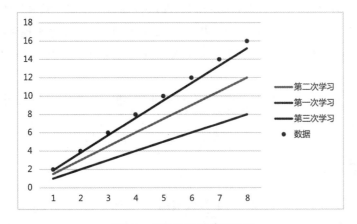

图7.9 示例数据的学习过程

说明：这里为什么说学习得到函数 $g(x) = 1.9 * x$ 就是效果达标了，是因为实际的机器学习中所接触到的数据是很复杂的，目标学习函数也绝不是一个一元一次方程或一元二次方程就能表达的，所以在实际的机器学习中所得到的学习函数也是一个近似函数。切勿认为机器学习能达到百分之百的准确率。

完整的机器学习示例，可以参考4.4节的鸢尾花分类器实例。这个例子代码量很少，但是麻雀虽小五脏俱全，因为这个案例代表性极强，所以被sklearn收录成了第三方库，很多东西都是直接调用函数API就可以实现的，如图7.10所示。

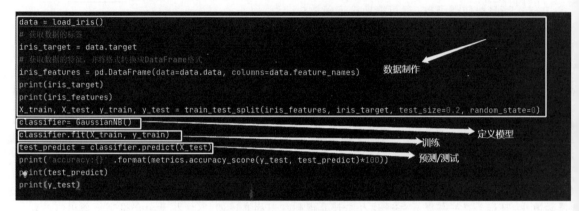

图7.10　鸢尾花案例代码

在这份实例代码中，从上到下被框选出来的部分分别代表机器学习过程中的步骤。

（1）准备数据集，这一部分原理简单，但是代码要稍微烦琐一点。可以看到，在图7.10的实例中，数据制作的这一部分占了一半的代码量，且中间还调用了第三方库函数。如果自己编写这一部分，整个的代码量会非常大。当然实际中很多时候也不需要自己编写这一部分代码，只需要调用函数，按照自己的需求进行设计即可。

（2）选择机器学习算法，或者称为构建模型。在鸢尾花分类中，同样是直接调用sklearn库的朴素贝叶斯算法构建的模型。

（3）机器学习中的模型都会有两个重要的函数，即fit()和predict()，分别代表训练函数和预测函数。前面提到的学习过程，全都封装在fit()这个函数中了，仅需要通过参数传递来控制学习的过程。也就是说，调用这些函数不需要考虑内部的运行。但是如果进行研究学习，研究人员会选择自己编写这一部分。

以上就称为一个机器学习的案例，简洁明了，过程清晰，功能完善。该案例仅作展示，下面将进入本章的核心——机器学习算法。

7.2.2　机器学习算法

机器学习的核心就是算法。机器学习的算法范围很广，种类很多，比较常见的算法有回归算法、聚类算法、SVM、推荐算法等。虽然种类很多，但是这些种类都是根据基础算法扩展而来的。

1. 回归算法

回归算法是一种监督型算法,经常提到的回归问题是指线性回归,旨在通过寻找一根线,使得样本点到这条线的距离之和最小。

在线性回归中,又有两种比较常用的算法:最小二乘法和梯度下降法。

(1)最小二乘法。

最小二乘法是通过最小误差的平方和寻找数据的最佳匹配函数。

最小二乘法算法思想如下,设分类函数为

$$f(x) = a_1\phi_1(x) + a_2\phi_2(x) + \cdots + a_m\phi_m(x)$$

其中$\phi_k(x)$为事先选定的一组线性无关的函数,a_k为待定系数($k = 1, 2, \cdots, m; m < n$)。拟合的准则是使$y_i(i = 1, 2, \cdots, n)$与$f(x_i)$的距离$\delta_i$的平方和最小。

就如图7.3和图7.4所示那样,通过最小二乘法进行拟合,得到一个函数$g(x)$,则图中所有点到函数的距离的平方和最小。

最小二乘法的拟合过程是对函数$y = k \cdot x + b$求参数k和b。过程是先得到样本的平均值$(\overline{x}, \overline{y})$,斜率为$k = \dfrac{\overline{xy} - \overline{x} \cdot \overline{y}}{\overline{x^2} - (\overline{x})^2}$,然后将斜率$k$代入函数即可求得参数$b$。这样就得到一个目标函数。

案例 1 使用代码复现最小二乘法。对于算法类的复现,最直观的方式就是将算法思想的核心公式由数学语言转换成机器语言。

所以,将上面最小二乘法算法思想转换成如下代码。

说明:此处是针对最小二乘法的线性拟合。

```python
import numpy as np
import matplotlib.pyplot as plt
# 样本数据
X = np.array([6.90, 2.21, 7.69, 7.58, 5.75, 2.32, 4.16, 2.53, 9.91, 4.21])
Y = np.array([5.32, 2.11, 6.74, 6.66, 5.67, 4.53, 5.36, 2.25, 10.25, 6.03])
# 定义最小二乘法算法
def lsm(X, Y):
    # 获取样本数据点的均值点
    x_mean = np.mean(X)
    y_mean = np.mean(Y)
    # 计算斜率,直接翻译公式
    xy_mean = np.mean(X*Y)
    x_square_mean = np.mean(np.square(X))
    x_mean_square = np.square(x_mean)
    k = (xy_mean-x_mean*y_mean) / (x_square_mean-x_mean_square)
    b = y_mean - k * x_mean
    return k, b
k, b = lsm(X, Y)
print("k=", k, "b=", b)
print("求解的拟合直线为:")
print("y="+str(round(k, 2))+"x+"+str(round(b, 2)))
# 绘制结果展示
```

```
plt.figure(figsize=(8, 6))
plt.scatter(X, Y, color="green", label="sample data", linewidth=2)
x = np.linspace(0, 12, 100)
y = k * x + b
plt.plot(x, y, color="red", label="fitting line", linewidth=2)
plt.legend(loc='lower right')
plt.show()
```

在此段算法代码中,核心的代码就是函数lsm(),该函数就是对上述最小二乘法算法思想的实现。

在此算法演示中,选用了一组随机数据X和Y代表样本数据,然后通过最小二乘法进行线性拟合,即计算参数k和b。最终得到的效果如图7.11和图7.12所示。

k= 0.7754458375270666 b= 1.3619754693308437
求解的拟合直线为:
y=0.78x+1.36

图7.11　算法运行过程中的关键参数

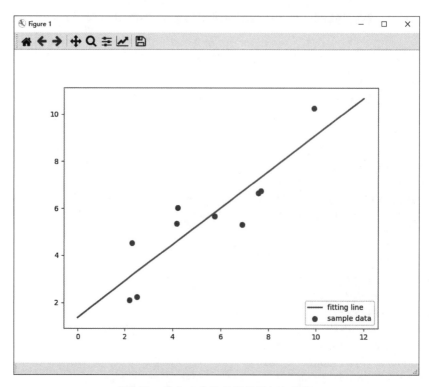

图7.12　最小二乘法示例数据拟合效果

有时通过参数并不能评估效果的好坏,所以通过这种图形化展示,将样本数据点和拟合线绘制出来,就可以发现拟合效果的好坏了。

(2)梯度下降法。

梯度下降法就是利用下山的原理,在下山时,怎样才能最快到达山底呢？答案就是下山的每一步都选择走最陡峭的地方,如图7.13所示。

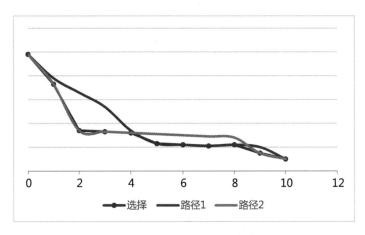

图7.13　下山的原理

在图7.13中,有两条路径,可以发现两条路径的长度不一样。现在需要选择最快的方式从最高点到最低点,那么在这个过程中,每走一步都需要判定两条路径中最小的值,这样最终到达最低点时,总的路径才会是最短的。

这个原理对应到函数中就是找给定点的梯度(微分)。梯度方向就是函数变化最快的方向。

梯度下降是一种迭代法,这在机器学习中是一种优化算法,用于进行学习收敛,它既可以用于求解线性问题,也可以用于求解非线性问题。梯度下降是一个优化算法,对于可微的数量场$f(x,y,z)$,以$(\frac{\partial f}{\partial x},\frac{\partial f}{\partial y},\frac{\partial f}{\partial z})$为分量的向量场称为$f$的梯度。

例如,对于函数$f(x)=x^2$,用梯度下降法求最小值,这个过程如下。

(1)求函数$f(x)=x^2$的微分$f'(x)=2x$。

(2)选定一个步长b。

注意:这里选择的步长b有一定的限制,如果选择的步长b过小,会导致计算过程收敛很慢;如果选择的步长b过大,就不能保证收敛(过拟合)。

(3)计算$f(x)$和$f(x+b)$,每一次计算得到的$f(x+b)<f(x)$,即每次迭代结果都在收敛。

(4)当迭代到某次$f(x)$和$f(x+b)$的差值足够小时,如0.00001,也就是迭代出来的结果基本没有变化了,此时就认为结果达到了局部最小值。

案例2　使用代码复现梯度下降法,代码如下。

```
import matplotlib.pyplot as plt
import numpy as np
# 目标函数
def func(x):
    return x ** 2 + 10
# 目标函数的微分
def grad(x):
    return x * 2
```

```python
def gradient(grad, x=0.1, learning_rate=0.01, precision=0.0001, max_iters=10000):
    """
    :param grad: 目标函数的微分,即梯度
    :param x: 函数中的自变量
    :param learning_rate: 学习率,理解成学习过程中的步长
    :param precision: 精度,当达到该精度时停止迭代
    :param max_iters: 最大学习次数(迭代次数)
    :return:
    """
    x_array = []
    for i in range(max_iters):
        x_array.append(x)
        grad_cur = grad(x)
        if abs(grad_cur) < precision:
            break    # 当梯度趋近于0时,视为收敛
        x = x - grad_cur * learning_rate
        print("第", i, "次迭代。 x值为 ", x, "精度为", grad_cur)
    print("局部最小值 x =", x)
    # 绘制迭代过程
    X = np.linspace(-10, 10, 1000)
    y = [x_**2+10 for x_ in X]
    plt.plot(X, y, 'green')
    y_ = [x_**2+10 for x_ in x_array]
    plt.plot(x_array, y_, 'red')
    plt.show()
    return x
if __name__ == '__main__':
    gradient(grad, x=10, learning_rate=0.2, precision=0.000001, max_iters=10000)
```

该案例是对函数 $y = x^2 + 10$ 进行迭代,求最优解。

(1)定义目标函数。

(2)定义目标函数的导数,即微分。

注意:在此例中,微分函数是根据函数 $y = x^2 + 10$ 求导得到的。如果是将该算法进行实际应用,可以调用第三方库函数定义目标函数的微分,这样就不用每次都手动定义微分函数了。当然此处为了详细地展示流程,采用的是手动定义微分函数。

(3)这一步是该案例的核心,即函数 gradient()部分,是对梯度下降法思想的复现。通过参数学习率、精度来控制迭代如何进行、何时停止。

其中学习率可以理解成学习过程中的步长,在该案例中学习率设置的默认参数为0.01,即如果本次迭代没有达到精度要求,那么下一次迭代就需要从本次位置向下移动1%。

该算法案例的运行结果如图7.14所示。

```
第  0  次迭代。   x值为：      6.0  精度为 20
第  1  次迭代。   x值为：      3.5999999999999996  精度为 12.0
第  2  次迭代。   x值为：      2.1599999999999997  精度为 7.199999999999999
第  3  次迭代。   x值为：      1.2959999999999998  精度为 4.319999999999999
第  4  次迭代。   x值为：      0.7775999999999998  精度为 2.5919999999999996
第  5  次迭代。   x值为：      0.46655999999999986  精度为 1.5551999999999997
第  6  次迭代。   x值为：      0.2799359999999999  精度为 0.9331199999999997
第  7  次迭代。   x值为：      0.16796159999999993  精度为 0.5598719999999998
第  8  次迭代。   x值为：      0.10077695999999996  精度为 0.33592319999999987
第  9  次迭代。   x值为：      0.06046617599999997  精度为 0.20155391999999991
第  10  次迭代。  x值为：      0.036279705599999976  精度为 0.12093235199999994
第  11  次迭代。  x值为：      0.021767823359999987  精度为 0.07255941119999995
第  12  次迭代。  x值为：      0.013060694015999992  精度为 0.043535646719999974
第  13  次迭代。  x值为：      0.007836416409599995  精度为 0.026121388031999985
第  14  次迭代。  x值为：      0.004701849845759997  精度为 0.01567283281919999
第  15  次迭代。  x值为：      0.002821109907455998  精度为 0.009403699691519994
第  16  次迭代。  x值为：      0.0016926659444735988  精度为 0.005642219814911996
第  17  次迭代。  x值为：      0.0010155995666841593  精度为 0.0033853318889471976
第  18  次迭代。  x值为：      0.0006093597400104956  精度为 0.0020311991333683186
第  19  次迭代。  x值为：      0.0003656158440062973  精度为 0.001218719480020991
第  20  次迭代。  x值为：      0.0002193695064037784  精度为 0.0007312316880125946
第  21  次迭代。  x值为：      0.00013162170384226703  精度为 0.0004387390128075568
第  22  次迭代。  x值为：      7.897302230536021e-05  精度为 0.00026324340768453405
第  23  次迭代。  x值为：      4.7383813383216124e-05  精度为 0.00015794604461072043
第  24  次迭代。  x值为：      2.8430288029929674e-05  精度为 9.476762676643225e-05
第  25  次迭代。  x值为：      1.7058172817957805e-05  精度为 5.686057605985935e-05
第  26  次迭代。  x值为：      1.0234903690774682e-05  精度为 3.411634563591561e-05
第  27  次迭代。  x值为：      6.1409422144648085e-06  精度为 2.0469807381549363e-05
第  28  次迭代。  x值为：      3.684565328678885e-06  精度为 1.2281884428929617e-05
第  29  次迭代。  x值为：      2.210739197207331e-06  精度为 7.36913065735777e-06
第  30  次迭代。  x值为：      1.3264435183243986e-06  精度为 4.421478394414662e-06
第  31  次迭代。  x值为：      7.958661109946391e-07  精度为 2.652887036648797e-06
第  32  次迭代。  x值为：      4.775196665967835e-07  精度为 1.5917322219892782e-06
局部最小值 x = 4.775196665967835e-07

Process finished with exit code 0
```

图 7.14　梯度下降法的运行结果

可以发现，在调用该算法时，设置的参数是初始 x 从 10 开始迭代，学习率为 0.2，精度为 0.000001。最终程序经过了 32 次迭代才达到需要的最优解。此时 x 约为 0.0000004775，精度约为 0.00000159。

说明：此处的目标函数是 $y = x^2 + 10$，通过数学思维可以发现，最优值（最小值）是出现在 $x = 0$ 处的，此处程序的运行结果还是稍微有一点点偏差，原因是程序的迭代过程如图 7.15 所示。

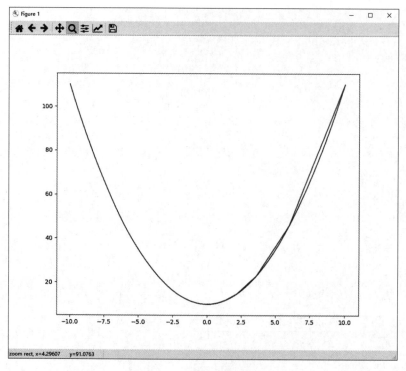

图 7.15　误差来源分析

在图 7.15 中,平滑的线是目标函数本身的图形,几何型的线表示迭代的"下山"过程。在这个案例中,x 从 10 开始迭代,几何线趋势往下,向函数底端开始进行"下山"过程。当达到某个位置时,虽然还没有达到真正意义上的底端,但是由于精度很高了,就可以认为达到了底端,就不再继续往下迭代了。

2. 聚类算法

聚类算法又称为群分析。聚类分析是由若干模式(可以理解为类别)组成的,通常模式是一个度量的向量,或者是多维空间中的一个点。聚类分析以相似性为基础,在一个聚类中的模式之间比不在一个聚类中的模式之间具有更多的相似性。

通俗的理解就是:聚类算法会将所有的数据中相似的数据划分为一类,不相似的数据划分为其他类。如图 7.16 所示的这种情况,聚类算法将相似的数据划分为一类,即将聚集度比较高的数据划分为一类,这样就可以得到 3 个类别(模式)。

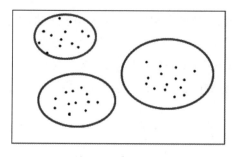

图 7.16　聚类结果

聚类算法的经典代表是K-means算法（K均值算法）。K-means算法接受输入量K，然后将n个数据划分为k个聚类，以使所获得的聚类满足：同一聚类中的对象相似度较高，不同聚类中的对象相似度较低。

K-means算法的工作过程说明如下。

首先从n个数据对象中任意选择k个对象作为初始聚类中心，对于所剩下的其他对象，则根据它们与这些聚类中心的相似度（距离），分别将它们分配给与其最相似的（聚类中心所代表的）聚类。

然后再计算每个新聚类的聚类中心（该聚类中所有对象的均值），不断重复这一过程直到标准测度函数开始收敛为止。

一般都采用均方差作为标准测度函数。k个聚类具有以下特点。

（1）各聚类本身尽可能地紧凑。

（2）各聚类之间尽可能地分开。

结合下面的例子来了解一下K-means算法的工作过程。

例7.3 有一组数据，如表7.2所示，对该组数据进行聚合。

表7.2 示例数据

x	2	3	22	25	6	9	1	3	20	19	23
y	1	4	15	20	6	13	9	2	33	25	36

用散点图展示，如图7.17所示。

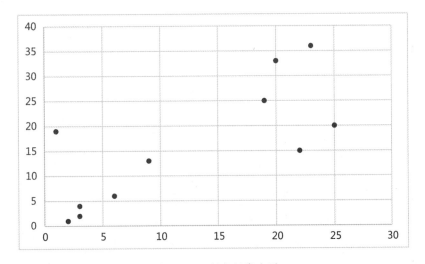

图7.17 示例数据散点图

使用聚类算法的流程如下（假设分为两类，即$k = 2$）。

（1）随机选取两个点作为聚类中心，此处选择前两个点，即A：(2, 1)，B：(3, 4)。

（2）计算每个点到A、B两个点的距离，如果$\mathrm{disA} < \mathrm{disB}$，则划分为A类，否则划分为B类。

（3）计算A、B两类所有点的平均坐标，将这两个平均坐标作为新的聚类中心，重复上述操作。

（4）迭代两次后的结果如表7.3所示。

表7.3　聚类算法迭代结果

x	2	3	22	25	6	9	1	3	20	19	23	聚类中心
y	1	4	15	20	6	13	9	2	33	25	36	
第1次迭代	A	B	B	B	B	B	B	B	B	B	B	A:(1,2) B:(3,4)
第2次迭代	A	A	B	B	A	B	A	A	B	B	B	A:(1,2) B:(13.1,16.3)

（5）当迭代到第i次，第i次的聚类中心相比于第$(i-1)$次的聚类中心不变时，就认为达到了最佳效果。

说明：常见的聚类算法，除了K-means，还有均值漂移聚类、基于密度的聚类、用高斯混合模型（GMM）的最大期望（EM）聚类等。

迭代两次后的结果如图7.18所示。

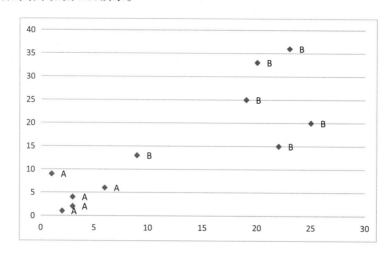

图7.18　迭代两次后的结果

可以发现，示例数据经过两次迭代达到的效果和理想的效果就已经相差不多了。

案例3　用代码复现K-means算法，实现三分类，代码如下。

```python
import matplotlib.pyplot as plt
import numpy as np
# 随机生成一组容量为100的样本数据
X = np.random.randint(1, 50, 100)
Y = np.random.randint(1, 50, 100)
# 记录样本对应位置的类别
classes = np.zeros(100)
# 定义画布，用于展示结果
plt.figure(figsize=(6, 6), dpi=80)
# 画板1,展示样本数据
```

```
plt.figure(1)
plt.scatter(X, Y)
# 计算两点间距
def dis(point_1, point_2):
    distance = np.sqrt(np.square(point_1[0]-point_2[0])+
                       np.square(point_1[1]-point_2[1]))
    return distance
# 定义K-means算法
def k_means(X, Y):
    # 选择样本开头的三个点作为初始聚类中心
    x_1, x_2, x_3 = X[:3]
    y_1, y_2, y_3 = Y[:3]
    print("初始聚类中心:({}, {}), ({}, {}), ({}, {})"
        .format(x_1, y_1, x_2, y_2, x_3, y_3))
    # 迭代
    iterations = 0
    while True:
        # 对每个点进行分类
        for index, x in enumerate(X):
            dis_1 = dis([x, Y[index]], [x_1, y_1])
            dis_2 = dis([x, Y[index]], [x_2, y_2])
            dis_3 = dis([x, Y[index]], [x_3, y_3])
            min_dis = min(dis_1, dis_2, dis_3)
            # 各点离哪个聚类中心的距离dis最小,就将该点分类为该类
            if min_dis == dis_1:
                classes[index] = 1
            elif min_dis == dis_2:
                classes[index] = 2
            else:
                classes[index] = 3
        # 当每个样本点都进行分类后,重新计算每个类别的聚类中心
        x_sum = 0
        y_sum = 0
        index_1 = np.argwhere(classes==1)
        # 保存每次分类结果,用于结果展示
        x_1_array = []
        y_1_array = []
        for i in index_1:
            x_sum += X[i[0]]
            y_sum += Y[i[0]]
            x_1_array.append(X[i[0]])
            y_1_array.append(Y[i[0]])
        last_center_1 = [x_1, y_1]
        x_1 = x_sum / len(index_1)
        y_1 = y_sum / len(index_1)

        x_sum = 0
```

```
        y_sum = 0
        index_2 = np.argwhere(classes==2)
        # 保存每次分类结果,用于结果展示
        x_2_array = []
        y_2_array = []
        for i in index_2:
            x_sum += X[i[0]]
            y_sum += Y[i[0]]
            x_2_array.append(X[i[0]])
            y_2_array.append((Y[i[0]]))
        last_center_2 = [x_2, y_2]
        x_2 = x_sum / len(index_2)
        y_2 = y_sum / len(index_2)
        x_sum = 0
        y_sum = 0
        index_3 = np.argwhere(classes==3)
        # 保存每次分类结果,用于结果展示
        x_3_array = []
        y_3_array = []
        for i in index_3:
            x_sum += X[i[0]]
            y_sum += Y[i[0]]
            x_3_array.append(X[i[0]])
            y_3_array.append(Y[i[0]])
        last_center_3 = [x_3, y_3]
        x_3 = x_sum / len(index_3)
        y_3 = y_sum / len(index_3)
        iterations += 1
        print("第{}次迭代聚类中心:({}, {}), ({}, {}), ({}, {})"
            .format(iterations, x_1, y_1, x_2, y_2, x_3, y_3))
        # 当聚类中心都不再变动时,表示得到最优解
        if dis(last_center_1, [x_1, y_1]) == 0 and dis(last_center_2, [x_2, y_2]) == 0 \
            and dis(last_center_3, [x_3, y_3]) == 0:
            break
        # 绘制分类结果
        plt.figure(iterations+1)
        plt.scatter(x_1_array, y_1_array, c='red')
        plt.scatter(x_2_array, y_2_array, c='green')
        plt.scatter(x_3_array, y_3_array, c='blue')
    plt.show()
    return [x_1, y_1], [x_2, y_2], [x_3, y_3]
if __name__ == '__main__':
    center_1, center_2, center_3 = k_means(X, Y)
    print("最终得到的三个聚类中心为", center_1, center_2, center_3)
```

此处的案例完全按照例7.3的思路进行实现。此案例采用随机生成的数据作为样本,初始样本数据如图7.19所示。

注意：此处是调用随机函数生成的样本数据，如果使用该案例代码，出现样本数据与本内容不一样的情况很正常。

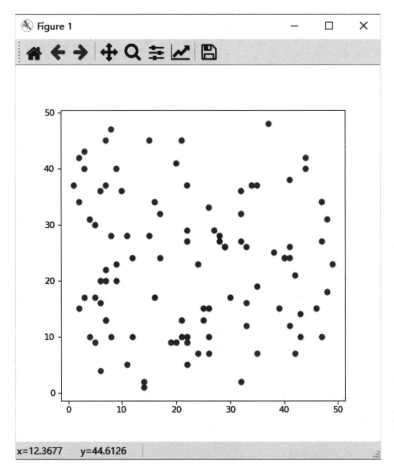

图7.19　初始样本数据

整个迭代过程中的参数如图7.20所示。

图7.20　迭代过程中的参数

可以发现，最终经过5次迭代就完成了聚类。其迭代过程如图7.21~图7.25所示。

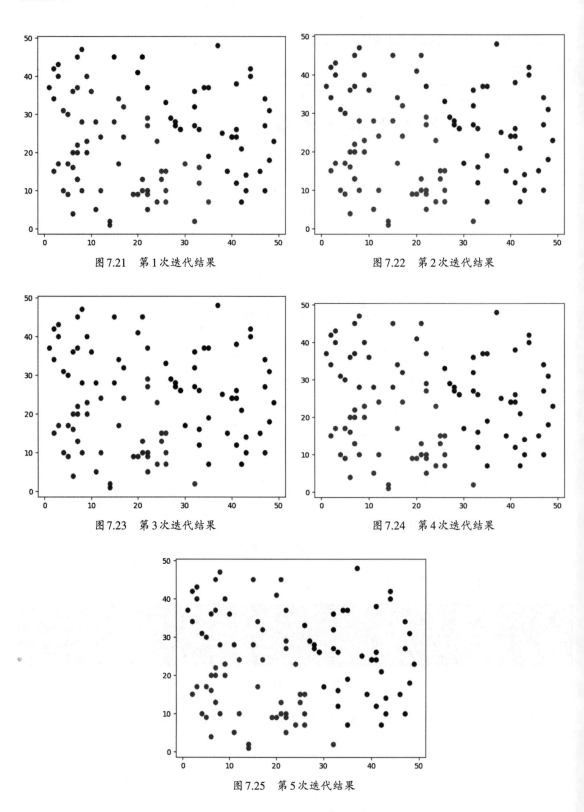

图 7.21   第 1 次迭代结果

图 7.22   第 2 次迭代结果

图 7.23   第 3 次迭代结果

图 7.24   第 4 次迭代结果

图 7.25   第 5 次迭代结果

3. SVM

SVM是支持向量机,是最常见的一种判别方法。在机器学习领域中,它属于有监督的学习模型,通常用来进行模式识别、分类及回归分析。

SVM是一种二分类模型,它是定义在特征空间上的间隔最大的线性分类器,它的学习策略是间隔最大化。

为了理解SVM的工作原理,假设有一组数据,如图7.26所示。

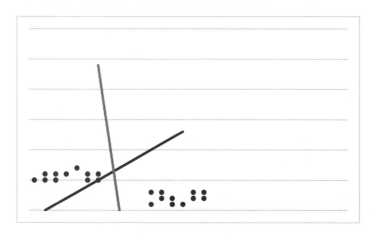

图 7.26　示例数据

可以发现,在这组示例数据中,不止一条线可以分割数据,在这里每条分割线都叫作一个划分超平面。SVM就是从这些分割线中找出效果最好的线,即最大间隔划分超平面。

说明:因为很多时候遇到的样本特征是高维的,那时划分样本空间就不能用线进行划分,需要用一个平面对高维数据进行划分,这类抽象的平面就叫作超平面。

使用SVM的目的就是寻找这些线(超平面)中,可以使两个类别的间隔最大的线(超平面),如图7.27所示。

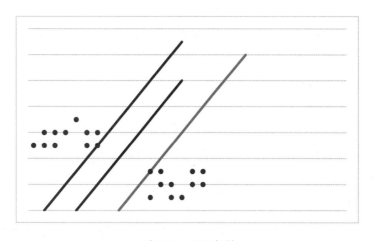

图 7.27　SVM分割

对于任意一条线(超平面),它两侧的数据点距离它的最小距离的和就是间隔。如图7.27所示,中间的线为分割线,两边的线之间的距离就叫作间隔,两边的这两条线由距离中间这条分割线最近的两个点确定。

那么,怎么从无数条分割线中找出最"理想"的分割线呢?这就是间隔的作用,在无数条分割线(超平面)中,采用间隔最大的分割线(超平面)进行分割,即两个类别的点到分割线的距离之和最大,这样对于分割结果,错误率就达到了理论最低,鲁棒性就更好了。

说明:结合图7.27理解,两边的线上的点到中间分割线(划分超平面)的距离都是一样的,实际上只有这几个点共同确定了超平面的位置,因此被称为支持向量,支持向量机也是由此而来的。

其实现代码如下(引用自CSDN博主a_achengsong的复现代码)。

```python
from numpy import *
def loadDataSet(filename): # 读取数据
    dataMat = []
    labelMat = []
    fr = open(filename)
    for line in fr.readlines():
        lineArr = line.strip().split('\t')
        dataMat.append([float(lineArr[0]), float(lineArr[1])])
        labelMat.append(float(lineArr[2]))
    return dataMat, labelMat # 返回数据特征和数据类别
def selectJrand(i, m): # 在0~m中随机选择一个不是i的整数
    j = i
    while (j==i):
        j = int(random.uniform(0, m))
    return j

def clipAlpha(aj, H, L):  # 保证aj在L和H范围内(L <= aj <= H)
    if aj > H:
        aj = H
    if L > aj:
        aj = L
    return aj
def kernelTrans(X, A, kTup): # 核函数,输入参数,X:支持向量的特征树;A:某一行特征数据;
                             # kTup:('lin', k1)核函数的类型和参数
    m, n = shape(X)
    K = mat(zeros((m, 1)))
    if kTup[0] == 'lin': # 线性函数
        K = X * A.T
    elif kTup[0] == 'rbf': # 径向基函数(Radial Basis Function,RBF)
        for j in range(m):
            deltaRow = X[j, :] - A
            K[j] = deltaRow * deltaRow.T
        K = exp(K/(-1*kTup[1]**2)) # 返回生成的结果
    else:
        raise NameError('Houston We Have a Problem -- That Kernel is not recognized')
    return K
```

```python
# 定义类,方便存储数据
class optStruct:
    def __init__(self, dataMatIn, classLabels, C, toler, kTup):  # 存储各类参数
        self.X = dataMatIn   # 数据特征
        self.labelMat = classLabels  # 数据类别
        self.C = C  # 软间隔参数C,参数越大,非线性拟合能力越强
        self.tol = toler  # 停止阈值
        self.m = shape(dataMatIn)[0]  # 数据行数
        self.alphas = mat(zeros((self.m, 1)))
        self.b = 0  # 初始设为0
        self.eCache = mat(zeros((self.m, 2)))  # 缓存
        self.K = mat(zeros((self.m, self.m)))  # 核函数的计算结果
        for i in range(self.m):
            self.K[:, i] = kernelTrans(self.X, self.X[i, :], kTup)
def calcEk(oS, k):  # 计算Ek(参考《统计学习方法》P127公式7.105)
    fXk = float(multiply(oS.alphas, oS.labelMat).T*oS.K[:, k]+oS.b)
    Ek = fXk - float(oS.labelMat[k])
    return Ek
# 随机选取aj,并返回其E值
def selectJ(i, oS, Ei):
    maxK = -1
    maxDeltaE = 0
    Ej = 0
    oS.eCache[i] = [1, Ei]
    validEcacheList = nonzero(oS.eCache[:, 0].A)[0]   # 返回矩阵中的非零位置的行数
    if (len(validEcacheList)) > 1:
        for k in validEcacheList:
            if k == i:
                continue
            Ek = calcEk(oS, k)
            deltaE = abs(Ei-Ek)
            if (deltaE>maxDeltaE):  # 返回步长最大的aj
                maxK = k
                maxDeltaE = deltaE
                Ej = Ek
        return maxK, Ej
    else:
        j = selectJrand(i, oS.m)
        Ej = calcEk(oS, j)
    return j, Ej
def updateEk(oS, k):  # 更新oS数据
    Ek = calcEk(oS, k)
    oS.eCache[k] = [1, Ek]
# 首先检验ai是否满足KKT条件,如果不满足,随机选择aj进行优化,更新ai,aj,b值
def innerL(i, oS):  # 输入参数i和所有参数数据
    Ei = calcEk(oS, i)  # 计算E值
    if ((oS.labelMat[i]*Ei<-oS.tol) and (oS.alphas[i]<oS.C)) or ((oS.labelMat[i]*Ei>
            oS.tol) and (oS.alphas[i]>0)):
        # 检验这行数据是否符合KKT条件(参考《统计学习方法》P128公式7.111~公式7.113)
```

```
            j, Ej = selectJ(i, oS, Ei) # 随机选取aj,并返回其E值
            alphaIold = oS.alphas[i].copy()
            alphaJold = oS.alphas[j].copy()
            if (oS.labelMat[i]!=oS.labelMat[j]): # 以下代码的公式参考《统计学习方法》P126
                L = max(0, oS.alphas[j]-oS.alphas[i])
                H = min(oS.C, oS.C+oS.alphas[j]-oS.alphas[i])
            else:
                L = max(0, oS.alphas[j]+oS.alphas[i]-oS.C)
                H = min(oS.C, oS.alphas[j]+oS.alphas[i])
            if L == H:
                print("L==H")
                return 0
            eta = 2.0 * oS.K[i, j] - oS.K[i, i] - oS.K[j, j]
                                            # 参考《统计学习方法》P127公式7.107
            if eta >= 0:
                print("eta>=0")
                return 0
            oS.alphas[j] -= oS.labelMat[j] * (Ei-Ej) / eta
                                            # 参考《统计学习方法》P127公式7.106
            oS.alphas[j] = clipAlpha(oS.alphas[j], H, L) # 参考《统计学习方法》P127公式7.108
            updateEk(oS, j)
            if (abs(oS.alphas[j]-alphaJold)<oS.tol):    # alphas变化大小阈值(自己设定)
                print("j not moving enough")
                return 0
            oS.alphas[i] += oS.labelMat[j] * oS.labelMat[i] * (alphaJold-oS.alphas[j])
                                            # 参考《统计学习方法》P127公式7.109
            updateEk(oS, i) # 更新数据
            # 以下求解b的过程,参考《统计学习方法》P129公式7.114~公式7.116
            b1 = oS.b - Ei- oS.labelMat[i] * (oS.alphas[i]-alphaIold) * oS.K[i, i] -
                oS.labelMat[j] * (oS.alphas[j]-alphaJold) * oS.K[i, j]
            b2 = oS.b - Ej- oS.labelMat[i] * (oS.alphas[i]-alphaIold) * oS.K[i, j] -
                oS.labelMat[j] * (oS.alphas[j]-alphaJold) * oS.K[j, j]
            if (0<oS.alphas[i]<oS.C):
                oS.b = b1
            elif (0<oS.alphas[j]<oS.C):
                oS.b = b2
            else:
                oS.b = (b1+b2) / 2.0
            return 1
        else:
            return 0
# SMO函数,用于快速求解出alphas
def smoP(dataMatIn, classLabels, C, toler, maxIter, kTup=('lin', 0)):
            # 输入参数:数据特征,数据类别,参数C,阈值toler,最大迭代次数,核函数(默认线性核)
    oS = optStruct(mat(dataMatIn), mat(classLabels).transpose(), C, toler, kTup)
    iter = 0
    entireSet = True
    alphaPairsChanged = 0
    while (iter<maxIter) and ((alphaPairsChanged>0) or (entireSet)):
```

```
            alphaPairsChanged = 0
        if entireSet:
            for i in range(oS.m): # 遍历所有数据
                alphaPairsChanged += innerL(i, oS)
                print("fullSet, iter: %d i:%d, pairs changed %d" % (iter, i,
                    alphaPairsChanged))
                        # 显示信息:第几次迭代,哪行的特征数据使alphas发生了改变,alphas改变了多少
            iter += 1
        else:
            nonBoundIs = nonzero((oS.alphas.A>0) * (oS.alphas.A<C))[0]
            for i in nonBoundIs: # 遍历非边界的数据
                alphaPairsChanged += innerL(i, oS)
                print("non-bound, iter: %d i:%d, pairs changed %d" % (iter, i,
                    alphaPairsChanged))
            iter += 1
        if entireSet:
            entireSet = False
        elif (alphaPairsChanged==0):
            entireSet = True
        print("iteration number: %d" % iter)
    return oS.b, oS.alphas
def testRbf(data_train, data_test):
    dataArr, labelArr = loadDataSet(data_train)      # 读取训练数据
    b, alphas = smoP(dataArr, labelArr, 200, 0.0001, 10000, ('rbf', 1.3))
                                        # 通过SMO算法得到b和alphas
    datMat = mat(dataArr)
    labelMat = mat(labelArr).transpose()
    svInd = nonzero(alphas)[0]  # 选取不为0数据的行数(也就是支持向量)
    sVs = datMat[svInd] # 支持向量的特征数据
    labelSV = labelMat[svInd] # 支持向量的类别(1或-1)
    print("there are %d Support Vectors" % shape(sVs)[0]) # 打印出共有多少支持向量
    m, n = shape(datMat) # 训练数据的行列数
    errorCount = 0
    for i in range(m):
        kernelEval = kernelTrans(sVs, datMat[i, :], ('rbf', 1.3))
                                        # 将支持向量转化为核函数
        predict = kernelEval.T * multiply(labelSV, alphas[svInd]) + b
                # 这一行的预测结果(代码来源于《统计学习方法》P133里面最后用于预测的公式)。
                # 注意,最后确定的分离平面只由那些支持向量决定
        if sign(predict) != sign(labelArr[i]):
                                    # sign函数 -1 if x < 0, 0 if x == 0, 1 if x > 0
            errorCount += 1
    print("the training error rate is: %f" % (float(errorCount)/m)) # 打印出错误率
    dataArr_test, labelArr_test = loadDataSet(data_test) # 读取测试数据
    errorCount_test = 0
    datMat_test = mat(dataArr_test)
    labelMat = mat(labelArr_test).transpose()
    m, n = shape(datMat_test)
    for i in range(m): # 在测试数据上检验错误率
```

```
        kernelEval = kernelTrans(sVs, datMat_test[i, :], ('rbf', 1.3))
        predict = kernelEval.T * multiply(labelSV, alphas[svInd]) + b
        if sign(predict) != sign(labelArr_test[i]):
            errorCount_test += 1
    print("the test error rate is: %f" % (float(errorCount_test)/m))
def main():
    filename_traindata = 'traindata.txt'
    filename_testdata = 'testdata.txt'
    testRbf(filename_traindata, filename_testdata)
if __name__ == '__main__':
    main()
```

4. 推荐算法*

推荐算法比较好理解，就是推测别人可能感兴趣的点。

目前有多种推荐算法，比较常见的是协同过滤算法。协同过滤算法通过对用户的历史行为数据进行挖掘，以发现用户的喜好。协同过滤算法可以分为两类，一类是基于用户的协同过滤算法，另一类是基于物品的协同过滤算法。

基于用户的协同过滤算法主要是通过用户的历史行为数据发现用户对事物的喜爱程度，然后根据不同用户对相同事物的喜爱程度计算用户之间的关系，在同喜好群体之间进行推荐。

基于物品的协同过滤算法与基于用户的协同过滤算法类似，通过计算不同用户对不同物品的评分获得物品之间的关系，然后根据物品之间的关系对用户进行相似物品的推荐。

在协同过滤算法中，有一个比较重要的点，就是相似度计算，如何判断物品或用户之间的关系呢？就是通过计算相似度，通过相似度衡量两者之间的关系。相似度计算一般有3种方式。

（1）欧几里得距离：

$$d(x, y) = \sqrt{\sum (x_i - y_i)^2}$$

（2）皮尔逊相关系数：

$$P(x, y) = \frac{E[(X - \mu x)(Y - \mu y)]}{\sigma x \sigma y} = \frac{E(XY) - E(X)E(Y)}{\sqrt{E(X^2) - E^2(X)} \sqrt{E(Y^2) - E^2(Y)}}$$

（3）Cosine 相似度：

$$c(X, Y) = \frac{X \cdot Y}{|X| \cdot |Y|} = \frac{\sum_{i=1}^{n} X_i Y_i}{\sqrt{\sum_{i=1}^{n} X_i^2} \sqrt{\sum_{i=1}^{n} Y_i^2}}$$

7.2.3　一个完整的机器学习

在明白了机器学习的原理及算法后，还要明白一件事，就是怎样才算是一个完整的机器学习，或者说一个机器学习怎样得到模型。

先看一个功能完备的机器学习项目应该是怎样的流程结构，如图7.28所示。

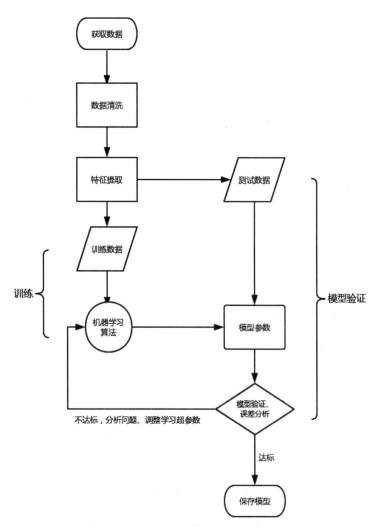

图 7.28　机器学习的流程结构

一个完整的机器学习是从获取数据开始的,然后就需遵循如下流程。

(1)数据清洗(说明:进行这一步的目的是过滤掉无效数据、杂质数据等无关数据)。

(2)特征提取(说明:这一步并不是必需的,有些时候得到的原始数据集就可以直接表示特征)。

(3)将数据集切分为两部分:训练数据集和验证数据集(一般的切割比例是8:2)。

(4)选定机器学习算法,这一步需要结合自身的应用场景、特征来综合分析,选取合适的机器学习算法对训练数据集进行训练。

(5)将训练出的模型用在验证数据集上进行验证,如果不达标,则分析问题、调整相应的算法学习超参数或添加数据再次进行训练;如果达标,就保存模型。

在验证模型时,有两种常用的验证方式:RMSE 验证和交叉验证。

7.3 深度学习

深度学习属于机器学习的一个分支,这里之所以单独用一节来讲深度学习,是因为现在深度学习的发展很迅速,而且很多应用,如图像识别、自然语言处理、人机博弈等都用到了深度学习,它虽然是机器学习的一个分支,但是发展前景仍然是巨大的。

7.3.1 了解深度学习

深度学习是一种模仿人脑的学习,它起源于人工神经网络的研究,通过组合低层特征形成更加抽象的高层表示属性类别或特征,以发现数据的分布式特征表示。

深度学习的发展历经了感知器、多层感知器、BP算法、深度学习几个阶段。

(1)感知器。

感知器在1957年提出,它的模型结构如图7.29所示。

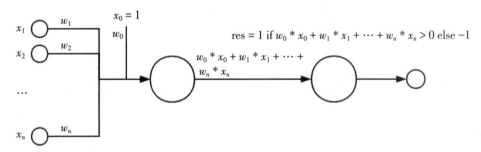

图 7.29　感知器的模型结构

感知器的结构和原理比较简单,是将输入的特征向量 $X = (x_1, x_2, \cdots, x_n)$ 通过权重 $W = (w_1, w_2, \cdots, w_n)$ 计算得到的。

$$\text{feature} = \sum_i^n w_i x_i$$

进行分类,将feature > 0的结果分类为1,否则分类为-1。

注意:这种结构也有一个很明显的缺点,就是它只能用于线性可分的数据集。

(2)多层感知器。

多层感知器的出现是为了弥补第一阶段感知器的不足,它通过在单层感知器的输入层和输出层中间加入隐藏层,构成多层感知器,如图7.30所示。

说明:相比于单层感知器,多层感知器能够处理非线性的规划问题。

多层感知器模型就是初代深度学习模型。这种结构实现了

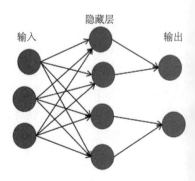

图 7.30　多层感知器的模型结构

特征变换,将样本在原空间的特征变换到另一个空间,从而使分类更容易。

(3)BP算法。

BP算法于1974年提出,其算法思想是:学习过程是由信号正向传播和误差反向传播两部分组成的。

信号正向传播时,样本从输入层传入,经过各隐藏层的处理后,由输出层输出。如果输出层的输出与期望值(导师信号)不符合,就转入误差反向传播阶段。

误差反向传播是将输出误差以某种形式通过隐藏层向输入层逐层反传,并且将误差分摊给各层结点,获得各层结点的误差信号,这个误差信号就作为修正各结点权值的依据。

信号正向传播和误差反向传播的各层权值调整过程,是周而复始地进行的。权值不断调整的过程,也就是网络的学习训练过程。此过程一直进行到网络输出的误差减少到可接受的程度,或者进行到预先设定的学习次数为止。

BP算法的流程如图7.31所示。

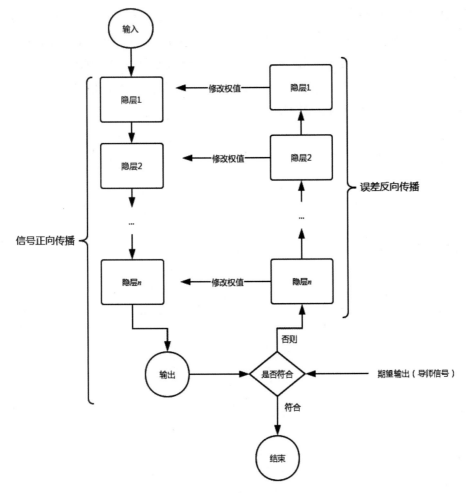

图7.31　BP算法的流程

（4）深度学习。

2006年，加拿大多伦多大学教授Geoffrey Hinton对深度学习的提出及模型训练方法的改进打破了BP神经网络发展的瓶颈。自此以后，深度学习进入了快速发展的阶段，逐渐发展起来的有CNN（卷积神经网络）、RNN（循环神经网络）、递归神经网络、LSTM（长短时记忆）等算法，这些算法推动了深度学习的快速发展。

深度学习相比于传统的机器学习，它强调了模型结构的深度，明确了特征学习的重要性。通过逐层的特征变换，将样本在原空间的特征变换到另一个空间，从而使分类或预测更容易。

现如今，深度学习发展及应用最好的几个方向如下。

（1）自然语言处理（NLP）：包括语音识别、知识图谱、信息抽取、情感分析等。

（2）图像领域：包括人脸识别、车牌识别、OCR、目标检测等。

7.3.2　深度学习原理

在了解深度学习原理前需要知道一个概念——激活函数。在多层神经网络中，上层结点的输出和下层结点的输入之间具有一个函数关系，这个函数称为激活函数。激活函数对学习神经网络、理解非线性函数来说具有十分重要的作用，可以增加网络模型的非线性。如果不用激活函数，那么网络就和7.3.1小节说的感知器无区别，它每一层的输出都是输入的线性组合。现在研究神经网络的激活函数有Sigmoid函数、tanh函数、ReLU函数等。

1. 激活函数

（1）Sigmoid函数。

Sigmoid函数的数学形式为

$$f(x) = \frac{1}{1 + e^{-x}}$$

其函数图像如图7.32所示。

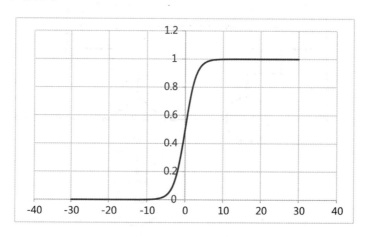

图 7.32　Sigmoid 函数图像

Sigmoid 函数的作用是将输入值变换为 0 到 1 之间的输出,不过由于该激活函数在反向传递时容易梯度消失,所以近几年用的人越来越少了。

说明:Sigmoid 函数的导数取值范围为 $(0, 0.25)$,梯度从后向前传播时,每传递一层,梯度值都会减小为原来的 25%,如果神经网络隐藏层特别多,那么梯度在穿过多层后将变得非常小,接近于 0,即出现梯度消失现象。

(2)tanh 函数。

tanh 函数的数学形式为

$$\tanh(x) = \frac{e^x - e^{-x}}{e^x + e^{-x}}$$

其函数图像如图 7.33 所示。

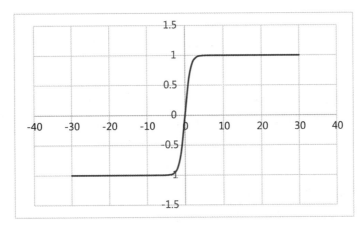

图 7.33　tanh 函数图像

tanh 函数的输出范围为 $(-1, 1)$,它解决了 Sigmoid 函数的非零均值问题。

tanh 函数的导数取值范围为 $(0, 1)$,相比于 Sigmoid 函数,它能够缓解梯度消失问题。

梯度消失的说明:设激活函数为 $f(x)$,w_i 为第 i 层的权重,b_i 为第 i 层的偏置,则传播的过程就是 $f_{i+1} = f(f_i \cdot w_{i+1} + b_{i+1})$ 这样,根据梯度下降原理可进行如下计算。

$$\frac{\partial L}{\partial w_1} = \frac{\partial L}{\partial f_4} \cdot \frac{\partial f_4}{\partial f_3} \cdot \frac{\partial f_3}{\partial f_2} \cdot \frac{\partial f_2}{\partial f_1} \cdot \frac{\partial f_1}{\partial w_1}$$

$$= \frac{\partial L}{\partial f_4} \cdot \frac{\partial f}{\partial (f_3 w_4)} \cdot \frac{\partial f}{\partial (f_2 w_3)} \cdot \frac{\partial f}{\partial (f_1 w_2)} \cdot \frac{\partial f}{\partial (w_1 x)} \cdot w_4 \cdot w_3 \cdot w_2 \cdot x$$

这样就比较容易发现,梯度下降在数学的形式上可以理解成多个激活函数偏导数的连乘,与多个权重参数的连乘。如果激活函数求导后与权重相乘的积大于 1,那么随着层数的增多,求出的梯度更新信息将会以指数形式增加,即发生梯度爆炸;如果此部分小于 1,那么随着层数的增多,求出的梯度更新信息将会以指数形式衰减,即发生梯度消失。

(3)ReLU 函数。

ReLU 函数的数学形式为

$$\text{Relu} = \max(0, x)$$

其函数图像如图7.34所示。

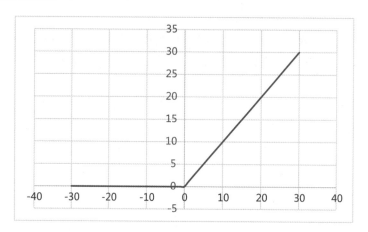

图 7.34　ReLU 函数图像

ReLU 函数的导数在 $x < 0$ 时为 0，$x > 0$ 时为 1。在 $x > 0$ 的情况下，导数恒为常数 1，这样在传播的过程中就不会出现梯度消失现象。ReLU 函数将 $x < 0$ 的输出置为 0，就是一个去噪声、稀疏矩阵的过程。而且在训练过程中，这种稀疏性是动态调节的，网络会自动调整稀疏比例，保证矩阵有最优的有效特征。

2. 神经元

了解了激活函数，就需要明白如何构建神经元。神经网络由很多神经元组成，就像人的大脑一样，单个神经元的结构如图7.35所示。

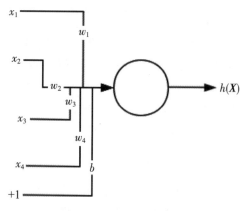

图 7.35　单个神经元的结构

单个神经元的计算公式为

$$h(\boldsymbol{X}) = f(\boldsymbol{W}^{\mathrm{T}} \boldsymbol{X}) = f\left(\sum_{i=1}^{4} W_i X_i + b_i\right)$$

其中 f 为激活函数，W_i 为权重，b_i 为偏置。对于单个神经元，它的工作原理如图7.35所示。

3. 神经网络

将多个神经元构成一个网络层,多个网络层就可以构成一个神经网络,如图7.36所示。

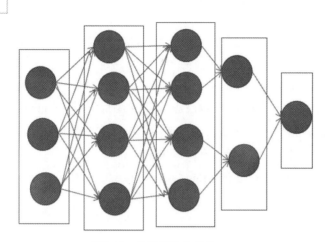

图7.36　神经网络的结构

图7.36中的一个小圆就表示一个神经元,矩形框选出来的部分就是由多个神经元组成的一个网络层,多个网络层再组成一个神经网络。

网络层分为输入层、隐藏层、输出层三种类型。输入层负责接收输入的数据;隐藏层负责对输入的数据进行相应的计算;输出层负责返回输出的数据。

在图7.36中,第一层是输入层,最后一层是输出层,中间有三个隐藏层。

注意:在深度学习中,主要的难点就是确定隐藏层的层数及每一个隐藏层的神经元数量,也就是设计网络结构。

4. 损失函数

损失函数是用来控制模型的预测值和真实值差距的,损失函数在深度学习中十分重要,如果说深度学习有一个好的网络是支撑,那么损失函数就是做这些支撑之间的缝隙衔接的,它使深度学习搭起来的这个框架"更稳定"。同一个网络模型,使用的损失函数不同,性能也不同。

损失函数在深度学习中的作用是通过对样本的真实值和预测值的误差进行误差反向传播,从而更新网络结构中的参数(各神经元的权重)。通过这样对误差的分散学习,能够使模型进行收敛,降低模型预测值的误差。

例7.4　有一个线性函数(假设这是一个神经网络)和一组训练数据(表7.4)。

表7.4　训练数据

x	1	2	3
y	2.2	4.2	6.2

假设现在通过一次信号正向传播(训练)得到的模型为 $y = x$,这时模型的参数为 $k = 1, b = 0$,发现用函数 $y = x$ 得到的预测值 y' 和真实值 y 的误差比较大,这时进行误差反向传播,调整参数 k 和 b

的值。

假设通过一次误差反向传播，再进行一次信号正向传播（训练），参数更新为$k = 2, b = 0$，这时得到的模型为$y = 2x$，得到的预测值y'和真实值y仍然存在误差，然后再进行误差反向传播，调整参数k和b。

最终得到参数$k = 2, b = 0.2$，这时得到的模型$y = 2x + 0.2$的预测值y'和真实值y一样了。至此，完成训练，得到了目标模型$y = 2x + 0.2$。

损失函数在上面这个例子中的作用就是计算预测值y'和真实值y的误差，从而对误差反向传播的参数更新提供支持。可以形象地将它理解成一个"质检员"，一个好的"质检员"可以严格把控，保证产出的"产品"拥有较高的合格率，不靠谱的"质检员"就很容易导致产出的"产品"也不靠谱。

现在深度学习中常用到的损失函数有以下几种。

（1）分类的损失函数：0-1loss、交叉熵loss、softmax loss、ramp loss、hinge loss、KL散度等。

（2）回归的损失函数：L1 loss、L2 loss、perceptual loss等。

5. 优化器

在深度学习神经网络中，还有一个比较重要的东西：优化器。损失函数负责反向传播，优化器负责正向传播过程的参数更新，它们负责一正一反。优化器就是决定"下山"过程中的策略，从而以最快速度到达"山底"。

优化器就是通过控制策略，使学习过程快速收敛，逼近最优值，从而最小化损失函数。

现在优化器的策略有以下几种。

（1）梯度下降法：这是最基本的一类优化器，目前主要分为3种，即标准梯度下降法、随机梯度下降法和批量梯度下降法。

（2）动量优化法：其作用是加速梯度下降。

（3）自适应学习率优化算法：这类算法通过自适应调整学习率来提高网络的学习效率，目前主要有AdaGrad算法、RMSProp算法、Adam算法和AdaDelta算法。

很多深度学习模型都比较倾向于Adam和RMSProp两种算法的优化器。其中采用Adam算法的优化器具备：计算效率高，对内存的需求少；参数更新不受梯度影响；超参数通常很少需要调整；适用于大规模数据和参数的场景等优点。这也使Adam算法成为现在主流的优化算法。

说明：由于优化器这一块的理论很多，很多场景应用时仍需结合理论来选择合适的优化器算法。比如Adam算法虽然是主流的优化算法，但是它在语义分析中仍然存在问题，如收敛过程很慢或不收敛。所以，主流并不意味着可以通用。

7.3.3　一个完整的神经网络

了解了神经网络的原理和组件后，就可以动手构建一个神经网络了。怎么构建一个深度学习神经网络呢？请参考流程结构，如图7.37所示。

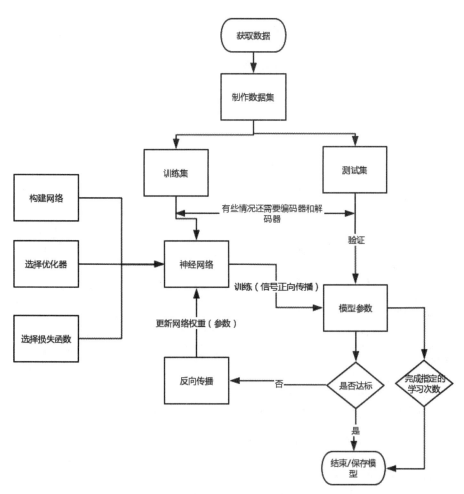

图 7.37　深度学习的流程结构

这就是一个深度学习的完整流程结构。

（1）只要是机器学习领域中的东西，都离不开数据，所以第一步肯定是获取数据。

（2）深度学习相比于普通机器学习，对数据的规范性要求比较高，所以第（2）步就是制作数据集。在主流的深度学习框架中，有数据加载器，制作数据的标准按照数据加载器的格式进行制作。

说明：有时一些特殊的数据并不一定能制作成标准的数据集格式，这时就需要自己动手编写数据加载器（DataLoader）。

（3）搭建神经网络，这一步分为几部分：构建网络结构、选择优化器、选择损失函数、设置超参数。

（4）训练，该步骤需要自己编写适合自己设计的神经网络的逻辑代码，在代码执行过程中不停地对参数进行更新。

（5）验证，即通过损失函数进行反向传播更新网络参数。如果达标就结束流程，保存模型。否则，一直重复训练反向传播这一过程，直到完成指定的学习次数为止。

7.3.4 实现一个深度学习神经网络——ResNet

在深度学习中有一个常见的案例：ResNet，它是和贝叶斯分类器作用一样的分类器，只不过是采用深度学习的方式。请通过下面的示例代码理解如何实现一个深度学习的分类器。

注意：该示例代码是从工程用代码中直接剥离出来的，所以里面涉及了较多 PyTorch 的知识，感兴趣的读者请自行查询官方 API。

完整代码如下。

```python
import torch
from torchvision import datasets, models, transforms
import torch.nn as nn
import torch.optim as optim
from torch.utils.data import DataLoader
import time
from torchvision import transforms
import numpy as np
import matplotlib.pyplot as plt
import os
def main(num_classes, batch_size=128, num_epochs=150):
    # 数据增强
    image_transforms = {
        'train': transforms.Compose([
            transforms.RandomResizedCrop(size=256, scale=(0.8, 1.0)),
            transforms.RandomRotation(degrees=15),
            transforms.RandomHorizontalFlip(),
            transforms.CenterCrop(size=224),
            transforms.ToTensor(),
            transforms.Normalize([0.485, 0.456, 0.406],
                                 [0.229, 0.224, 0.225])
        ]),
        'valid': transforms.Compose([
            transforms.Resize(size=256),
            transforms.CenterCrop(size=224),
            transforms.ToTensor(),
            transforms.Normalize([0.485, 0.456, 0.406],
                                 [0.229, 0.224, 0.225])
        ])
    }
    # 加载数据——此处需要修改为自己的数据集地址
    dataset = './datasets'
    train_directory = os.path.join(dataset, 'train')
    valid_directory = os.path.join(dataset, 'valid')
    data = {
        'train': datasets.ImageFolder(root=train_directory, transform=
                                      image_transforms['train']),
        'valid': datasets.ImageFolder(root=valid_directory, transform=
                                      image_transforms['valid'])
```

```
}
train_data_size = len(data['train'])
valid_data_size = len(data['valid'])
train_data = DataLoader(data['train'], batch_size=batch_size, shuffle=True)
valid_data = DataLoader(data['valid'], batch_size=batch_size, shuffle=True)
# 使用ResNet-50的预训练模型,定义自己的模型输出层
resnet50 = models.resnet50(pretrained=True)
for param in resnet50.parameters():
    param.requires_grad = False
fc_inputs = resnet50.fc.in_features
resnet50.fc = nn.Sequential(
    nn.Linear(fc_inputs, 256),
    nn.ReLU(),
    nn.Dropout(0.4),
    nn.Linear(256, num_classes),
    nn.LogSoftmax(dim=1)
)
# 将模型加载到GPU
resnet50 = resnet50.to('cuda:0')
# 定义损失函数和优化器
loss_func = nn.NLLLoss()
optimizer = optim.Adam(resnet50.parameters())
# 训练与验证(计算损失、准确率)
def train_and_valid(model, loss_function, optimizer, epochs=25):
    device = torch.device("cuda:0" if torch.cuda.is_available() else "cpu")
    print(device)
    history = []
    best_acc = 0.0
    best_epoch = 0

    # 开始训练
    for epoch in range(epochs):
        epoch_start = time.time()
        print("Epoch: {}/{}".format(epoch+1, epochs))
        model.train()
        # 每次训练开始前初始化参数
        train_loss = 0.0
        train_acc = 0.0
        valid_loss = 0.0
        valid_acc = 0.0
        for i, (inputs, labels) in enumerate(train_data):
            # 将数据集加载到GPU
            inputs = inputs.to(device)
            labels = labels.to(device)
            # 因为这里梯度是累加的,所以每次记得清零
            optimizer.zero_grad()
            outputs = model(inputs)
            # 损失
            loss = loss_function(outputs, labels)
```

```python
            # 前向传播
            loss.backward()
            optimizer.step()
            train_loss += loss.item() * inputs.size(0)
            ret, predictions = torch.max(outputs.data, 1)
            correct_counts = predictions.eq(labels.data.view_as(predictions))
            # 准确率
            acc = torch.mean(correct_counts.type(torch.FloatTensor))
            train_acc += acc.item() * inputs.size(0)
    # 使用验证集开始验证
    with torch.no_grad():
        model.eval()
        for j, (inputs, labels) in enumerate(valid_data):
            inputs = inputs.to(device)
            labels = labels.to(device)
            outputs = model(inputs)
            # 损失
            loss = loss_function(outputs, labels)
            valid_loss += loss.item() * inputs.size(0)
            ret, predictions = torch.max(outputs.data, 1)
            correct_counts = predictions.eq(labels.data.view_as(predictions))
            # 准确率
            acc = torch.mean(correct_counts.type(torch.FloatTensor))
            # 验证集总的准确率
            valid_acc += acc.item() * inputs.size(0)

    avg_train_loss = train_loss / train_data_size
    avg_train_acc = train_acc / train_data_size
    avg_valid_loss = valid_loss / valid_data_size
    avg_valid_acc = valid_acc / valid_data_size
    # 保存训练和验证的参数
    history.append([avg_train_loss, avg_valid_loss,
                    avg_train_acc, avg_valid_acc])
    if best_acc < avg_valid_acc:
        best_acc = avg_valid_acc
        best_epoch = epoch + 1
    epoch_end = time.time()
    print(
        "Epoch: {:03d}, Training: Loss: {:.4f}, Accuracy: {:.4f}%,
            \t\tValidation: Loss: {:.4f}, Accuracy: {"
        ":.4f}%, Time: {:.4f}s".format(
            epoch+1, avg_valid_loss, avg_train_acc*100, avg_valid_loss,
            avg_valid_acc*100, epoch_end-epoch_start
        ))
    print("Best Accuracy for validation : {:.4f} at epoch {:03d}".format
        (best_acc, best_epoch))
    # 保存模型
    torch.save(model, 'models/'+dataset+'_model_'+str(epoch+1)+'.pt')
return model, history
```

```
# 保存最优模型
trained_model, history = train_and_valid(resnet50, loss_func,
                                         optimizer, num_epochs)
torch.save(trained_model.state_dict(), '../memory/classifier_models/target.pkl')
# 绘制训练过程的参数图
history = np.array(history)
plt.plot(history[:, 0:2])
plt.legend(['Tr Loss', 'Val Loss'])
plt.xlabel('Epoch Number')
plt.ylabel('Loss')
plt.ylim(0, 1)
plt.savefig(dataset+'_loss_curve.png')
plt.show()
plt.plot(history[:, 2:4])
plt.legend(['Tr Accuracy', 'Val Accuracy'])
plt.xlabel('Epoch Number')
plt.ylabel('Accuracy')
plt.ylim(0, 1)
plt.savefig(dataset+'_accuracy_curve.png')
plt.show()
```

7.4 小结

本章的主要目的是熟悉机器学习的流程,要明白如何构建一个功能完善的机器学习项目。重中之重是要熟悉机器学习的核心算法,明白机器学习的核心是如何进行工作的。其中回归算法、聚类算法、SVM、推荐算法,这些可以称为机器学习的基石,而且它们是根据贝叶斯思想变化而来的。

现在社会已经进入人工智能2.0时代,往后科技社会将会继续革新,随着人工智能的发展和普及,这些基础的内容更应被大众熟知。

后续章节的实例将会涉及机器学习、深度学习的概念,并且会构建完整的案例,所以本章内容很重要。

说明:人工智能的板块很大,大家在步入这个领域时千万不要迷了眼,选定一个方向进行研究即可。该领域需要的是精而专,不是广而不精。

回顾本章的重点:机器学习是通过算法逻辑,采用让机器能够明白的方式构建一个模仿人类智慧的学习过程,整个过程的核心是算法,支柱是结构(框架)。

机器学习的基础算法如下。

(1)回归算法:旨在通过寻找一根线,使得样本点到这条线的距离之和最小。代表是最小二乘法和梯度下降法。

(2)聚类算法:将所有的数据中相似的数据划分为一类,不相似的数据划分为其他类。代表是K-means算法。

（3）SVM：支持向量机，一种二分类模型，它是定义在特征空间上的间隔最大的线性分类器，它的学习策略是间隔最大化。

（4）推荐算法：通过协同过滤算法进行特征匹配。需要熟悉以下几个公式。

欧几里得距离：

$$d(x,y) = \sqrt{\sum (x_i - y_i)^2}$$

皮尔逊相关系数：

$$P(x,y) = \frac{E[(X - \mu x)(Y - \mu y)]}{\sigma x \sigma y} = \frac{E(XY) - E(X)E(Y)}{\sqrt{E(X^2) - E^2(X)} \sqrt{E(Y^2) - E^2(Y)}}$$

Cosine相似度：

$$c(X,Y) = \frac{X \cdot Y}{|X| \cdot |Y|} = \frac{\sum_{i=1}^{n} X_i Y_i}{\sqrt{\sum_{i=1}^{n} X_i^2} \sqrt{\sum_{i=1}^{n} Y_i^2}}$$

第 8 章

贝叶斯网络

★本章导读★

第7章介绍了机器学习和当前机器学习最火的一个分支——深度学习，那么这些和贝叶斯思想有何关系呢？这就是本章要解决的。

在前面的章节中，不论是分类器还是随机场，对贝叶斯定理的应用效果都很好，既然是这么好的定理，那自然也躲不掉前辈们对它在深度学习方向的发展研究。

万事皆可数学化，既然能够数学化，那么就可以采用贝叶斯思想来处理问题。这就是为什么有句话叫作"科学的尽头是数学"。

★知识要点★

- 贝叶斯网络的概念。
- 贝叶斯网络的结构。
- 贝叶斯网络的应用。

说明：本章所讲的贝叶斯网络，从严格意义上来说应该称为静态贝叶斯网络，它是一个静态的网络。不过由于动态贝叶斯网络一般是直接称呼网络结构的名称，并不是称为动态贝叶斯网络，所以通常贝叶斯网络就表示静态网络。

8.1　贝叶斯网络的概念

贝叶斯网络又称为信念网络、概率网络,它是目前不确定性知识表达和推理领域最有效的理论模型之一。

8.1.1　了解贝叶斯网络

贝叶斯网络是一个有向无环图模型,图8.1所示为一个简单的贝叶斯网络模型。

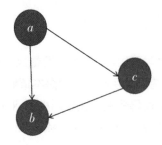

图 8.1　简单的贝叶斯网络模型

图8.1中的一个结点表示一个随机变量,结点之间的箭头表示随机变量之间的关系。箭头尾的结点叫作父结点,箭头指向的结点叫作子结点。图8.1中,结点 a 是结点 b 的父结点,也是结点 c 的父结点;结点 c 也是结点 b 的父结点。结点 b 是结点 a 的子结点,也是结点 c 的子结点;结点 c 是结点 a 的子结点。

说明:图8.1中的箭头仅表示两个结点之间有关系,两个结点表示的事件不独立,并不意味着谁是谁的原因或结果,这点需要记清楚。

在这个简单的贝叶斯网络中,有如下全概率计算公式。

$$P(a,b,c) = P(a)P(b|a,c)P(c|a)$$

技巧:在有向无环图中,判断两个结点是否独立,直接看它们之间有无箭头相连。例如,在图8.1这个网络中,任意两个结点之间都有箭头相连,则它们都是相关的。

贝叶斯网络可以用来反映世界上一些事物的可能情况的发生概率,它由有向无环图和条件概率分布表组成。

例8.1　假设判断航班是否晚点,需要考虑4个因素:出发地的天气(ST)、出发地的航班起降量(SL)、目的地的天气(TT)和目的地的航班起降量(TL)。

假设天气只考虑3种情况,如表8.1所示。

表8.1　天气情况分布

天气	晴	雾	雨雪
概率	0.5	0.4	0.1

设已知条件如下。

(1)航班的起降量只有两种情况:正常、不正常。

(2)本地的天气会影响本地的航班起降量,即ST会影响SL,TT会影响TL。

(3)目的地的天气会影响出发地的航班起降量,即TT会影响SL。

(4)出发地的航班起降量会影响目的地的航班起降量,即SL会影响TL。

(5)航班是否晚点只受目的地的航班起降量影响。

则可以得到图8.2所示的这样一个航班晚点模型。

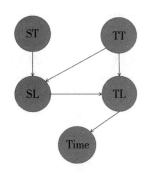

图8.2　航班晚点模型

注意:该模型是通过假设建立的,很多逻辑并不符合实际,仅作贝叶斯网络原理的了解使用。

现在得到了有向无环图,前文说到,贝叶斯网络由有向无环图和条件概率分布表组成,所以还需要计算条件概率。

又设出发地和目的地的天气分布是一样的,出发地的航班起降量(SL)的条件概率分布如表8.2所示。

表8.2　出发地的航班起降量(SL)的条件概率分布

ST	TT	正常	不正常
ST_晴	TT_晴	0.776	0.224
	TT_雾	0.5	0.5
	TT_雨雪	0.01	0.99
ST_雾	TT_晴	0.45	0.55
	TT_雾	0.35	0.65
	TT_雨雪	0.032	0.968
ST_雨雪	TT_晴	0.02	0.98
	TT_雾	0.01	0.99
	TT_雨雪	0.0001	0.9999

目的地的航班起降量(TL)的条件概率分布如表8.3所示。

表8.3　目的地的航班起降量(TL)的条件概率分布

SL	TT	正常	不正常
SL_正常	TT_晴	0.99	0.01
	TT_雾	0.9	0.1
	TT_雨雪	0.5	0.5
SL_不正常	TT_晴	0.8	0.2
	TT_雾	0.65	0.35
	TT_雨雪	0.001	0.999

那么,就可以得到航班晚点的条件概率分布,如表8.4所示。

表8.4　航班晚点的条件概率分布

TL	晚点	不晚点
TL_正常	0.01	0.99
TL_不正常	0.89	0.11

注意:上述数据仅作学习参考的虚拟数据,不能代表实际数据。

这样就算是完成了一个简单的航班晚点模型,通过上面这个简单的航班晚点预测模型,发现只需要输入出发地的天气(ST)和目的地的天气(TT),就可以得到一个航班是否晚点的概率,从而达到对结果的预测效果。

通过例8.1,还可以这样理解贝叶斯网络:将父结点看作是过去的事件,将子结点看作是未来的事件,那贝叶斯网络就可以反映在过去事件已经发生的情况下,未来事件发生的概率。

而且它有一个比较强大的功能,注意在例8.1中,给出的条件是4个参数,即出发地的天气(ST)、出发地的航班起降量(SL)、目的地的天气(TT)和目的地的航班起降量(TL),但是构建模型后发现,如果利用这个模型进行预测,只需要输入两个参数ST和TT就可以预测航班是否晚点。

说明:这也是贝叶斯模型的一大优点,即使模型中缺失数据,它也可以进行预测,模型功能并不会受影响。

8.1.2　应用贝叶斯网络

贝叶斯网络是概率网络,即它是基于概率推理的图形化网络[贝叶斯推理(估计)请回顾第3章]。现在假设有N个变量,每个变量可以取值的数量为K个,则可以得到:

$$P(X) = P(X_1, X_2, \cdots, X_N), X_i \in \{1, 2, \cdots, K\}$$

如果将所有的情况列举出来,则可以列出K^N种情况,这个K^N也可以称为参数的数量。

在前面讲解贝叶斯推理时,假设的是各变量之间相互独立,即$P(X) = P(x_1)P(x_2)\cdots P(x_N)$,但是实际中如果各变量之间相互独立,那么结果的可信度也太理想了,不太切合实际。贝叶斯网络的目的就是想办法解决实际中的变量之间相互依赖的问题,同时降低模型的复杂度。

这也是贝叶斯网络有向无环图的优势,通过有向边将相互依赖的两个变量(结点)连接起来,两个变量(结点)之间的依赖用条件概率进行表达,无父结点的结点用先验概率进行表达。

现在设一个贝叶斯网络的结点集合为$\{X_1, X_2, \cdots, X_N\}$,则这个网络的联合概率分布就可以表示成网络中各个结点的条件概率分布的乘积,即

$$P(X) = \prod P(X_i \big| \mathrm{ParG}(X_i))$$

其中$\mathrm{ParG}(X_i)$为结点X_i的父结点;$P(X_i \big| \mathrm{ParG}(X_i))$表示的是结点$X_i$的父结点代表的事件发生,结点$X_i$代表的事件的条件概率。

例如,现在有一个比较复杂的贝叶斯网络模型,如图8.3所示。

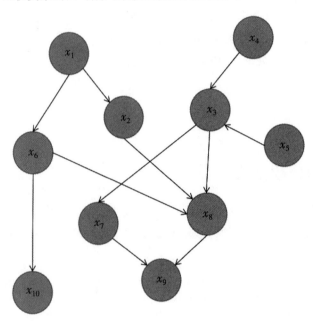

图8.3　贝叶斯网络模型

在这个比较复杂的贝叶斯网络模型中,网络的联合概率分布为

$$P(x_1)P(x_4)P(x_5)P(x_2 \big| x_1)P(x_3 \big| x_4, x_5)P(x_6 \big| x_1)P(x_7 \big| x_3)P(x_8 \big| x_6, x_2, x_3)P(x_9 \big| x_7, x_8) \cdot P(x_{10} \big| x_6)$$

在4.2节中使用朴素贝叶斯算法实现分类器的分类功能是根据朴素贝叶斯算法,对容量为m的样本总体$X \in \{X_1, X_2, \cdots, X_n\}$的类别$L \in \{1, 2, \cdots, K\}$分别计算出$P(L_i)$和$P(X_j \big| L_i)$,从而得到关于类别的特征属性后验分布$P(L_i \big| X_j)$,然后根据预测样本的属性$x \in \{x_1, x_2, \cdots, x_n\}$计算得到后验值$P(L_i \big| x)$,取最大后验值对应的类别$L_i$为分类结果。

在这种分类器复现的过程中,有以下3个问题。

(1)代码可塑性不强,即如果换一下数据,就需要重新修改代码。

(2)计算冗余大,过程中有很多的冗余计算,增加了系统的开销。

(3)实现分类时,是将各变量设为完全独立的。

现在介绍了贝叶斯网络,就可以用贝叶斯网络再来构建分类器的功能,主要目的就是解决部分变量之间的相互依赖问题。

使用贝叶斯网络实现分类功能

开始实现之前,需要先梳理一下功能点,清楚如何去搭建。

(1)要实现的是一个机器学习的能力,所以参考第7章机器学习的流程,第一步肯定是特征提取。将数据的格式按照一个标准进行输入,才是一个标准程序应有的规范。将数据格式设定为如下格式:$[\,[\,feature_1, feature_2, \cdots, feature_n\,], label\,]$。

说明:获取数据与数据清洗手动完成,所以此处不作为第一步。

(2)把数据集切分为训练用的数据集和测试用的数据集。

(3)选择机器学习算法,此处采用贝叶斯网络的方法。

(4)训练。

(5)验证。

采用例8.1航班晚点模型的例子进行实现。

8.2.1 制作并切分数据集

此处采用随机生成的数据来进行测试,随机生成的数据如表8.5所示(其中天气:0表示晴,1表示雾,2表示雨雪;航班起降量:0表示正常,1表示不正常;航班是否晚点:0表示晚点,1表示不晚点)。

表8.5 航班晚点模型随机生成的数据

ST	SL	TT	TL	Time
0	0	0	1	0
1	1	2	1	0
1	1	1	0	0
2	1	2	1	1
2	0	1	0	1
2	0	2	0	1
1	1	1	1	0
0	0	0	0	1
0	1	0	0	0
1	0	1	1	1
2	0	1	1	1
0	1	2	1	1
0	1	1	1	0
2	1	1	0	0
2	1	2	0	1

续表

ST	SL	TT	TL	Time
1	0	0	1	0
1	0	0	1	1
0	0	0	1	1
0	0	1	1	0
0	1	1	0	1
0	0	1	0	0
0	1	0	0	0
1	1	0	0	1
1	0	0	0	1

注意：此处由于是随机生成的数据，所以最终结果肯定会有较大的偏差，此过程仅作算法过程研究，结果不一定具有真实性。

总共24条数据，19条数据作为训练数据，5条数据作为验证数据。

8.2.2　构建贝叶斯网络模型

回顾例8.1的航班晚点模型的贝叶斯网络结构，如图8.4所示。

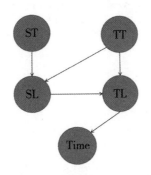

图8.4　航班晚点模型的贝叶斯网络结构

条件概率分布表仍采用表8.2~表8.4的数据。下面采用这三个表的数据构建一个初始的网络，代码如下。

注意：此处需要引用一个新的库文件，即pgmpy，pgmpy是Python中一个专门用于处理概率图形模型的库，使用这个库可以省去中间很多不必要的编程步骤，从而可以将更多的精力放在理论逻辑的构建上面。

```
# 构建有向无环图(模型框架)
plane_model = BayesianModel([
    ("ST", "SL"),
```

```
        ("TT", "SL"),
        ("SL", "TL"),
        ("TT", "TL"),
        ('TL', 'T')])
# 给各结点传入条件概率分布
ST_cpd = TabularCPD(
    variable='ST',    # 结点名称
    variable_card=3,      # 结点变量个数
    values=[[0.5], [0.4], [0.1]]     # 概率表
)
TT_cpd = TabularCPD(
    variable='TT',
    variable_card=3,
    values=[[0.5], [0.4], [0.1]]
)
SL_cpd = TabularCPD(
    variable='SL',
    variable_card=2,
    values=[[0.776, 0.5, 0.01, 0.45, 0.35, 0.032, 0.02, 0.01, 0.001],
            [0.224, 0.5, 0.99, 0.55, 0.65, 0.968, 0.98, 0.99, 0.999]],
    evidence=['ST', 'TT'],    # 父结点
    evidence_card=[3, 3]     # 父结点的变量个数
)
TL_cpd = TabularCPD(
    variable='TL',
    variable_card=2,
    values=[[0.99, 0.9, 0.5, 0.8, 0.65, 0.001],
            [0.01, 0.1, 0.5, 0.2, 0.35, 0.999]],
    evidence=['SL', 'TT'],
    evidence_card=[2, 3]
)
T_cpd = TabularCPD(
    variable='T',
    variable_card=2,
    values=[[0.01, 0.89],
            [0.99, 0.11]],
    evidence=['TL'],
    evidence_card=[2]
)
plane_model.add_cpds(ST_cpd, TT_cpd, SL_cpd, TL_cpd, T_cpd)
# 获取模型条件概率分布
for cpd in plane_model.get_cpds():
    print("CPD of {variable}:".format(variable=cpd.variable))
    print(cpd)
# 获取模型结点之间的关系
print(plane_model.get_independencies())
```

（1）构建模型框架，即按照图8.4先建立一个模型的架构，确定好各个结点之间的关系。

（2）贝叶斯网络由有向无环图和条件概率分布表组成，所以第一步建立好了有向无环图，第二步就是将条件概率分布表的数据导入模型的各个结点中。

（3）现在建立好一个完整的贝叶斯网络模型了，其中的参数是8.1.1小节中假设的初始数据（参考表8.1~表8.4）。为了确定建立的模型是不是正确的，在代码末端将模型的条件概率分布和结点之间的关系打印出来，如图8.5~图8.7所示。

图8.5　模型的条件概率分布1

图8.6　模型的条件概率分布2

图8.7　模型结点之间的关系

对比图8.5、图8.6和表8.1~表8.4的数据，可以发现它们的数据是一样的，说明模型的参数是按照期望正确建立的。再看图8.7所示的模型结点之间的关系,对比图8.2的航班晚点模型,发现结点之间的关系也是按照期望所建立的。

至此,完成了机器学习的第二步——建立模型。

说明:在图8.7中,符号⊥表示独立的意思。

8.2.3　训练模型

上一步建立好了正确的模型,下一步就是训练模型了。在概率图模型中,各条件概率分布表的数据就是模型的参数,在上一步中建立模型用的是8.1.1小节中的假设数据,也可以认为是初始数据。从理论上来说,只要有真实的训练数据,建立模型时采用随机数据也是可以的。

训练的过程就是通过8.2.1小节给定的航班晚点模型随机生成的数据进行训练,即在数据集中重新计算各条件概率分布,然后使用根据数据集计算的条件概率分布来更新模型原来的条件概率分布。

由于此处调用的是第三方库,所以训练的代码很简单,只需要调用一下训练的fit()函数即可。代码如下。

```
plane_model.fit(data, estimator=MaximumLikelihoodEstimator)
```

很简单,一行代码就搞定了训练。但是训练的结果怎么样呢? 在进行结果验证之前,可以先将模型的条件概率分布表打印出来,看看参数是否有变化(更新)。

展示的代码如下。

```
for cpd in plane_model.get_cpds():
    print("CPD of {variable}:".format(variable=cpd.variable))
    print(cpd)
```

运行结果如图8.8和图8.9所示。

图8.8　训练后模型的条件概率分布1

```
CPD of TL:
+-------+---------------------+-------+-------+-------+-------+-------+
| SL    | SL(0)               | SL(0) | SL(0) | SL(1) | SL(1) | SL(1) |
+-------+---------------------+-------+-------+-------+-------+-------+
| TT    | TT(0)               | TT(1) | TT(2) | TT(0) | TT(1) | TT(2) |
+-------+---------------------+-------+-------+-------+-------+-------+
| TL(0) | 0.3333333333333333  | 0.4   | 1.0   | 1.0   | 0.6   | 0.25  |
+-------+---------------------+-------+-------+-------+-------+-------+
| TL(1) | 0.6666666666666666  | 0.6   | 0.0   | 0.0   | 0.4   | 0.75  |
+-------+---------------------+-------+-------+-------+-------+-------+
CPD of T:
+-------+---------------------+-------+
| TL    | TL(0)               | TL(1) |
+-------+---------------------+-------+
| T(0)  | 0.3333333333333333  | 0.5   |
+-------+---------------------+-------+
| T(1)  | 0.6666666666666666  | 0.5   |
+-------+---------------------+-------+
```

图 8.9　训练后模型的条件概率分布 2

通过对图 8.8、图 8.9 和图 8.5、图 8.6 的比较,可以发现模型中的参数确实被更新过了,说明搭建的模型训练功能可以运行。下一步就是继续对训练得到的模型进行结果验证,确保模型是按照预期的方向在学习。

8.2.4　验证模型

验证这一步的代码比较简单,将测试的数据集特征传入模型得到预测结果,再将预测结果和测试的数据集真实结果进行比较即可。

代码如下。

```
test_data = pd.read_csv('./flight.csv')
test_data = test_data[-6:-1]
test_feature = test_data.iloc[:, 0:4]
test_target = test_data.iloc[:, -1]
print(test_data)
print(test_feature)
print(test_target)
predicts = plane_model.predict(test_feature)    # 调用模型函数进行预测
print(predicts)
```

说明:8.2.1 小节中随机生成的是 24 条数据,此处取最后 5 条数据作为验证数据。

验证数据集的输出结果如图 8.10 所示。

图 8.10　验证数据集的输出结果

其中左边的一列是真实的结果,右边的一列是模型预测的结果。通过这组训练数据和验证数据,最终认为得到的模型预测准确率是80%。

注意:此数据不具有真实性,仅作为理论推导的参考。

8.2.5 贝叶斯网络案例完整实现

贝叶斯网络实现机场航班起降与天气关系的完整代码如下。

```python
from pgmpy.factors.discrete import TabularCPD
from pgmpy.models import BayesianModel
from pgmpy.inference import VariableElimination
import pandas as pd
import numpy as np
from pgmpy.estimators import MaximumLikelihoodEstimator, BayesianEstimator
# 构建有向无环图(模型框架)
plane_model = BayesianModel([
    ("ST", "SL"),
    ("TT", "SL"),
    ("SL", "TL"),
    ("TT", "TL"),
    ('TL', 'T')])

# 给各结点传入条件概率分布
ST_cpd = TabularCPD(
    variable='ST',  # 结点名称
    variable_card=3,    # 结点变量个数
    values=[[0.5], [0.4], [0.1]]    # 概率表
)
TT_cpd = TabularCPD(
    variable='TT',
    variable_card=3,
    values=[[0.5], [0.4], [0.1]]
)
SL_cpd = TabularCPD(
    variable='SL',
    variable_card=2,
    values=[[0.776, 0.5, 0.01, 0.45, 0.35, 0.032, 0.02, 0.01, 0.001],
            [0.224, 0.5, 0.99, 0.55, 0.65, 0.968, 0.98, 0.99, 0.999]],
    evidence=['ST', 'TT'],    # 父结点
    evidence_card=[3, 3]    # 父结点的变量个数
)
TL_cpd = TabularCPD(
    variable='TL',
    variable_card=2,
    values=[[0.99, 0.9, 0.5, 0.8, 0.65, 0.001],
            [0.01, 0.1, 0.5, 0.2, 0.35, 0.999]],
    evidence=['SL', 'TT'],
```

```
        evidence_card=[2, 3]
)
T_cpd = TabularCPD(
    variable='T',
    variable_card=2,
    values=[[0.01, 0.89],
            [0.99, 0.11]],
    evidence=['TL'],
    evidence_card=[2]
)
plane_model.add_cpds(ST_cpd, TT_cpd, SL_cpd, TL_cpd, T_cpd)
# 获取模型条件概率分布
for cpd in plane_model.get_cpds():
    print("CPD of {variable}:".format(variable=cpd.variable))
    print(cpd)
# 获取模型结点之间的关系
print(plane_model.get_independencies())


# 查看指定结点的参数(父结点、条件概率分布表)
plane = VariableElimination(plane_model)
p = plane.query(variables=['T'], evidence={'TL': 1})
print(p)
data = pd.read_csv('./flight.csv')
print(data)
# 训练模型(极大似然估计)
plane_model.fit(data, estimator=MaximumLikelihoodEstimator)
# 新的条件概率分布
for cpd in plane_model.get_cpds():
    print("CPD of {variable}:".format(variable=cpd.variable))
    print(cpd)
test_data = pd.read_csv('./flight.csv')
test_data = test_data[-6:-1]
test_feature = test_data.iloc[:, 0:4]
test_target = test_data.iloc[:, -1]
print(test_data)
print(test_feature)
print(test_target)
predicts = plane_model.predict(test_feature)     # 进行预测
print(predicts)
```

其中保存数据文件的格式如图8.11所示,如果使用本章节的示例代码,请按照该格式制作训练数据。

ST	SL	TT	TL	T
0	0	0	1	0
1	1	2	1	0
1	1	1	0	0
2	1	2	1	1
2	0	1	0	1
2	0	2	0	1
1	1	1	1	0
0	0	0	0	1
0	1	0	0	0
1	0	1	1	1
2	0	1	1	1
0	1	2	1	1
0	1	1	1	0
2	1	1	0	0
2	1	2	0	1
1	0	0	1	0
1	0	0	1	1
0	0	0	1	1
0	0	1	0	0
0	1	1	0	1
0	0	1	0	0
0	1	0	0	1
1	1	0	0	1
1	0	0	0	1

图 8.11　数据文件 flight.csv 的格式

8.3　贝叶斯网络的结构

通过前面两节，我们加深了对贝叶斯网络的了解。通过航班晚点预测的示例实现了一次贝叶斯网络，下面再结合前面的示例，继续深入了解贝叶斯网络的结构。

贝叶斯网络有 3 种结构，分别是 head_to_head 结构、tail_to_tail 结构和 head_to_tail 结构。

8.3.1　head_to_head 结构

head_to_head 结构如图 8.12 所示。

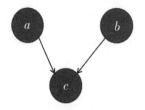

图 8.12　head_to_head 结构

在这个结构中，联合概率分布为

$$P(a, b, c) = P(a)P(b)P(c|a, b)$$

当 c 未知时，a 和 b 是被阻断的状态，可以得到 $P(a,b) = P(a)P(b)$，这时称为 a 和 b 独立。当 c 已知时，无法得到 $P(a,b|c) = P(a|c)P(b|c)$，即 a 和 b 不独立。

8.3.2 tail_to_tail 结构

tail_to_tail 结构如图 8.13 所示。

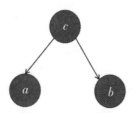

图 8.13 tail_to_tail 结构

在这个结构中，联合概率分布为

$$P(a,b,c) = P(c)P(a|c)P(b|c)$$

这时如果 c 已知，则

$$P(a,b|c) = \frac{P(a,b,c)}{P(c)} = \frac{P(c)P(a|c)P(b|c)}{P(c)} = P(a|c)P(b|c)$$

即 c 已知时，a 和 b 独立。如果 c 未知，无法得到 $P(a,b) = P(a)P(b)$，即 c 未知时，a 和 b 不独立。

8.3.3 head_to_tail 结构

head_to_tail 结构如图 8.14 所示。

图 8.14 head_to_tail 结构

在这个结构中，联合概率分布为

$$P(a,b,c) = P(a)P(c|a)P(b|c)$$

这时如果 c 已知，则

$$P(a,b|c) = \frac{P(a,b,c)}{P(c)} = \frac{P(a)P(c|a)P(b|c)}{P(c)} = \frac{P(a,c)}{P(c)}P(b|c) = P(a|c)P(b|c)$$

即 c 已知时，a 和 b 独立。如果 c 未知，无法得到 $P(a,b) = P(a)P(b)$，即 c 未知时，a 和 b 不独立。

head_to_tail 结构是一个链式网络，即任一结点的状态只与它的父结点状态有关，与其他的结点条件独立，这种链式过程也叫作马尔科夫随机链。

8.3.4 贝叶斯网络各结构的逻辑

熟悉了上述3种基本网络结构后,可以总结如下:3个随机变量a,b,c,如果需要变量a,b条件独立,那么就需要将a,b间的路径阻断,即a,b的head_to_head结构路径不通过c及c的子孙;或者a,b的head_to_tail和tail_to_tail结构路径通过c。

如果将这个结构映射成事件,就可以理解如下。

(1)事件a,b,c为图8.12所示的head_to_head结构,如果事件c没有被观测到,则事件a和b独立。

例8.2 事件a表示发生火灾,事件b表示发生抢劫,事件c表示警报声,如图8.15所示。

如果没有听到警报声,发生火灾和发生抢劫是无关的,可能会发生火灾,也可能会发生抢劫,还可能两者都会发生,或者都不会发生。

但是如果警报声响起,那么大概率是发生了火灾或抢劫事件,如果没有发生火灾,则发生抢劫的概率升高;反之,发生火灾的概率升高。

在这个网络结构中,两端事件(变量)原本不相关,在中间事件(变量)被观测到的条件下,两端变量条件相关。

(2)事件a,b,c为图8.13所示的tail_to_tail结构,如果事件c被观测到,则事件a和b条件独立。

例8.3 事件a表示发生新闻报道,事件b表示消防员出警,事件c表示发生火灾,如图8.16所示。

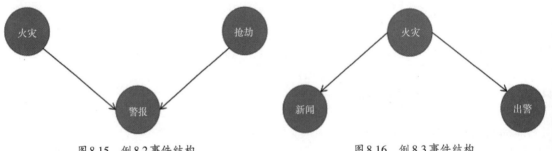

图8.15　例8.2事件结构　　　　　　　　图8.16　例8.3事件结构

如果发生新闻报道,则表示发生火灾的概率升高,消防员出警的概率也会增加;如果没有发生新闻报道,则发生火灾的概率不大,消防员出警的概率也会相对降低。反过来,如果消防员出警了,则发生火灾的概率升高,发生新闻报道的概率也会增加;如果消防员没有出警,则发生火灾的概率比较低,发生新闻报道的概率也会降低。

但是如果中间结点,即发生火灾被观测到了,这时发生新闻报道和消防员出警两个事件就各自取决于它们与发生火灾事件的条件概率分布,双方的相关性被消除了。

在这个网络结构中,两端变量原本相关,在中间变量被观测到的条件下,两端变量条件独立。

(3)事件a,b,c为图8.14所示的head_to_tail结构,如果事件c被观测到,则事件a和b条件独立。

例8.4 事件a表示发生火灾,事件b表示发生新闻报道,事件c表示消防员出警,如图8.17所示。

图8.17　例8.4事件结构

如果没有观测到消防员出警的事件发生,那么如果发生火灾,发生新闻报道的概率会升高;反之,发生新闻报道的概率会降低。

如果观测到事件:消防员出警发生了,由于此处只有这一条路径,所以这时不管有没有发生火灾,发生新闻报道这个事件都取决于消防员出警这个事件的条件概率分布,与是否发生火灾无关了。

在这个网络结构中,两端变量原本相关,在中间变量被观测到的情况下,两端变量条件独立。

8.3.5　道路交通监测案例

深入理解了贝叶斯网络的结构,再尝试运用前面两节的内容构建一个真正符合实际的贝叶斯网络。

案例　构建一个监测交通状态的模型,用于预测道路情况,供系统提前规划规避路线。

现在随着私家车的数量越来越多,城市的交通负担也越来越重,堵车在大城市可以说已经是家常便饭了,尤其是在工作日的上下班高峰期。但是堵车这个事件并不是突然间发生的,堵车的发生可以理解成一个过程,它是逐渐从畅通到拥堵再到堵车的,那么这个案例就针对一个地区构建一个道路交通监测模型,通过对该地区的交通状况进行监控,系统实时进行推断,为用户出行规划堵车风险较低的路线。

现有一部分区域的道路交通图,图中是经过过滤筛选的仅供机动车通行的道路网,如图8.18所示。

图8.18　道路交通网

本案例仅考虑截选中的这部分道路交通情况,不考虑区域外的影响。在这个案例开始前,得先理清楚为什么要这么做。

在这个案例中,将各个路口(监测点)的监测数据或传感数据作为数据集的特征部分,例如,有4

个地点A、B、C、D在一条路线上,可以通过训练一个模型将A、B、C的数据作为特征,得到对D点的预测结果,这种模型用第4章讲的朴素贝叶斯算法就可以得到。需要注意的是,朴素贝叶斯算法思想假设各变量之间是相互独立的,但在道路交通网中,这些监测点之间是相互独立的吗?不是,这是一个标准的网络状结构,所以这是用作贝叶斯网络案例的原因之一。原因之二就是交通是具有方向性的,而且单一路线只能具有单一的方向(毕竟逆行是违法的),这和贝叶斯网络结构中的信息流通是一致的。所以,这是最接近生活的一个贝叶斯网络结构。

言归正传,下面来构建一下图8.18所示的这个道路交通网的网络模型。由于图8.18是一个无向图,所以还需要明确图中每条路线的方向,不然是无法构建贝叶斯网络的。

说明:如果没有方向,就是构建马尔科夫模型,参考第5章。

根据图8.18可以发现,图中有单向道路,也有双向道路。这里设置结点的依据是:不考虑道路中间的监测点,所有结点均设置在路口;由于双向的道路路口不允许掉头,所以双向道路的路口分为正向和反向两个结点;另外最重要的一点,道路的状况是随时间变化的,所以时间结点千万不能落下,如果将这个结点落下,那么不论做多大努力,最终得到的结果都是不可信的。

图8.19所示为三岔路口,这种路口都是双向流通的,在不允许掉头的情况下,其网络结构如图8.20所示。

图8.19　三岔路口

但是这个结构还不完整,它只是展示出了车流量的途径,还差一个信息——时间结点。加上时间结点,如图8.21所示。

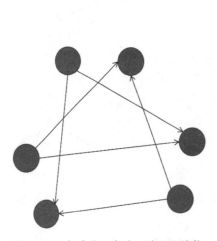

图8.20　双向道路三岔路口的网络结构1

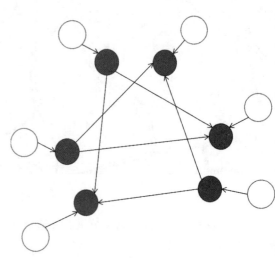

图8.21　双向道路三岔路口的网络结构2

对于双向道路的十字路口,它的网络结构如图8.22所示。

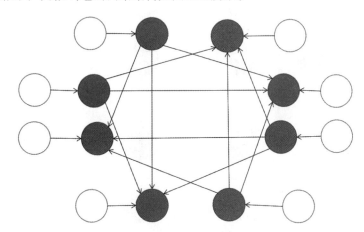

图8.22　双向道路十字路口的网络结构

按照这种思路,就可以构建出图8.18所示的整个地区的网络结构图。

说明:从严谨的角度出发,本案例中还要考虑的因素有各个结点附近的人流量、天气、节假日、附近有无活动、附近有无景点、商圈等,这样的话在图8.22的基础上,每个结点还需要增加六七个结点和小的网络结构信息流入。这样最终得到的网络结构图会出现成百上千甚至上万的结点,整个数据的体量也会呈指数级增长。

根据最终得到的网络图,就可以将数据传入网络进行学习了。数据取值参考表8.6。

表8.6　数据取值范例

时间结点(T)	T_1	T_2	...	T_{24}
道路结点(R)	少	畅通	拥堵	堵车

将时间结点划分成24个时间段,将道路情况分为车辆少、畅通、拥堵、堵车4种情况,这样网络中的每个结点的取值情况就确定了。接下来就是对网络初始化一个参数,然后将数据传入网络进行学习、更新参数,最终得到的就是一个成型的贝叶斯网络模型。

说明:构建网络及训练的代码请参考8.2节的例子。

由于贝叶斯网络对不确定知识的表达和推理很强,所以在使用贝叶斯网络时,可以不用传入完整的数据,即使缺少部分数据,网络仍可进行工作。

在这个案例中,得到完整的网络后,假设需要知道某个结点在某个时间段的情况,方便进行路线规划,那么根据8.1节的概念,找到和该结点相关的结点信息即可进行预测。

例如,在某一条单行道的网络中,其结构如图8.23所示。

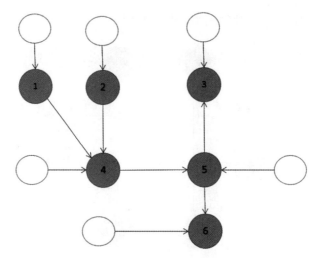

图8.23　截选某一单行道的网络结构

在这个网络中,需要6号结点的预测结果,那么看6号结点附近的基础网络结构。首先它自己本身的时间结点是必需的,然后看它的其他父结点,6号结点的其他父结点只有5号结点,所以如果要采用5号结点的观测结构预测6号结点的结果,即结点5已知,则分析5号结点的邻近结点。

(1)结点4、5、6构成head_to_tail结构,如果中间结点5已知,则结点4和结点6条件独立,所以不需要结点4的观测情况。

(2)结点3、5、6构成tail_to_tail结构,如果中间结点5已知,则结点3和结点6条件独立,所以也不需要结点3的观测情况。

(3)结点5的时间结点、结点5、结点6构成head_to_tail结构,则在结点5已知时,同样不需要结点5的时间结点的结果。

所以,这时可以直接通过结点5的观测情况和结点6本身的时间结点来对结点6的结果进行预测。

如果觉得结点5和结点6太靠近了,即便得到预测结果用户也来不及规划路线,那就将观测结点再往前推移,即不采用结点5的观测结果,在网络中就是结点5未知。那么,这时在上面提到的3个结点5的基本网络结构中,结点4与结点6相关、结点3与结点6相关、时间结点与结点6相关,这时就需要通过结点4、结点3、结点5的时间结点、结点6本身的时间结点对结点6进行结果预测。

说明:在这个网络结构中,如果再给每个箭头加上权重(距离或通行时间),就可以进行时序上的结果预测。例如,现在观测到结点3出现了堵车情况,那么结点5的拥堵概率就会上升,结点6的拥堵概率也会上升。结点5到结点6的通行时间是5分钟,结点5堵车有80%的可能造成结点6出现拥堵的情况,那么就认为结点6预计5分钟后有较大概率会出现拥堵的情况,如果规划路线能够在5分钟内通过结点6则认为堵车风险较低,否则就认为该路线有较大堵车风险。

此案例和8.2节的实现方法一样,所以该案例请参考8.2节的案例代码进行实现。

8.4 **小结**

本章贝叶斯网络的内容比较简单,主要需要理解贝叶斯网络的3种结构。

(1)head_to_head:中间结点未知,两边结点独立。

(2)tail_to_tail:中间结点已知,两边结点条件独立。

(3)head_to_tail:中间结点已知,两边结点条件独立。

由于贝叶斯网络可以用来反映世界上一些事物的可能情况的发生概率,所以只要理清楚这些事物之间的相互关系,即可用一个贝叶斯网络建立起模型,然后通过模型对事物的可能情况进行概率计算,从而进行预测。

在本章中还需要注意的一点是网络的全概率计算公式。一定要按照网络中的结点关系的方向进行计算,不能搞反。因为从数学的角度上理解,贝叶斯网络就是一个全概率公式,一定要区分开条件和结果,这是细节上需要注意的一点。

总的来说,对于使用贝叶斯网络解决问题,重中之重就是理清楚网络中各结点的关系,绘制出网络图。然后根据网络图进行结点绑定,就像8.2节的案例一样。绑定好结点后就形成了有向无环图,然后按照自己的结构确定好训练的数据格式即可。

第 9 章

动态贝叶斯网络

★ 本章导读 ★

动态贝叶斯网络相较于贝叶斯网络，多了"动态"两个字，概念却多出了很多。直观上的理解，动态问题的条件（状态）不再是稳定不变的。

动态相较于静态，光从字面上就可以理解它们之间的区别。例如，现在给你一组数据(x_i, y_i)，告诉你这组数据是呈线性分布的，让你找出这组数据中到分布函数距离最近的一个点，这是静态问题。

现在改变一下规则，仍然是这么一组数据(x_i, y_i)，但是这组数据的分布是怎样的未知，这时要去寻找这组数据中到分布函数距离最近的一个点，就需要先根据数据计算分布函数，然后再根据分布函数来找点。这时这个问题相较于前者就是一个动态的求解问题了。

★ 知识要点 ★

- ◈ 动态贝叶斯网络的概念。
- ◈ 隐马尔科夫模型及该模型的 3 种问题求解。

9.1 动态贝叶斯网络的概念

第8章提到了,贝叶斯网络是由有向无环图和条件概率分布表组成的,它反映的是变量之间的依存关系,没有考虑变量随着时间变化的问题。动态贝叶斯网络就是结合贝叶斯思想与动态模型的概念,它既考虑系统外部的影响因素,又考虑系统内部间的相互关联,既能够表示变量之间的概率依存关系,又能够描述这一系列变量随时间变化的情况,它是贝叶斯网络在时间变化过程中的扩展。因此,动态模型比一般模型优越。

9.1.1 贝叶斯网络由静态扩展为动态

既然动态贝叶斯网络是贝叶斯网络在时间变化过程中的扩展,那么它的结构就可以看作是贝叶斯网络模型在时间序列上的展开。贝叶斯网络的拓扑结构如图9.1所示,动态贝叶斯网络的拓扑结构如图9.2所示。

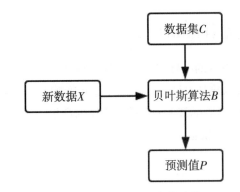

图9.1 贝叶斯网络的拓扑结构

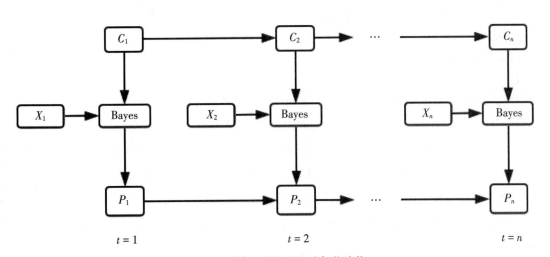

图9.2 动态贝叶斯网络的拓扑结构

在贝叶斯网络中,使用贝叶斯算法结合数据集 C,即可得到对新数据 X 的预测值 P。而在动态贝叶斯网络中,变量之间的概率依存关系随着时间 t 在变化。

用数学的形式表达,即在贝叶斯网络中变量的联合概率分布为

$$P(\text{joint\_probility}) = P(c)P(x)P(p|c, x)$$

而在动态贝叶斯网络中,变量在 i 时刻的联合概率分布为

$$P(\text{joint\_probility}_i) = P(c_i)P(x_i)P(p_i|c_i, x_i)$$

在动态贝叶斯网络中,有一个明显的假设过程,这一点是不可忽略的,通过图 9.2 也可以发现,即动态的过程是符合马尔科夫性质的。

$$P(X_{t+1}|X_t, X_{t-1}, \cdots, X_2, X_1) = P(X_{t+1}|X_t)$$

即未来时刻 $t + 1$ 的状态只与当前时刻 t 的状态有关,与过去的时刻无关。

在由贝叶斯网络扩展到动态贝叶斯网络的过程中,还有一个假设需要明白,即相邻时间的条件概率过程是平稳的。什么意思呢?假设网络的变量集合为 $X = \{x_1, x_2, \cdots, x_n\}$,那么 $P(X_{t+1}|X_t)$ 与时间 t 无关,这样就可以得到不同时间的参数转移概率 $P(X_{t+1}|X_t)$。

9.1.2　隐马尔科夫模型(HMM)

隐马尔科夫模型是马尔科夫链的一种,是一个双重的随机过程,是动态贝叶斯网络的一种,它的状态无法直接观测到,但能通过观测向量序列观察到,每个观测向量都是通过某些概率密度分布表现为各种状态,并且由一个具有相应概率密度分布的状态序列产生。

隐马尔科夫模型中有以下 4 个概念。

(1)隐含状态。

(2)可观测状态。

(3)隐含状态之间的转移概率。

(4)隐含状态到可观测状态的输出概率。

组成隐马尔科夫模型的元素有以下 5 个。

(1)隐含状态集合 S。

(2)可观测状态集合 O。

(3)初始状态概率矩阵,即隐含状态在初始时刻 $t = 1$ 的概率矩阵。

$$[P(S_1), P(S_1), \cdots, P(S_n)]$$

(4)隐含状态转移矩阵,即各个状态之间的转移概率,$A_{i,j} = P(S_j|S_i), i \geq 1, j \leq N$,表示在任意 t 时刻状态为 S_i 的条件下,$t + 1$ 时刻状态为 S_j 的概率,其中 N 为隐含状态的数量。

(5)观测状态转移矩阵,即隐含状态到可观测状态的输出概率,$B_{i,j} = P(O_i|S_j), 1 \leq i \leq M, 1 \leq j \leq N$,表示在任意 t 时刻隐含状态为 S_j 的条件下,可观测状态为 O_i 的概率,其中 M 为可观测状态的数量,N 为隐含状态的数量。

为了形象地理解隐马尔科夫模型,下面通过一个例子来讲解。

例9.1　有3副扑克,每次从中选一副抽一张牌出来,每副扑克被选中的概率都一样,即$\frac{1}{3}$,现在重复这一过程:选一副扑克然后从里面抽一张牌,经过5次后得到一串数据[2,6,7,J,K]。

在这个例子中,扑克牌的牌面{A,2,3,4,5,6,7,8,9,10,J,Q,K,大王,小王}就是一个可观测状态集合。

假设3副扑克编号分别为B_1,B_2,B_3,则$\{B_1,B_2,B_3\}$就是一个隐含状态集合。得到的数据[2,6,7,J,K]就是可观测状态链。同时,还伴随一个隐含状态,得到这串数据的扑克序列可能为[B_2,B_3,B_2,B_2,B_1],这就是隐含状态链。

那么,对于这个例子,就可以得到一个隐马尔科夫模型,如图9.3所示。

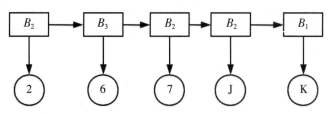

图9.3　例9.1隐马尔科夫模型

在任意时刻,可观测变量(扑克牌数据)仅依赖于隐含状态变量(扑克牌编号)。图9.3中上面的一行即隐含状态序列,下面的一行即观测序列。

在这个例题的模型中,5个元素的值如下。

(1)隐含状态集合$S=\{B_1,B_2,B_3\}$。

(2)可观测状态集合$O=\{A,2,3,4,5,6,7,8,9,10,J,Q,K,大王,小王\}$。

(3)初始状态概率矩阵:

$$\begin{bmatrix} \dfrac{1}{3} \\ \dfrac{1}{3} \\ \dfrac{1}{3} \end{bmatrix}$$

(4)隐含状态转移矩阵:

$$\begin{bmatrix} 1 & 0 & 0 \\ \dfrac{1}{3} & \dfrac{1}{3} & \dfrac{1}{3} \\ 0 & 1 & 0 \end{bmatrix}$$

(5)观测状态转移矩阵:

$$\begin{bmatrix} \frac{2}{27} & \frac{2}{27} & \frac{2}{27} & \frac{2}{27} & \frac{2}{27} & \frac{2}{27} & \frac{2}{27} & \frac{2}{27} & \frac{2}{27} & \frac{2}{27} & \frac{2}{27} & \frac{2}{27} & \frac{2}{27} & \frac{1}{54} & \frac{1}{54} \\ \frac{2}{27} & \frac{2}{27} & \frac{2}{27} & \frac{2}{27} & \frac{2}{27} & \frac{2}{27} & \frac{2}{27} & \frac{2}{27} & \frac{2}{27} & \frac{2}{27} & \frac{2}{27} & \frac{2}{27} & \frac{2}{27} & \frac{1}{54} & \frac{1}{54} \\ \frac{2}{27} & \frac{2}{27} & \frac{2}{27} & \frac{2}{27} & \frac{2}{27} & \frac{2}{27} & \frac{2}{27} & \frac{2}{27} & \frac{2}{27} & \frac{2}{27} & \frac{2}{27} & \frac{2}{27} & \frac{2}{27} & \frac{1}{54} & \frac{1}{54} \end{bmatrix}$$

9.2　细谈隐马尔科夫模型

在隐马尔科夫模型中，从理论上来说，只要得知隐含状态之间的转移概率、隐含状态到可观测状态的输出概率，就可以建立起模型。

但是在马尔科夫模型的实际应用中，很多时候是缺少信息的。

说明：其实不是针对马尔科夫模型，很多模型的应用就是用于解决信息缺失的问题的。

所以，能明白一个网络结构很简单，难的是怎么去应用。隐马尔科夫模型有3种常见的应用方式，分别对应3种不同的解决思路。为了便于理解这个解决问题的过程，下面举一个简单的例子。

例9.2　有两个装球的盒子，盒子的颜色分别是红色和绿色，在两个盒子中都有白色和黑色两种球，它们的数量分布如表9.1所示。

表9.1　例9.2已知数据

盒子	白球	黑球
红盒	3	7
绿盒	8	2

已知开始时，从红盒拿球的概率是0.6，从绿盒拿球的概率是0.4；抽中球后将球放回，然后再转移到下一个盒子拿球。假设：

如果当前是红盒，则下一次仍从红盒拿球的概率是0.4，从绿盒拿球的概率是0.6。

如果当前是绿盒，则下一次仍从绿盒拿球的概率是0.55，从红盒拿球的概率是0.45。

重复拿球三次。

9.2.1　求隐含状态序列（解码问题）

这一类问题通常出现的应用场景是语音识别领域的解码过程——在给定声学特征的情况下，找到最可能对应的词组。

即知道隐含状态集合 $S = \{s_1, s_2, \cdots, s_n\}$、隐含状态之间的转移概率 $A_{i,j}(1 \leq i, j \leq n)$、可观测状态集合 $O = \{o_1, o_2, \cdots, o_m\}$、可观测状态链 $L_i \in \{o_1, o_2, \cdots, o_m\}$、隐含状态到可观测状态的输出概率 $B_{i,j}(1 \leq i \leq m, 1 \leq j \leq n)$、初始状态概率 $\Pi_{i,j}(1 \leq i, j \leq n)$，求隐含状态链 $H_i \in \{s_1, s_2, \cdots, s_n\}$。

在这个问题中，模型参数 $\lambda = (A, B, \Pi)$ 已知，根据观测序列 $L_i \in \{o_1, o_2, \cdots, o_m\}$ 求隐含状态序列。

这种问题的解决方法如下（Viterbi算法思想）。

（1）找出 t 时刻隐含状态为 i 的所有可能状态转移路径 $i_1, i_2, \cdots, i_t$ 中的概率最大值，记作

$$\delta_t(i) = \max_{i_1, i_2, \cdots, i_{t-1}} P(i_t = i_0, i_1, i_2, \cdots, i_{t-1}, o_t, o_{t-1}, \cdots, o_1 | \lambda)$$

其中 $i = 1, 2, \cdots, n$，然后再由 $\delta_t(i)$ 的定义得到 δ 的递推表达式。

$$\delta_{t+1}(i) = \max_{i_1, i_2, \cdots, i_t} P(i_{t+1} = i_0, i_1, i_2, \cdots, i_t, o_{t+1}, o_t, \cdots, o_1 | \lambda)$$
$$= \max_{1 \leqslant j \leqslant n} [\delta_t(j) A_{j,i}] B_i(o_{t+1})$$

（2）定义在t时刻隐含状态为i的所有单个状态转移路径$i_1, i_2, \cdots, i_t$中的概率最大的转移路径中，第$t-1$个结点的隐含状态为$\psi_t(i)$，则它的递推表达式为

$$\psi_t(i) = \arg \max_{1 \leqslant j \leqslant n} [\delta_{t-1}(j) A_{j,i}]$$

（3）现在有两个局部状态了，就可以从0时刻一直递推到t时刻，然后用$\psi_t(i)$记录前一个最可能的状态结点回溯，直到找到最优隐含状态序列。

假设在例9.2中，得到的观测序列为[黑，白，黑]，则可得到一个隐马尔科夫模型，如图9.4所示。

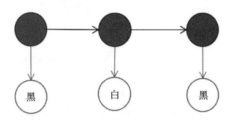

图9.4 例9.2的隐马尔科夫模型

根据观测序列求最优隐含状态序列，具体如下。

（1）找出$t=0$时刻隐含状态为i的所有可能状态转移路径$i_1, i_2, \cdots, i_t$中的概率最大值$\delta_t(i)$，在此例中，隐含状态只有两种[红，绿]，所以可以得到$t=0$时刻隐含状态为"红"的所有状态转移路径和隐含状态为"绿"的所有状态转移路径，如图9.5所示。

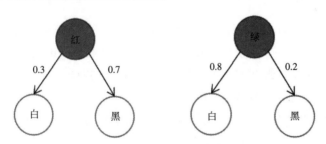

图9.5 $t=0$时刻各隐含状态的转移路径

又根据模型参数知道初始状态概率矩阵为

$$\boldsymbol{\Pi} = \begin{bmatrix} 红 \\ 绿 \end{bmatrix} = \begin{bmatrix} 0.6 \\ 0.4 \end{bmatrix}$$

则可得到$t=0$时刻可观测状态为"黑"的所有可能状态转移路径的概率：$P(红黑) = 0.42$，$P(绿黑) = 0.08$，则得到$t=0$时刻的隐含状态为"红"。

（2）接下来递推$t=1$时刻隐含状态为i的所有单个状态转移路径$i_1, i_2, \cdots, i_t$。在上一步已经推出了$t=0$时刻的隐含状态为"红"，则对于$t=1$时刻可能的隐含状态转移路径如图9.6所示。

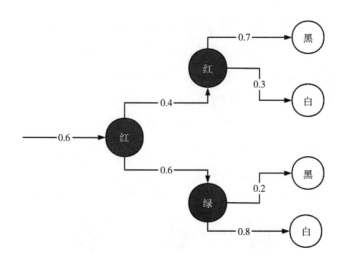

图9.6　$t = 1$ 时刻可能的隐含状态转移路径

这就是 $t = 1$ 时刻所有可能的隐含状态转移路径和隐含状态到可观测状态转移路径,然后根据已知 $t = 1$ 时刻的可观测状态为"白",则可以得到所有可观测状态为"白"的转移路径的概率,得到最大的概率为0.48,最大概率转移路径为红—绿—白。则得到 $t = 1$ 时刻的隐含状态为"绿"。

（3）重复步骤（2），最终得到 $t = 2$ 时刻的隐含状态为"红"。

最终得到一个概率最大的隐含状态序列[红,绿,红]。至此,问题求解完成。

9.2.2　求观测序列（评估问题）

该类问题常用于进行评估,例如,针对某个场景问题建立了一个模型,模型结果显示观测到的序列出现的概率很小,说明观测序列和模型不太吻合,那么就可以得出结论:这个场景有问题。

该类问题最直观的理解就是:模型根据参数得出所有可能的隐含状态序列,再根据隐含状态序列得出所有观测序列,然后分别求出这些观测序列的概率。

注意:这类问题仅限于这么理解,实际的系统中是不能实现的,因为这种"暴力列举"的方式,会直接导致系统面临指数级增长的负荷。

所以,针对这类问题,前辈们提出了前向算法和后向算法。

在这类问题中,隐含状态集合 $S = \{s_1, s_2, \cdots, s_n\}$、隐含状态之间的转移概率 $A_{i,j}(1 \leqslant i, j \leqslant n)$、可观测状态集合 $O = \{o_1, o_2, \cdots, o_m\}$、隐含状态到可观测状态的输出概率 $B_{i,j}(1 \leqslant i \leqslant m, 1 \leqslant j \leqslant n)$、初始状态概率 $\Pi_{i,j}(1 \leqslant i, j \leqslant n)$,都是已知的,问题就化简为已知模型参数 $\lambda = (A, B, \Pi)$,求观测序列问题。

1. 前向算法

给定隐马尔科夫模型参数 $\lambda = (A, B, \Pi)$,定义到时刻 t 时的观测序列为 $o_1, o_2, \cdots, o_t$,状态为 q_i 的概率为前向概率,记作 $\alpha_t(i) = P(o_1, \cdots, o_t, S_t = q_i | \lambda)$。前向概率可以递推求得。

关于这一定义的理解,可以认为在例9.2中,拿了 t 次球,得到的球的颜色序列为 $o_1, o_2, \cdots, o_t$,而且在第 t 次拿球时,选择的盒子是 q_i 的概率就是 $\alpha_t(i) = P(o_1, \cdots, o_t, S_t = q_i | \lambda)$。

结合例9.2的条件推导如下。

（1）在 $t = 0$ 时刻，前向概率为 $\alpha_0(i) = P(o_0, S_t = q_i|\lambda) = \Pi_i B_i(o_0)$，其中 $i = 1, 2, \cdots, n$，根据例子中

给出的条件可以得到 $\boldsymbol{\Pi} = \begin{bmatrix} 0.6 \\ 0.4 \end{bmatrix}$，$\boldsymbol{B} = \begin{bmatrix} 0.3 & 0.7 \\ 0.8 & 0.2 \end{bmatrix}$，则 $\alpha_0(i)$ 可求。

（2）在 $t = 1$ 时刻，前向概率为 $\alpha_1(j) = P(o_0 o_1, S_t = q_j|\lambda) = \alpha_0(i) A_{i,j} B_j(o_1)$，其中 $i, j = 1, 2, \cdots, n$，又

根据条件可得到 $\boldsymbol{A} = \begin{bmatrix} 0.4 & 0.6 \\ 0.45 & 0.55 \end{bmatrix}$，则可以得到此时的前向概率 $\alpha_1(j)$。

（3）在 $t = 2$ 时刻，前向概率为 $\alpha_2(j) = \alpha_1(i) A_{i,j} B_j(o_2)$。

（4）将上面的步骤进行总结，可得到一个递推公式，即

$$\alpha_{t+1}(j) = \left[\sum_{i=1}^{n} \alpha_t A_{i,j} \right] B_j(o_{t+1})$$

其中 $i, j = 1, 2, \cdots, n$。

将递推过程用图形展示出来，如图9.7所示。

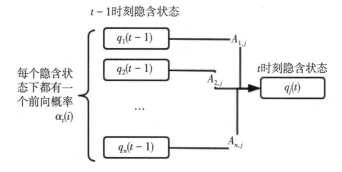

图9.7　前向算法的递推过程

路径推导如图9.8所示。

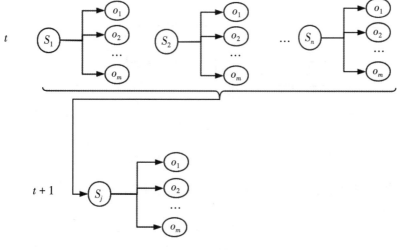

图9.8　路径推导

根据第t时刻的可观测状态o_i、隐含状态S_i推导第$t+1$时刻的可观测状态o、隐含状态S_j。

假设在例9.2中，观测到的序列为[黑，白，黑]，则有如下计算过程。

（1）初始时刻$t=0$：

$$\alpha_0(红) = 0.42$$
$$\alpha_0(绿) = 0.08$$

（2）$t=1$时刻：

$$\alpha_1(红) = [\alpha_0(红)A_{0,0} + \alpha_0(绿)A_{1,0}]B_0(o_1 = 白) = [0.42 \times 0.4 + 0.08 \times 0.45] \times 0.3 = 0.0612$$
$$\alpha_1(绿) = [\alpha_0(红)A_{0,1} + \alpha_0(绿)A_{1,1}]B_1(o_1 = 白) = [0.42 \times 0.6 + 0.08 \times 0.55] \times 0.8 = 0.2368$$

（3）$t=2$时刻：

$$\alpha_2(红) = [\alpha_1(红)A_{0,0} + \alpha_1(绿)A_{1,0}]B_0(o_2 = 黑)$$
$$= [0.0612 \times 0.4 + 0.2368 \times 0.45] \times 0.7 = 0.091728$$
$$\alpha_2(绿) = [\alpha_1(红)A_{0,1} + \alpha_1(绿)A_{1,1}]B_1(o_2 = 黑)$$
$$= [0.0612 \times 0.6 + 0.2368 \times 0.55] \times 0.2 = 0.033392$$

至此，就可以得到观测序列的前向概率：

$$P(O|\lambda) = \sum_{i=1}^{n=2} \alpha_2(i) = \alpha_2(红) + \alpha_2(绿) = 0.12512$$

即观测到的序列为[黑，白，黑]，出现的概率为0.12512。

2. 后向算法

给定隐马尔科夫模型参数$\lambda = (A, B, \Pi)$，定义在时刻t时的隐含状态为q_i的条件下，从$t+1$时刻到T时刻的部分观测序列为$o_{t+1}, o_{t+2}, \cdots, o_T$的概率为后向概率，记作$\beta_t(i) = P(o_{t+1}, o_{t+2}, \cdots, o_T | S_t = q_i, \lambda)$。

关于这一定义的理解，可以认为在例9.2中，已知第t次拿球的盒子是q_i，则后向概率就表示从第$t+1$次取球到第T次拿球的观测序列为$o_{t+1}, o_{t+2}, \cdots, o_T$的概率。

后向算法的递推过程如图9.9所示。

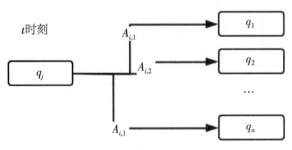

图9.9　后向算法的递推过程

假设在例9.2中，观测到的序列为[黑，白，黑]，则有如下计算过程。

（1）$t=2$时刻：

$$\beta_2(红) = 1$$
$$\beta_2(绿) = 1$$

注意:后向算法的初始值为1。

(2)$t = 1$时刻:

$$\beta_1(红) = A_{0,0}B_0(o_2 = 黑)\beta_2(红) + A_{0,1}B_1(o_2 = 黑)\beta_2(绿)$$
$$= 0.4 \times 0.7 \times 1 + 0.6 \times 0.2 \times 1 = 0.4$$
$$\beta_1(绿) = A_{1,0}B_0(o_2 = 黑)\beta_2(红) + A_{1,1}B_1(o_2 = 黑)\beta_2(绿)$$
$$= 0.45 \times 0.7 \times 1 + 0.55 \times 0.2 \times 1 = 0.425$$

(3)$t = 0$时刻:

$$\beta_0(红) = A_{0,0}B_0(o_1 = 白)\beta_1(红) + A_{0,1}B_1(o_1 = 白)\beta_1(绿)$$
$$= 0.4 \times 0.3 \times 0.4 + 0.6 \times 0.8 \times 0.425 = 0.252$$
$$\beta_0(绿) = A_{1,0}B_0(o_1 = 白)\beta_1(红) + A_{1,1}B_1(o_1 = 白)\beta_1(绿)$$
$$= 0.45 \times 0.3 \times 0.4 + 0.55 \times 0.8 \times 0.425 = 0.241$$

最终得到后向概率:

$$P(O|\lambda) = \sum_{i=0}^{n-1}\Pi_i B_i(o_0)\beta_0(i) = \Pi_0 B_0(o_0 = 黑)\beta_0(红) + \Pi_0 B_0(o_0 = 黑)\beta_0(绿)$$
$$= 0.6 \times 0.7 \times 0.252 + 0.4 \times 0.2 \times 0.241 = 0.12512$$

即观测到的序列为 [黑,白,黑],出现的概率为0.12512。这个结果与前文前向算法的计算结果是一样的。

总结:经过上面的推导,可以将后向算法总结起来,得到后向算法的公式,即

$$P(O|\lambda) = \sum_{i=1}^{n}\sum_{j=1}^{n}A_{i,j}B_j(o_{t+1})\beta_{t+1}(j), \ t = 1, 2, \cdots, T-1$$

9.2.3　求模型参数(学习问题)

这类问题就相当于前面章节讲到的机器学习的概念,已知很多的观测序列,通过这些观测序列来估计模型的参数。即隐含状态集合 $S = \{s_1, s_2, \cdots, s_n\}$、可观测状态集合 $O = \{o_1, o_2, \cdots, o_m\}$ 已知,隐含状态之间的转移概率 $A_{i,j}(1 \leqslant i, j \leqslant n)$、隐含状态到可观测状态的输出概率 $B_{i,j}(1 \leqslant i \leqslant m, 1 \leqslant j \leqslant n)$、初始状态概率 $\Pi_{i,j}(1 \leqslant i, j \leqslant n)$ 未知,问题就化简为根据观测序列求模型参数 $\lambda = (A, B, \Pi)$ 的问题。

这类问题叫作学习问题,即将这些观测序列作为数据集,然后通过算法进行参数估计,得到模型的参数,使得最终得到的模型尽可能地接近观测序列。

现在用于处理这类问题的常用算法是Baum-Welch算法,它是一类无监督学习算法。它的算法流程如下。

(1)输入观测序列集 $O = (o_1, o_2, \cdots, o_T)$,初始化模型参数 $\lambda_0 = (A_0, B_0, \Pi_0)$。

(2)根据EM算法的E步(利用概率模型参数的现有估计值,计算隐含变量的期望),求 $\gamma_t(i)$ 和 $\xi_t(i,j)$。

(3)根据EM算法的M步(利用E步求得的隐含变量的期望,对参数模型进行极大似然估计),利用上一步的数据重新计算参数 $\lambda = (A, B, \Pi)$。

其中各参数的计算公式分别为

$$\overline{\Pi}_i = \gamma_1(i)$$

$$\overline{A}_{i,j} = \frac{\sum_{t=1}^{T-1} \xi_t(i,j)}{\sum_{t=1}^{T-1} \gamma_t(i)}$$

$$\overline{B}_{i,k} = \frac{\sum_{\substack{t=1 \\ o_k = v_k}}^{T} \gamma_t(i)}{\sum_{t=1}^{T} \gamma_t(i)}$$

（4）重复步骤（2）和步骤（3），直到模型收敛为止。

说明：$\gamma_t(i)$ 是给定模型参数 λ 和观测数据 O，在时刻 t 处于状态 q_i 的概率，记作 $\gamma_t(i) = P(y_t = q_i | O, \lambda)$。$\xi_t(i,j)$ 是给定模型参数 λ 和观测数据 O，在时刻 t 处于状态 q_i 且在时刻 $t+1$ 处于状态 q_j 的概率，记作 $\xi_t(i,j) = P(y_t = q_i, y_{t+1} = q_j | O, \lambda)$。两者均需结合 9.2.2 小节中的前向算法和后向算法进行推导。

在步骤（3）中，式子：

$$\overline{B}_{i,k} = \frac{\sum_{\substack{t=1 \\ o_k = v_k}}^{T} \gamma_t(i)}{\sum_{t=1}^{T} \gamma_t(i)}$$

其中条件 $o_k = v_k$ 表示观测的状态是 v_k。

说明：对于学习类问题，整体注重理论公式的推导，该节内容涉及 EM 算法、Baum-Welch 算法，并需要前向算法和后向算法辅助推导。

将这个学习过程展示出来，如图 9.10 所示。

$Y_t(i)$：给定模型参数和观测数据，在 t 时刻处于状态 S_i 的概率

$E_t(i,j)$：给定模型参数和观测数据，在 t 时刻处于状态 S_i，$t+1$ 时刻处于状态 S_j 的概率

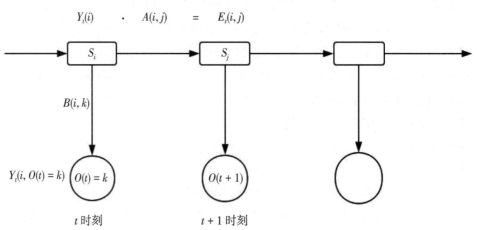

图 9.10　学习过程

对于求模型参数这类学习问题,主要明白这个过程,至于公式,实在不行可以死记硬背。

9.3 实现"智能"的输入法

前面两节内容介绍了概念性的东西,也通过几个小例子展示了隐马尔科夫模型的问题解决思路。接下来要做一个完整的隐马尔科夫模型,了解一下它如何应用到具体场景中去。

输入法大家都不陌生,首拼输入的方法,即根据想输入的词组的拼音首字母进行输入。例如,某人想输入"你好",那只输入"nh",输入法就会自动弹出"你好"。这个功能看似比较简单,但是也涉及隐含状态的分析。

再看一个例子,现在使用输入法随意输入两个字母,看看输入法会给出什么词。下面是使用某输入法的测试,如图9.11所示。

图9.11 输入法

接下来就动手实现这个功能,根据首拼字母猜测用户想输入的内容。

9.3.1 案例分析

首先要实现的这个案例必须有一个数据库,即对应隐马尔科夫模型的隐含状态集合、可观测状态集合。

为了案例的可读性,将需求设置得简单一点,将输入的首拼作为隐含状态集合,将实际的词组作为可观测状态集合。固定词组的长度为2,完成对a、b、c、d四个字母的案例。

案例需要实现的功能如下。

(1)实现导入一部分数据(隐含状态集合和可观测状态集合),初始化模型,使程序能够根据输入的拼音首字母提示出默认的词组。

(2)当使用示例代码输入时,需要根据使用规则更新模型参数,生成符合用户输入习惯的词组。

例如,在初始模型中,输入字母"bb",模型提示出初始模型认为它最大概率的3个词组"不变""宝贝""并不",在提示的词组中,排在第一的概率应该比第二的概率大,排在第二的概率应该比第三的概率大。

在不考虑输入其他模型中没有的情况,模型需要针对输入进行相应的模型参数调整。例如,输入"bb"时,用户实际想输入的是"宝贝",那么模型就应该以用户的输入数据(新的数据集)对模型参数进行学习,以生成符合用户的输入习惯的模型。当下一次进行输入时,如果用户输入"bb",就应该将"宝贝"放在前面的位置。

由于此案例只针对a、b、c、d四个字母进行练习,所以数据量不大,使用的初始默认数据如表9.2

所示。

表9.2 案例初始模型数据

第一个首字母	第二个首字母			
	a	b	c	d
a	嗷嗷、啊啊、AA、哎哎、矮矮、爱啊	安保、阿爸、岸边、阿布、阿宝、案板	爱吃、按错、艾草、凹槽、鹌鹑、爱车	挨打、奥迪、按到、安定、暗淡、安顿
b	吧、把、八、爸、巴、拔	不变、宝贝、宝宝、版本、拜拜、报表	保存、变成、本次、保持、不错、编程	百度、表达、报道、本地、不多、比对
c	擦、嚓、拆、搽、礤、礲	成本、传播、粗暴、出版、差别、翅膀	存储、尺寸、猜测、出差、财产、传承	产地、长度、程度、场地、长短、承担
d	大、打、达、答、搭、嗒	对比、代表、答辩、顶部、打包、地板	调查、堵车、等车、对称、单词、单纯	得到、迭代、当地、单独、等待、调度

9.3.2 训练初始模型

根据表9.2的数据,建立一个初始模型,使程序能够根据输入的两个首字母进行词组展示。

这里建立模型最简单的方式就是直接翻译公式,按照9.2节的内容,分别使用函数对3种问题:解码问题、评估问题和学习问题进行编写。此处借鉴部分开源项目的思路,引入前向修正计算和后向修正计算,解决计算机计算过程中的数据溢出问题。

将整个隐马尔科夫模型的参数、算法用类封装,即

```
class HMM:
```

(1)初始化定义好隐马尔科夫模型必需的变量:隐含状态转移矩阵A、观测状态转移矩阵B、初始状态概率矩阵Pi、隐含状态的数量N、可观测状态的数量M。

```
def __init__(self, Ann, Bnm, pi1n):
    self.A = np.array(Ann)
    self.B = np.array(Bnm)
    self.pi = np.array(pi1n)
    self.N = self.A.shape[0]
    self.M = self.B.shape[1]
```

(2)实现解码问题的Viterbi算法。

```
def viterbi(self, O):
    """
    隐含状态问题求解(解码问题)
    param O: 观测序列
    return: 最大概率隐含状态序列
    """
    T = len(O)
    # 初始化
    delta = np.zeros((T, self.N), np.float64)
```

```
phi = np.zeros((T, self.N), np.float64)
I = np.zeros(T)
for i in range(self.N):
    delta[0, i] = self.pi[i] * self.B[i, O[0]]
    phi[0, i] = 0
# 递推
for t in range(1, T):
    for i in range(self.N):
        delta[t, i] = self.B[i, O[t]] * np.array([delta[t-1, j]*self.A[j, i]
                    for j in range(self.N)]).max()
        phi[t, i] = np.array([delta[t-1, j]*self.A[j, i]  for j in
                    range(self.N)]).argmax()
# 终止
prob = delta[T-1, :].max()
I[T-1] = delta[T-1, :].argmax()
# 状态序列
for t in range(T-2, -1, -1):
    I[t] = phi[t+1, I[t+1]]
return I, prob
```

（3）实现前向算法。

```
def Forward(self, T, O, alpha, pprob):
    """
    前向算法
    param T: 观察值序列的长度
    param O: 观测序列
    param alpha: 运算中用到的临时数组
    param pprob: 返回值,所要求的概率
    """
    # 初始化
    for i in range(self.N):
        alpha[0, i] = self.pi[i] * self.B[i, O[0]]
    # 递归
    for t in range(T-1):
        for j in range(self.N):
            sum = 0.0
            for i in range(self.N):
                sum += alpha[t, i] * self.A[i, j]
            alpha[t+1, j] = sum * self.B[j, O[t+1]]
    # 终止
    sum = 0.0
    for i in range(self.N):
        sum += alpha[T-1, i]
    pprob[0] *= sum
```

（4）实现后向算法。

```
def Backword(self, T, O, beta, pprob):
    """
```

```
后向算法
param T: 观察值序列的长度
param O: 观测序列
param beta: 运算中用到的临时数组
param pprob: 返回值,所要求的概率
"""
# 初始化
for i in range(self.N):
    beta[T-1, i] = 1.0
# 迭代
for t in range(T-2, -1, -1):
    for i in range(self.N):
        sum = 0.0
        for j in range(self.N):
            sum += self.A[i, j] * self.B[j, O[t+1]] * beta[t+1, j]
        beta[t, i] = sum
# 终止
pprob[0] = 0.0
for i in range(self.N):
    pprob[0] += self.pi[i] * self.B[i, O[0]] * beta[0, i]
```

(5)实现学习问题的 Baum-Welch 算法。

```
def BaumWelch(self, L, T, O, alpha, beta, gamma):
    """
    参数估计(学习问题)
    param L: 观测序列数量
    param T: 观测序列长度
    param O: 观测序列
    param alpha: 前向算法结果
    param beta: 后向算法结果
    param gamma: 状态转移矩阵
    """
    DELTA = 0.01 ; round = 0 ; flag = 1 ; probf = [0.0]
    delta = 0.0 ; deltaprev = 0.0 ; probprev = 0.0 ; ratio = 0.0 ; deltaprev = 10e-70

    xi = np.zeros((T, self.N, self.N))
    pi = np.zeros((T), np.float64)
    denominatorA = np.zeros((self.N), np.float64)
    denominatorB = np.zeros((self.N), np.float64)
    numeratorA = np.zeros((self.N, self.N), np.float64)
    numeratorB = np.zeros((self.N, self.M), np.float64)
    scale = np.zeros((T), np.float64)

    while True :
        probf[0] = 0
        # EM算法 E-step
        for l in range(L):
            self.ForwardWithScale(T, O[l], alpha, scale, probf)
```

```python
        self.BackwardWithScale(T, O[l], beta, scale)
        self.ComputeGamma(T, alpha, beta, gamma)
        self.ComputeXi(T, O[l], alpha, beta, gamma, xi)
        for i in range(self.N):
            pi[i] += gamma[0, i]
            for t in range(T-1):
                denominatorA[i] += gamma[t, i]
                denominatorB[i] += gamma[t, i]
            denominatorB[i] += gamma[T-1, i]

            for j in range(self.N):
                for t in range(T-1):
                    numeratorA[i, j] += xi[t, i, j]
            for k in range(self.M):
                for t in range(T):
                    if O[l][t] == k:
                        numeratorB[i, k] += gamma[t, i]

# EM算法M-step
# 迭代隐含状态转移矩阵和观测状态转移矩阵
for i in range(self.N):
    self.pi[i] = 0.001 / self.N + 0.999 * pi[i] / L
    for j in range(self.N):
        self.A[i, j] = 0.001 / self.N + 0.999 * numeratorA[i, j] /
                        denominatorA[i]
        numeratorA[i, j] = 0.0
    for k in range(self.M):
        self.B[i, k] = 0.001 / self.M + 0.999 * numeratorB[i, k] /
                        denominatorB[i]
        numeratorB[i, k] = 0.0

    pi[i] = denominatorA[i] = denominatorB[i] = 0.0;

if flag == 1:
    flag = 0
    probprev = probf[0]
    ratio = 1
    continue

delta = probf[0] - probprev
ratio = delta / deltaprev
probprev = probf[0]
deltaprev = delta
round += 1

if ratio <= DELTA :
    print("num iteration", round)
    break
```

(6)当然在实现上面4个算法函数时,还涉及很多中间步骤。例如,在进行学习问题的迭代计算时,需要计算给定模型参数λ和观测数据O,在时刻t处于状态q_i的概率:$\gamma_t(i) = P(y_t = q_i | O, \lambda)$。还需要计算给定模型参数$\lambda$和观测数据$O$,在时刻$t$处于状态$q_i$且在时刻$t+1$处于状态$q_j$的概率:$\xi_t(i,j) = P(y_t = q_i, y_{t+1} = q_j | O, \lambda)$。

计算$\gamma_t(i) = P(y_t = q_i | O, \lambda)$。

```
def ComputeGamma(self, T, alpha, beta, gamma):
    for t in range(T):
        denominator = 0.0
        for j in range(self.N):
            gamma[t, j] = alpha[t, j] * beta[t, j]
            denominator += gamma[t, j]

        for i in range(self.N):
            gamma[t, i] = gamma[t, i] / denominator
```

计算$\xi_t(i,j) = P(y_t = q_i, y_{t+1} = q_j | O, \lambda)$。

```
def ComputeXi(self, T, O, alpha, beta, gamma, xi):
    for t in range(T-1):
        sum = 0.0
        for i in range(self.N):
            for j in range(self.N):
                xi[t, i, j] = alpha[t, i] * beta[t+1, j] * self.A[i, j] *
                              self.B[j, O[t+1]]
                sum += xi[t, i, j]

        for i in range(self.N):
            for j in range(self.N):
                xi[t, i, j] /= sum
```

这样一个隐马尔科夫模型的模子就创建好了。

9.3.3 实现案例的功能

要实现案例的功能,首先需要将初始数据送入模型学习,得到初始的模型参数$\lambda = (A, B, \pi)$。

注意:在9.3.2小节中,只是实现了隐马尔科夫模型的功能。

根据表9.2的数据,将这些数据进行一些调整。

(1)将可观测状态集合整理出来,并进行编码。定义编码规则如下。

例如,有字符列表['矮','爱','安','阿','阿','岸','案'],按数组的索引进行转码,则得到的编码序列为"矮":0,"爱":1,"安":2,"阿":3,"岸":4。

说明:由于这些数据是中文字符,在计算机中直接对中文字符进行处理会十分困难,所以需要进行编码。

(2)参照第(1)步,对观测序列集进行编码。例如,单词"安安"就转码成"22"。

注意:这一步的规则必须和第一步使用的转码规则一样。

将表9.2的数据进行初次整理后得到观测序列集和可观测状态集合,如图9.12所示。

```
OBSERVE_1 = ['嗷嗷', '啊啊', 'AA', '哎哎', '矮矮', '爱啊', '安保', '阿爸', '岸边', '阿布', '阿宝', '案板',
        '爱吃', '按错', '艾草', '凹槽', '鹌鹑', '爱车', '挨打', '奥迪', '按到', '安定', '暗淡', '安顿',
        '不变', '宝贝', '宝宝', '版本', '拜拜', '报表',
        '保存', '变成', '本次', '保持', '不错', '编程', '百度', '表达', '报道', '本地', '不多', '比对',
        '成本', '传播', '粗暴', '出版', '差别', '翅膀',
        '存储', '尺寸', '猜测', '出差', '财产', '传承', '产地', '长度', '程度', '场地', '长短', '承担',
        '对比', '代表', '答辩', '顶部', '打包', '地板',
        '调查', '堵车', '等车', '对称', '单词', '单纯', '得到', '迭代', '当地', '单独', '等待', '调度']
OBVERSE_2 = ['嗷', '啊', 'A', '哎', '矮', '爱', '安', '阿', '阿', '岸', '案', '按', '艾', '凹', '鹌', '挨', '奥', '按',
          '安', '暗', '安', '鲷', '鮠', '呵', '鞍', '唵', '盎', '腌', '桉', '柳', '谙', '唔', '哀', '坳', '媪',
          '吧', '把', '八', '爸', '巴', '拔', '不', '变', '宝', '贝', '版', '本', '拜', '报', '表', '保', '编', '百',
          '比', '边', '布', '板', '播', '暴', '别', '膀', '辩', '部', '包', '倍', '藏', '摆', '邦', '兵', '霸',
          '擦', '纯', '拆', '蔡', '藏', '灿', '成', '传', '粗', '差', '翅', '存', '储', '尺', '寸', '猜', '测', '出',
          '财', '产', '承', '长', '程', '场', '吃', '错', '草', '槽', '鹑', '车', '次', '持', '查', '称', '词',
          '大', '打', '达', '答', '搭', '嗒', '对', '代', '顶', '地', '调', '堵', '等', '单', '得', '到', '迭', '当',
          '独', '待', '度', '迪', '定', '淡', '顿', '道', '多', '短', '担', '逮', '东', '托', '邓', '宫', '碟']
```

图9.12　表9.2的数据整理结果

其中OBSERVE_1就是观测序列集,OBVERSE_2就是可观测状态集合。对OBVERSE_2进行转码后将得到0~140的整数表示的编码,每一个数字对应集合OBVERSE_2中的一个字符,具有唯一性。

然后根据OBVERSE_2的编码,对观测序列集OBSERVE_1进行转码,最终得到的观测序列集OBSERVE_1的部分结果如图9.13所示。

```
[[0, 0], [1, 1], [2, 2], [3, 3], [4, 4], [5, 1],
[6, 50], [7, 38], [9, 54], [7, 55], [7, 43], [10, 56],
```

图9.13　观测序列集OBSERVE_1转码的部分结果

(3)设定一个初始的参数,因为在9.3.2小节定义的HMM类中没有初始化数据,所有的数据需要从类外传入。所以,此处还要自定义参数$\lambda = (\boldsymbol{A}, \boldsymbol{B}, \boldsymbol{\pi})$。

其中参数$\boldsymbol{A}$的size为4×4;参数$\boldsymbol{B}$的size为4×140;参数$\boldsymbol{\pi}$的size为4×1。

参数$\boldsymbol{A}$依赖于隐含状态的数量,因为此案例中只处理a、b、c、d四个字母,即只有4个隐含状态,所以4个状态之间的两两转换(包括自身)的结果就是4×4。

参数$\boldsymbol{B}$依赖于隐含状态和可观测状态的数量,此处设定的数据中,可观测状态为$35 \times 4 = 140$个(每个字母设定了35个输出状态,每个字母间的输出状态具有唯一性),所以$\boldsymbol{B}$的size就是4×140。

(4)初始化设置好了参数,接下来就是实例化HMM类,并将初始参数传入类中,这时就相当于给9.3.2小节编写的这个框架接上了电源,就可以开始后面的工作了。

```
A = [[0.25, 0.25, 0.25, 0.25], [0.25, 0.25, 0.25, 0.25],
     [0.25, 0.25, 0.25, 0.25], [0.25, 0.25, 0.25, 0.25]]
B_1 = np.zeros(140)
B_1[:35] = (1/35)
B_2 = np.zeros(140)
B_2[36:71] = (1/35)
```

```
B_3 = np.zeros(140)
B_3[71:106] = (1/35)
B_4 = np.zeros(140)
B_4[106:] = (1/35)
B = [B_1, B_2, B_3, B_4]
pi = [0.25, 0.25, 0.25, 0.25]
hmm = HMM(A, B, pi)
```

说明：此处为了简便，将参数都设置为均值。

（5）将第（3）步得到的观测序列集OBSERVE_1转码后的数据传入隐马尔科夫模型，开始对模型进行第一次学习，这一次学习的参数是基于案例已知的数据，所以这次学习出来的模型参数 $\lambda = (A, B, \pi)$ 叫作基础模型。

这个模型能够实现根据给定隐含状态序列（拼音首字母）得出可观测状态（词组）。但是这个模型之所以称为基础，是因为它还没有学习任何输入习惯，是基于默认数据得到的。就好像是新买的一部手机，所有的东西都还是默认的。

参数学习的代码比较简单，直接调用前面HMM类中定义好的学习算法即可。

```
L = len(O)
T = len(O[0])
alpha = np.zeros((T, hmm.N), np.float64)
beta = np.zeros((T, hmm.N), np.float64)
gamma = np.zeros((T, hmm.N), np.float64)
hmm.BaumWelch(L, T, O, alpha, beta, gamma)
```

其中的alpha、beta、gamma为中间态变量，是辅助计算法计算的，无实质意义。

（6）最后就是实现模型的不停地学习功能，每当用户使用一次这个模型，模型就会记录一次使用数据，并将数据叠加在案例给定的初始观测序列集OBSERVE_1上，然后再调用步骤（5）进行参数学习，更新模型参数。

下一次使用模型时，用户使用过的记录（观测序列）出现的概率就会增加，根据概率值，它就会被推送到前面。至此，整个案例就完成了。

 9.4 小结

随着不确定性知识表达和推理的发展，人工智能领域的应用越来越广泛，类似于隐马尔科夫模型这样的动态贝叶斯网络的理论发展会越来越快速。

目前隐马尔科夫模型的相关思想用于自然语言处理方向居多，尤其是在语音识别的解码问题和情感分析的切词问题方面。这些问题从本质上来说，都是隐马尔科夫模型的3种问题的变相应用，万变不离其宗。

本章的理论偏多，而且相较于前面的章节，理论层面的跃迁比较大，可能有些内容在第一时间并不能完全明白。尤其是9.2节，主要阐述了隐马尔科夫模型的3种问题，并结合例子进行说明。需要先熟悉9.1.2小节的内容,清楚模型的5个元素,并结合例9.1进行理解。

由于每个人的理解方式不一样,所以不一定非得按照本章节的内容进行理解,可以参考本章提出的问题和思想,结合自己的理解进行学习。

9.3节主要是对9.2节讲的问题进行实例应用,其中包括对完整案例的流程梳理,以及步骤分解。

第 10 章

贝叶斯深度学习

★ 本章导读 ★

　　第 7 章介绍了深度学习的概念,深度学习由感知器到多层感知器,再到 BP 算法,最后发展成现在的深度学习。在深度学习中,通过大量的神经元组合成一个深度学习神经网络。通过学习机器学习的策略更新网络参数,它的网络参数包括神经元间的权重、偏置。

　　同样,贝叶斯思想也可以用于深度学习,看贝叶斯思想多强大,它可以应用于人工智能的方方面面。根据贝叶斯思想,在贝叶斯深度学习中,认为网络的权重和偏置都是一个分布,而不是确定的值。贝叶斯深度学习即将贝叶斯思想应用到网络的参数估计或参数更新上去。

　　而贝叶斯神经网络(贝叶斯深度学习)与普通神经网络最大的区别就在于,普通神经网络的参数是一个确定的值,网络的输出也是一个值。而贝叶斯神经网络的参数和输出都是一个分布。

★ 知识要点 ★

　　⬧ 神经网络的正向和反向传播。

　　⬧ 贝叶斯深度学习的参数学习。

　　注意:本章关于贝叶斯深度学习部分的原理推导,会涉及积分的运算,请大家在浏览前先回顾一下积分的运算规则。

10.1 神经网络参数学习

第7章介绍过,神经网络的学习过程是由信号正向传播和误差反向传播两部分组成的。在信号正向传播中,通过样本数据(训练集)和初始化的权重、偏置,计算样本的输出值。然后评估输出值和真实值之间的损失值(或误差),如果损失值在给定的范围之内,则停止网络参数的更新。否则,就进入误差反向传播的过程,通过隐藏层向输入层的逐层反传,将误差分摊到各个神经元,各神经元再根据误差信号进行参数修正。这是前面介绍的BP算法的原理。

下面将详细介绍神经网络的反向传播。

10.1.1 BP算法的流程

回顾BP算法的流程,如图10.1所示。

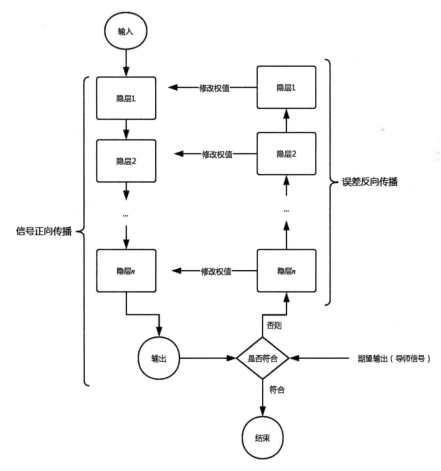

图 10.1 BP算法的流程

这是一个神经网络核心学习的流程,网络的参数通过这个流程进行参数的学习更新。作为算法师,第一需要明白流程,第二需要理解算法的原理。所以,下面将介绍误差反向传播进行参数修正更新的算法原理。

用一个简单的网络结构作为示例,通过该示例对网络结构的反向传播进行理解,该网络结构如图10.2所示。

在这个示例网络中,x_1 和 x_2 是输入层,h_1 和 h_2 是隐藏层,o_1 和 o_2 是输出层。假设激活函数是Sigmoid函数(参考7.3节)。

现在将这个网络赋值一个初始的网络参数,如图10.3所示。

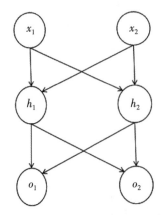

图10.2 示例网络结构

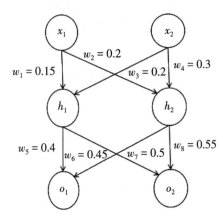

图10.3 示例网络赋值

这样就是一个简单的神经网络了。假设有一组数据 $x_1 = 0.5, x_2 = 0.1$;则通过这个网络可以得到输出数据 $\text{out}_{o1} \approx 0.5257, \text{out}_{o2} \approx 0.5285$(计算过程参考下面的步骤)。

假设给出的输入数据 $x_1 = 0.5, x_2 = 0.1$ 对应的真实值为 $\text{tar}_{o1} = 0.3, \text{tar}_{o2} = 0.5$。这时发现网络的输出结果和真实值是存在很大的误差的,下面就需要通过误差反向传播将误差分摊到各个神经元,然后再更新权重参数。

现在开始BP算法的推导过程。

说明:此处选用Sigmoid作为激活函数。

1. 前向传播

(1)输入层到隐藏层。

神经元 h_1 的输入加权和为

$$\text{net}_{h1} = w_1 \cdot x_1 + w_3 \cdot x_2 = 0.095$$

其输出为

$$\text{out}_{h1} = \text{Sigmoid}(\text{net}_{h1}) = \frac{1}{1 + e^{-0.095}} \approx 0.5237$$

神经元 h_2 的输入加权和为

$$\text{net}_{h2} = w_2 \cdot x_1 + w_4 \cdot x_2 = 0.13$$

其输出为

$$\text{out}_{h2} = \text{Sigmoid}(\text{net}_{h2}) = \frac{1}{1 + e^{-0.13}} \approx 0.5325$$

(2)隐藏层到输出层。

神经元 o_1 的输入加权和为

$$\text{net}_{o1} = w_5 \cdot \text{net}_{h1} + w_7 \cdot \text{net}_{h2} = 0.103$$

其输出为

$$\text{out}_{o1} = \text{Sigmoid}(\text{net}_{o1}) = \frac{1}{1 + e^{-0.103}} \approx 0.5257$$

神经元 o_2 的输入加权和为

$$\text{net}_{o2} = w_6 \cdot \text{net}_{h1} + w_8 \cdot \text{net}_{h2} = 0.11425$$

其输出为

$$\text{out}_{o2} = \text{Sigmoid}(\text{net}_{o2}) = \frac{1}{1 + e^{-0.11425}} \approx 0.5285$$

此时就得到了这个网络对输入值进行正向传播得到的输出值。这个输出值和真实值 $\text{tar}_{o1} = 0.3$，$\text{tar}_{o2} = 0.5$ 是存在很大的误差的。所以，下面就需要进行误差反向传播。

2. 后向传播

(1)计算误差。

设总误差的计算公式为

$$E = E_{o1} + E_{o2} = \sum \frac{1}{2}(\text{tar} - \text{out})^2$$

则可以得到最终输出的总误差为

$$E_{\text{total}} = \frac{1}{2}(0.5257 - 0.3)^2 + \frac{1}{2}(0.5285 - 0.5)^2 = 0.02587637$$

(2)隐藏层到输出层的权重更新。

根据链式法则，如果需要知道某一个参数对整体误差产生多少影响，就用整体误差对该参数求偏导。例如，要想知道权重参数 w_5 对整体误差的影响，则用整体误差 E_{total} 对权重参数 w_5 求偏导，即

$$\frac{\partial E_{\text{total}}}{\partial w_5} = \frac{\partial E_{\text{total}}}{\partial \text{out}_{o1}} \cdot \frac{\partial \text{out}_{o1}}{\partial \text{net}_{o1}} \cdot \frac{\partial \text{net}_{o1}}{\partial w_5}$$

这个过程用图形展示出来，如图10.4所示。

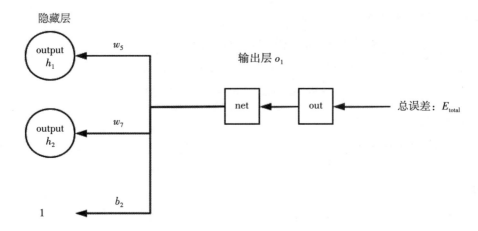

图 10.4　误差反向传播

图 10.4 中的箭头就表示误差反向传播。

现在计算：

$$\frac{\partial E_{\text{total}}}{\partial w_5} = \frac{\partial E_{\text{total}}}{\partial \text{out}_{o1}} \cdot \frac{\partial \text{out}_{o1}}{\partial \text{net}_{o1}} \cdot \frac{\partial \text{net}_{o1}}{\partial w_5}$$

先计算总误差：

$$E_{\text{total}} = \sum \frac{1}{2} (\text{tar} - \text{out})^2 = \frac{1}{2} (\text{tar}_{o1} - \text{out}_{o1})^2 + \frac{1}{2} (\text{tar}_{o2} - \text{out}_{o2})^2$$

则可以得到：

$$\frac{\partial E_{\text{total}}}{\partial \text{out}_{o1}} = -(\text{tar}_{o1} - \text{out}_{o1}) = -(0.3 - 0.5257) = 0.2257$$

然后再计算 $\dfrac{\partial \text{out}_{o1}}{\partial \text{net}_{o1}}$，由于此处采用的是 Sigmoid 激活函数，即

$$\text{out}_{o1} = \text{Sigmoid}(\text{net}_{o1}) = \frac{1}{1 + e^{-\text{net}_{o1}}}$$

则可以得到：

$$\frac{\partial \text{out}_{o1}}{\partial \text{net}_{o1}} = \text{out}_{o1}(1 - \text{out}_{o1}) = 0.24933951$$

最后计算 $\dfrac{\partial \text{net}_{o1}}{\partial w_5}$，由于 $\text{net}_{o1} = w_5 \cdot \text{out}_{h1} + w_7 \cdot \text{out}_{h2}$，所以

$$\frac{\partial \text{net}_{o1}}{\partial w_5} = \text{out}_{h1} = 0.5237$$

最后就可以得到

$$\frac{\partial E_{\text{total}}}{\partial w_5} = \frac{\partial E_{\text{total}}}{\partial \text{out}_{o1}} \cdot \frac{\partial \text{out}_{o1}}{\partial \text{net}_{o1}} \cdot \frac{\partial \text{net}_{o1}}{\partial w_5} = 0.2257 \times 0.24933951 \times 0.5237 = 0.0294717031830459$$

这样权重参数 w_5 对整体误差 E_{total} 的影响就得到了，为 0.0294717031830459。

重点：通过上面对权重参数 w_5 的推算，可以发现在计算过程中，3个偏微分的值是可以用一个涉及神经元的输入输出值进行表达的。

设

$$\delta_{o1} = \frac{\partial E_{\text{total}}}{\partial \text{out}_{o1}} \cdot \frac{\partial \text{out}_{o1}}{\partial \text{net}_{o1}} = -(\text{tar}_{o1} - \text{out}_{o1})(1 - \text{out}_{o1})\text{out}_{o1}$$

则上面的公式可写为

$$\frac{\partial E_{\text{total}}}{\partial w_5} = \delta_{o1}\text{out}_{h1}$$

如此，就可以对权重参数 w_5 进行更新了。此处就需要一个深度学习神经网络中很重要的超参数了——学习率。此处设学习率为0.01，即 $\eta = 0.01$，则对权重参数 w_5 的更新计算为

$$w_{5\text{new}} = w_5 - \eta \cdot \frac{\partial E_{\text{total}}}{\partial w_5} = 0.4 - 0.01 \times 0.0294717031830459 = 0.399705282968169541$$

这就是完成一次误差反向传播权重参数 w_5 更新后的值。

按照上面的过程，同理可以计算得到其他权重参数更新后的值。

对权重参数 w_6 的更新计算为

$$\frac{\partial E_{\text{total}}}{\partial w_6} = \frac{\partial E_{\text{total}}}{\partial \text{out}_{o2}} \cdot \frac{\partial \text{out}_{o2}}{\partial \text{net}_{o2}} \cdot \frac{\partial \text{net}_{o2}}{\partial w_6} = -(\text{tar}_{o2} - \text{out}_{o2}) \cdot \text{out}_{o2} \cdot (1 - \text{out}_{o2}) \cdot \text{out}_{h1}$$

$$= -(0.5 - 0.5285) \times 0.5258 \times (1 - 0.5285) \times 0.5237 = 0.0037192393032375$$

$$w_{6\text{new}} = w_6 - \eta \cdot \frac{\partial E_{\text{total}}}{\partial w_6} = 0.449962807606967625$$

对权重参数 w_7 的更新计算为

$$\frac{\partial E_{\text{total}}}{\partial w_7} = \frac{\partial E_{\text{total}}}{\partial \text{out}_{o2}} \cdot \frac{\partial \text{out}_{o2}}{\partial \text{net}_{o2}} \cdot \frac{\partial \text{net}_{o2}}{\partial w_7} = -(\text{tar}_{o1} - \text{out}_{o1}) \cdot \text{out}_{h2} \cdot \text{out}_{o1}(1 - \text{out}_{o1})$$

$$= -(0.3 - 0.5257) \times 0.5325 \times 0.5257 \times (1 - 0.5257) = 0.0299669313442275$$

$$w_{7\text{new}} = w_7 - \eta \cdot \frac{\partial E_{\text{total}}}{\partial w_7} = 0.499700330686557725$$

对权重参数 w_8 的更新计算为

$$\frac{\partial E_{\text{total}}}{\partial w_8} = \frac{\partial E_{\text{total}}}{\partial \text{out}_{o2}} \cdot \frac{\partial \text{out}_{o2}}{\partial \text{net}_{o2}} \cdot \frac{\partial \text{net}_{o2}}{\partial w_8} = -(\text{tar}_{o2} - \text{out}_{o2}) \cdot \text{out}_{h2} \cdot \text{out}_{o2}(1 - \text{out}_{o2})$$

$$= -(0.5 - 0.5285) \times 0.5325 \times 0.5285 \times (1 - 0.5285) = 0.0037817355909375$$

$$w_{8\text{new}} = w_8 - \eta \cdot \frac{\partial E_{\text{total}}}{\partial w_8} = 0.549962182644090625$$

现在就完成了从输出层到隐藏层的一次反向传播，最终更新的各层权重参数分别为

$$w_{5\text{new}} = 0.399705282968169541$$
$$w_{6\text{new}} = 0.449962807606967625$$
$$w_{7\text{new}} = 0.499700330686557725$$
$$w_{8\text{new}} = 0.549962182644090625$$

下一步就是需要完成从隐藏层到输出层的反向传播。

（3）输入层到隐藏层的权重更新。

从隐藏层到输入层进行反向传播时，权重参数更新的方法和上面一样，只是在计算权重参数对误差的影响时需要改变计算方式。

例如，对权重参数 w_1 进行更新，由于该权重直接连接的两个神经元是 x_1 和 h_1，而神经元 h_1 接收了来自输出层 o_1 和 o_2 两个神经元的误差，如图 10.5 所示，所以此时的总误差变为

$$E_{\text{total}} = E_{o1} + E_{o2}$$

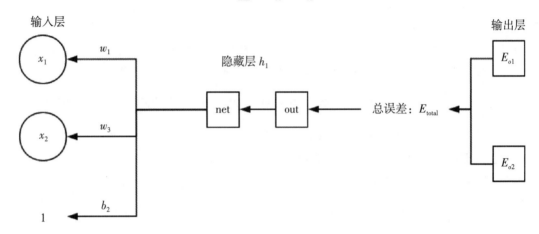

图 10.5　隐藏层向输入层反向传播

此时对于神经元 h_1，求权重参数 w_1 对该神经元总误差的影响，计算公式为

$$\frac{\partial E_{\text{total}}}{\partial w_1} = \frac{\partial E_{\text{total}}}{\partial \text{out}_{h1}} \cdot \frac{\partial \text{out}_{h1}}{\partial \text{net}_{h1}} \cdot \frac{\partial \text{net}_{h1}}{\partial w_1} = \left(\frac{\partial E_{o1}}{\partial \text{out}_{h1}} + \frac{\partial E_{o2}}{\partial \text{out}_{h1}} \right) \cdot \frac{\partial \text{out}_{h1}}{\partial \text{net}_{h1}} \cdot \frac{\partial \text{net}_{h1}}{\partial w_1}$$

先计算 $\dfrac{\partial E_{o1}}{\partial \text{out}_{h1}}$：

$$\frac{\partial E_{o1}}{\partial \text{out}_{h1}} = \frac{\partial E_{o1}}{\partial \text{out}_{o1}} \cdot \frac{\partial \text{out}_{o1}}{\partial \text{net}_{o1}} \cdot \frac{\partial \text{net}_{o1}}{\partial \text{out}_{h1}}$$

其中

$$\frac{\partial E_{o1}}{\partial \text{out}_{o1}} = -(\text{tar}_{o1} - \text{out}_{o1})$$

$$\frac{\partial \text{out}_{o1}}{\partial \text{net}_{o1}} = \text{out}_{o1}(1 - \text{out}_{o1})$$

$$\frac{\partial \text{net}_{o1}}{\partial \text{out}_{h1}} = w_5$$

再计算 $\dfrac{\partial E_{o2}}{\partial \text{out}_{h1}}$：

$$\frac{\partial E_{o2}}{\partial \text{out}_{h1}} = \frac{\partial E_{o2}}{\partial \text{out}_{o2}} \cdot \frac{\partial \text{out}_{o2}}{\partial \text{net}_{o2}} \cdot \frac{\partial \text{net}_{o2}}{\partial \text{out}_{h1}}$$

其中

$$\frac{\partial E_{o2}}{\partial \text{out}_{o2}} = -(\text{tar}_{o2} - \text{out}_{o2})$$

$$\frac{\partial \text{out}_{o2}}{\partial \text{net}_{o2}} = \text{out}_{o2}(1 - \text{out}_{o2})$$

$$\frac{\partial \text{net}_{o2}}{\partial \text{out}_{h1}} = w_6$$

最终这个影响值的计算公式为

$$\frac{\partial E_{\text{total}}}{\partial w_1} = [-(\text{tar}_{o1} - \text{out}_{o1}) \cdot \text{out}_{o1} \cdot (1 - \text{out}_{o1}) - (\text{tar}_{o2} - \text{out}_{o2}) \cdot \text{out}_{o2} \cdot (1 - \text{out}_{o2})] \cdot \text{out}_{h1} \cdot (1 - \text{out}_{h1}) \cdot x_1$$

然后更新权重参数 w_1:

$$w_{1\text{new}} = w_1 - \eta \cdot \frac{\partial E_{\text{total}}}{\partial w_1}$$

其中 η 为神经网络的超参数——学习率。

按照如上过程,完成对权重参数 w_1, w_2, w_3, w_4 的更新。至此,整个示例网络就完成了一次误差反向传播。

注意:传播的过程公式原理简单,但是比较烦琐,所以在推导时一定要注意权重两边连接的神经元,而且一定要区分清楚神经元内部的 net 值和 out 值,out = Sigmoid(net),两者的值是有区别的。

用一条单链展示 BP 算法的流程,如图 10.6 所示。

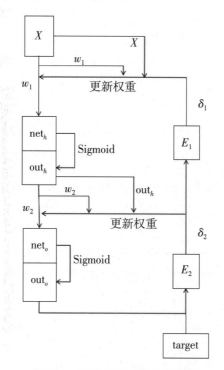

图 10.6　BP 算法的单链推导过程

10.1.2 实现BP算法

通过前面的推导,发现其实要实现BP算法,首先是确定网络结构;然后是实现正向传播,得到各个神经元的net值和out值;最后是实现反向传播,该步骤主要就是计算各个神经元结点之间,以及神经元内部net值和out值的偏微分。

下面就对10.1.1小节的神经网络实现正向和反向传播。

(1)加载数据,此处仍然采用随机生成数据的方式生成样本数据。选用cos函数生成数据,并引入噪声。

说明:引入噪声的目的是验证算法的学习效果。

```python
def load_data():
    """
    加载数据集
    """
    x = np.arange(0.0, 1.0, 0.01)
    # 引入噪声
    noise = np.random.random(100) * 10
    y = 20 * np.cos(2*np.pi*x) + noise
    return x, y
```

(2)实现网络的参数初始化,也可以理解成构建一个初始化的网络。

```python
def init_parameters(layers):
    """
    :param layers: 每层的神经元个数——列表。[2,3,1]代表一个三层的网络,输入层神经元数量为
2,隐藏层神经元数量为3,输出层神经元数量为1
    :return:
    """
    L = len(layers)
    parameters = {}
    for i in range(1, L):
        # 权重
        parameters["w"+str(i)] = np.random.random([layers[i], layers[i-1]])
        # 偏置
        parameters["b"+str(i)] = np.zeros((layers[i], 1))
    print(parameters)
```

(3)实现正向传播。

注意:这一步在测试时发现由于没有采用科学计算的方式,而是使用了系统默认的进制计算方式,所以到了高位小数时计算就出现了数据缺失的情况,导致最终拟合不了。因此,此处经过测试,在最后的输出层不使用激活函数。

```python
def forward(x, parameters):
    """
    :param x: 输入层数据——列表
    :param parameters: 网络参数(权重、偏置)——字典
```

```
    :return: 各层网络的每个神经元的输入输出值和输出层的神经元输出值——列表
    """
    net = []
    out = []
    caches = {}
    net.append(x)
    out.append(x)
    # 因为parameters中包含了权重和偏置,所以计算长度时要除以2
    layers = len(parameters) // 2
    # 计算隐藏层的神经元输入值、输出值
    for i in range(1, layers):
        z_temp = parameters["w"+str(i)].dot(x) + parameters["b"+str(i)]
        # net(k)值,即神经元的输入值
        net.append(z_temp)
        # out(k)值,即神经元的输出值
        out.append(sigmoid(z_temp))
    z_temp = parameters["w"+str(layers)].dot(out[layers-1]) +
            parameters["b"+str(layers)]
    net.append(z_temp)
    """
此处由于数位运算的问题,涉及小数点后的高位运算,出现了运算问题,所以此处在输出层先不使用激活
函数
    如果使用激活函数,则需要将代码中涉及运算的部分改为科学计算的代码(注释掉的代码为激活函数的
代码)
    """
    # out.append(sigmoid(z_temp))
    out.append(z_temp)

    # 将每个神经元的输入输出值保存
    caches["net"] = net
    caches["out"] = out
    # print(z[layers], a[layers])
    return caches, out[layers]
```

(4)实现反向传播。

```
def backward(parameters, caches, out, y):
    """
    :param parameters: 网络参数(权重、偏置)——字典
    :param caches: 各网络层神经元的输入值和输出值
    :param out: 输出层的输出
    :param y: 真实值——列表
    :return: 各个神经元结点参数(权重、偏置)对总误差的影响(总误差对各神经元参数w、b的偏导
数)——字典
    """
    layers = len(parameters) // 2
    grades = {}
    m = y.shape[1]
    # 表示总体误差对输入值的偏导
```

```
"""
由于前向计算时出现了运算精度问题,取消了最后输出层的激活函数,所以此处应将输出层的偏导改成
无激活函数的形式(注释掉的代码是正常有激活函数的代码)
"""
grades["dz"+str(layers)] = out - y
# grades["dz"+str(layers)] = (out-y) * out * (1-out)
# 表示误差对权重的偏导
grades["dw"+str(layers)] = grades["dz"+str(layers)].dot(caches["out"]
                              [layers-1].T) / m
# 表示误差对偏置的偏导
grades["db"+str(layers)] = np.sum(grades["dz"+str(layers)], axis=1,
                              keepdims=True) / m
# 前面全部都是Sigmoid激活
for i in reversed(range(1, layers)):
    grades["dz"+str(i)] = parameters["w"+str(i+1)].T.dot(grades["dz"+str(i+1)])*
                          sigmoid_prime(caches["net"][i])
    grades["dw"+str(i)] = grades["dz"+str(i)].dot(caches["out"][i-1].T) / m
    grades["db"+str(i)] = np.sum(grades["dz"+str(i)], axis=1, keepdims=True) / m
# print(grades)
return grades
```

这就是BP算法核心的功能。

说明:此处的核心代码做了优化,正向传播和反向传播都是基于矩阵的运算。如果不明白,可以按照10.1.1小节的思路进行实现。

最终的实现效果如图10.7所示。

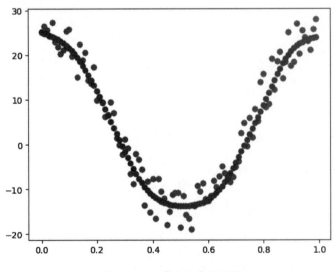

图10.7　BP算法的实现效果

通过图10.7可以看到,即便事先将数据引入了噪声,但是算法还是比较好地拟合出了函数。

为了验证算法的效果,再试试将数据改成sin函数,如图10.8所示。

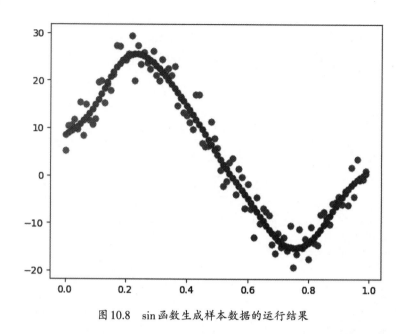

图 10.8　sin 函数生成样本数据的运行结果

这时可以看到,算法并非完全拟合出了标准的 sin 函数的走势,它是根据数据的走势贴近拟合数据的走势的。这也说明了一点,该算法的学习性比较强。

10.1.3　BP算法实现代码

BP算法实现的参考代码如下。该代码仅为理论推导的过程复现。

```python
import numpy as np
import matplotlib.pyplot as plt
def load_data():
    """
    加载数据——此处随机生成数据
    """
    x = np.arange(0.0, 1.0, 0.01)
    # 引入噪声
    noise = np.random.random(100) * 10
    y = 20 * np.sin(2*np.pi*x) + noise
    return x, y
def compute_loss(out, y):
    """
    计算误差
    :param out: 输出层的值
    :param y: 真实值
    :return: 误差
    """
    return np.mean(np.square(out-y))
def init_parameters(layers):
```

```
    """
    初始化网络
    :param layers: 每层的神经元个数——列表。[2,3,1]代表一个三层的网络,输入层神经元数量为
2,隐藏层神经元数量为3,输出层神经元数量为1
    :return:
    """
    L = len(layers)
    parameters = {}
    for i in range(1, L):
        # 权重
        parameters["w"+str(i)] = np.random.random([layers[i], layers[i-1]])
        # 偏置
        parameters["b"+str(i)] = np.zeros((layers[i], 1))
    print(parameters)
    return parameters
def sigmoid(net):
    """
    激活函数
    :param net: 神经元的输入值
    :return: 神经元的输出值
    """
    return np.float64(1.0/(1.0+np.exp(-net)))
def sigmoid_prime(net):
    """
    激活函数导数
    :param net: 神经元的输入值
    :return: 神经元输出值关于输入值的导数
    """
    return np.float64(sigmoid(net)*(1-sigmoid(net)))
def forward(x, parameters):
    """
    :param x: 输入层数据——列表
    :param parameters: 网络参数(权重、偏置)——字典
    :return: 各层网络的每个神经元的输入输出值和输出层的神经元输出值——列表
    """
    net = []
    out = []
    caches = {}
    net.append(x)
    out.append(x)
    # 因为parameters中包含了权重和偏置,所以计算长度时要除以2
    layers = len(parameters) // 2
    # 计算隐藏层的神经元输入值、输出值
    for i in range(1, layers):
        z_temp = parameters["w"+str(i)].dot(x) + parameters["b"+str(i)]
        # net(k)值,即神经元的输入值
        net.append(z_temp)
        # out(k)值,即神经元的输出值
        out.append(sigmoid(z_temp))
```

```
    z_temp = parameters["w"+str(layers)].dot(out[layers-1]) +
                parameters["b"+str(layers)]
    net.append(z_temp)
    """
```

此处由于数位运算的问题,涉及小数点后的高位运算,出现了运算问题,所以此处在输出层先不使用激活函数

如果使用激活函数,则需要将代码中涉及运算的部分改为科学计算的代码(注释掉的代码为激活函数的代码)
```
    """
    # out.append(sigmoid(z_temp))
    out.append(z_temp)

    # 将每个神经元的输入输出值保存
    caches["net"] = net
    caches["out"] = out
    # print(z[layers], a[layers])
    return caches, out[layers]
def backward(parameters, caches, out, y):
    """
    :param parameters: 网络参数(权重、偏置)——字典
    :param caches: 各网络层神经元的输入值和输出值
    :param out: 输出层的输出
    :param y: 真实值——列表
    :return: 各个神经元结点参数(权重、偏置)对总误差的影响(总误差对各神经元参数w、b的偏导
数)——字典
    """

    layers = len(parameters) // 2
    grades = {}
    m = y.shape[1]
    # 表示总体误差对输入值的偏导
    """
```

由于前向计算时出现了运算精度问题,取消了最后输出层的激活函数,所以此处应将输出层的偏导改成无激活函数的形式(注释掉的代码是正常有激活函数的代码)
```
    """
    grades["dz"+str(layers)] = out - y
    # grades["dz"+str(layers)] = (out-y) * out * (1-out)
    # 表示误差对权重的偏导
    grades["dw"+str(layers)] = grades["dz"+str(layers)].dot(caches["out"]
                                    [layers-1].T) / m
    # 表示误差对偏置的偏导
    grades["db"+str(layers)] = np.sum(grades["dz"+str(layers)], axis=1,
                                    keepdims=True) / m
    # 前面全部都是Sigmoid激活
    for i in reversed(range(1, layers)):
        grades["dz"+str(i)] = parameters["w"+str(i+1)].T.dot(grades["dz"+str(i+1)])*
                                    sigmoid_prime(caches["net"][i])
        grades["dw"+str(i)] = grades["dz"+str(i)].dot(caches["out"][i-1].T) / m
        grades["db"+str(i)] = np.sum(grades["dz"+str(i)], axis=1, keepdims=True) / m
    # print(grades)
```

```
        return grades
def update_grades(parameters, grades, learning_rate):
    """
    :param parameters: 网络参数(权重、偏置)——字典
    :param grades: 各个神经元结点参数(权重、偏置)对总误差的影响(总误差对各神经元参数w、b的偏
导数)——字典
    :param learning_rate: 学习参数
    :return: 更新后的网络参数(权重、偏置)
    """
    layers = len(parameters) // 2
    for i in range(1, layers+1):
        parameters["w"+str(i)] -= learning_rate * grades["dw"+str(i)]
        parameters["b"+str(i)] -= learning_rate * grades["db"+str(i)]
    return parameters
if __name__ == '__main__':
    x, y = load_data()
    x = x.reshape(1, 100)
    y = y.reshape(1, 100)
    plt.scatter(x, y, c='red')
    # 初始化网络结构
    parameters = init_parameters([1, 25, 1])
    out = 0
    # 设置学习次数
    for i in range(4000):
        # 前向传播,得到网络各神经元的输入值、输出值,以及输出层的输出值
        caches, out = forward(x, parameters)
        # 根据网络参数,前向传播得到的各神经元的输入值、输出值,输出层的输出值,真实值计算各个神
        # 经元的参数对误差的影响
        grades = backward(parameters, caches, out, y)
        # 根据反向传播得到的参数对误差的影响,结合学习率对参数进行更新
        parameters = update_grades(parameters, grades, learning_rate=0.3)
        if i % 100 == 0:
            print(compute_loss(out, y))
        # 当网络的输出值与真实值误差达到要求即停止迭代
        if np.abs(compute_loss(out, y)) <= 3:
            print("此时学习的次数为;", i)
            break
    plt.scatter(x, out, c='green')
    plt.show()
```

10.2 贝叶斯深度学习的概念

普通深度学习神经网络,是由大量神经元(图10.9)构成的具有多层感知功能的网络(图10.10)。相关的学习算法也在10.1节中进行了介绍。

注意:BP算法只是深度学习中的一种,深度学习中还存在其他的学习策略。

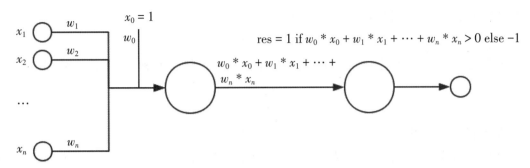

图 10.9　神经元的结构

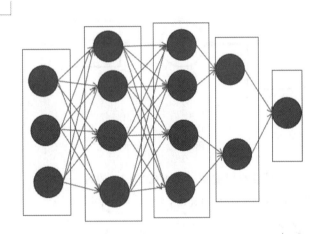

图 10.10　神经网络的结构

10.2.1　贝叶斯神经网络与普通神经网络的区别

选用一个神经元来展示贝叶斯神经网络与普通神经网络的区别。

简化图 10.9, 可以将一个神经元表示成图 10.11。

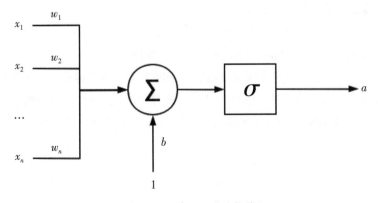

图 10.11　神经元的结构简化

在神经网络中,对于单个神经元,可以有如下数学表达方式。

$$f = \boldsymbol{W} \cdot \boldsymbol{X} = \sum w_i \cdot x_i + b \ (i \geq 1)$$

在神经元的末端加上激活函数,比如最常见的ReLU激活函数,最后神经元的输出为

$$f = \begin{cases} 0, \text{if } f < 0 \\ f, \text{else} \end{cases}$$

1. 普通神经网络的思想

在普通神经网络中,对于每个神经元,都有一组确定的值:权重 $\boldsymbol{W} = (w_1, w_2, \cdots, w_n)$ 和偏置参数 b。例如,对于一个神经元,有3个维度的数据输入,如图10.12所示。

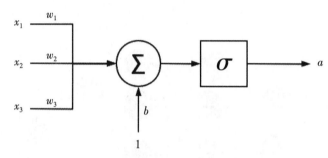

图10.12　示例神经元

假设在这个神经元中,网络的权重 $\boldsymbol{W} = (0.1, 0.2, 0.3)$,偏置 $b = -0.5$。一个输入数据 $\boldsymbol{X} = (1, 2, 3)$,通过神经元的输出为 $1 \times 0.1 + 2 \times 0.2 + 3 \times 0.3 + 1 \times (-0.5) = 0.9$。

2. 贝叶斯神经网络的思想

在贝叶斯深度学习中,参数(权重 $\boldsymbol{W}$ 和偏置 b)不再是一个确定的值,而变成了一个分布。

例10.1　在图10.12所示的这个神经元中,假设权重 $\boldsymbol{W}$ 和偏置 b 是一个正态分布,即偏置与权重的概率密度函数为

$$f(x) = \frac{1}{\sqrt{2\pi}\sigma} \exp\left(-\frac{(x-\mu)^2}{2\sigma^2}\right)$$

设这4个分布的均值和方差分别为 $\mu_1, \sigma_1^2, \mu_2, \sigma_2^2, \mu_3, \sigma_3^2, \mu_4, \sigma_4^2$,则对于该神经元,当输入值为 $\boldsymbol{X} = (x_1, x_2, x_3)$ 时,它的输出也不再是一个值,而是这样:

$$N(\mu_1, \sigma_1^2) \cdot x_1 + N(\mu_2, \sigma_2^2) \cdot x_2 + N(\mu_3, \sigma_3^2) \cdot x_3 + N(\mu_4, \sigma_4^2)$$

这个分布还需要通过激活函数ReLU过滤掉小于0的部分。

总的来说,贝叶斯深度学习与普通深度学习的区别就在于神经元运算。一个是针对确定参数值的运算,一个是针对分布函数的运算。结合10.1节的推导思想,普通神经网络的每个神经元输入值net和输出值out是一个确定的值,而对于贝叶斯深度学习,它们变成了一个分布 $f(x)$。

贝叶斯深度学习如图10.13所示。

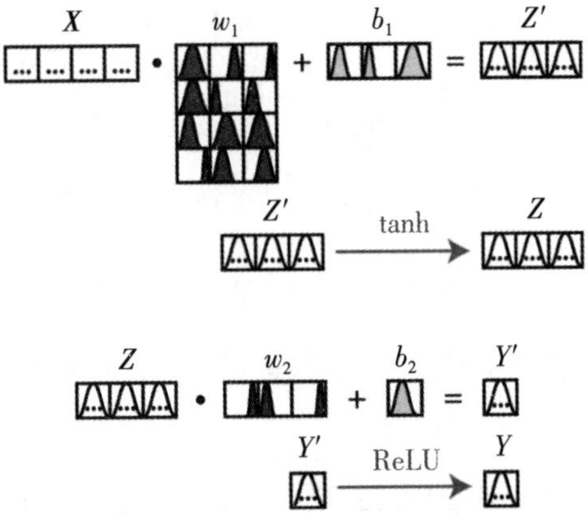

图 10.13　贝叶斯深度学习

10.2.2　贝叶斯深度学习推导

了解了贝叶斯深度学习(贝叶斯神经网络)后,肯定会有一些疑惑,对于分布,整个网络应该怎样进行参数学习、训练、预测呢?

首先看看贝叶斯神经网络如何进行参数学习。

对于贝叶斯网络的参数学习,形象地概括就是一个数学公式,即

$$P(W|X,Y) = \frac{P(Y|X,W)P(W)}{\int P(Y|X,W)P(W)\mathrm{d}W}$$

该公式的结构其实还是贝叶斯公式的变式拓展应用。

分析:最终的目的是根据数据集 $D = \{(x_1,y_1),(x_2,y_2),\cdots,(x_n,y_n)\}$ 训练得到参数 W 的后验概率分布 $P(W|X,Y)$。根据上式,参数 W 可以根据经验得到,$P(Y|X,W)$ 在取定 W 后也可以得到。即对于上式的分子部分,可以通过参数 W 的分布和样本数据集计算。

贝叶斯神经网络比较难的地方在于计算上式的分母部分。因为在实际情况中,网络比较复杂,参数很多,导致分母部分无法积分,这样的话,上面的公式就成了摆设。因此,前辈们研究了几种针对贝叶斯深度学习的参数估计方式。

(1)Approximating the integral with MCMC。

(2)Using black-box variational inference (with Edward)。

(3)Using MC (Monte Carlo) dropout。

一般比较常见的是第二种方式,称为变分推理。概括地讲,就是用一个简单的分布 q 去近似后验概率分布 p,即不管分母怎么积分,直接最小化分布 q 和 p 之间的差异,如可以使用 KL 散度计算。

说明:以下步骤对公式的理解和推导比较复杂,可作为参考,主要记住最后的结果即可。

1. 变分推理

先看看变分推理如何计算(先看公式,然后再一起理解)。

$$\log P(x) = \log P(x, z) - \log P(z|x)$$

$$= \log \frac{P(x, z)}{q(z)} - \log \frac{P(z|x)}{q(z)}$$

$$= \log P(x, z) - \log q(z) - \log \frac{P(z|x)}{q(z)}$$

$$= \log P(x, z) - \log q(z) + \log \frac{q(z)}{P(z|x)}$$

仔细观察,其实这一步是利用了对数的性质,运用对数计算对 $\log P(x, z) - \log P(z|x)$ 进行了变换。接下来,在等式两边对 $q(z)$ 积分,可以得到:

$$\int q(z) \log P(x) \mathrm{d}z = \int q(z) \log P(x, z) \mathrm{d}z - \int q(z) \log q(z) \mathrm{d}z + \int q(z) \log \frac{q(z)}{P(z|x)} \mathrm{d}z$$

$q(z)$ 与 $P(x)$ 无关,则

$$\int q(z) \log P(x) \mathrm{d}z = \log P(x)$$

所以,最终可以得到:

$$\log P(x) = \int q(z) \log P(x, z) \mathrm{d}z - \int q(z) \log q(z) \mathrm{d}z + \int q(z) \log \frac{q(z)}{P(z|x)} \mathrm{d}z$$

在上式的等号右边,"+"左边的部分 $\int q(z) \log P(x, z) \mathrm{d}z - \int q(z) \log q(z) \mathrm{d}z$ 被称为 Evidence Lower Bound(ELOB),直译为证据下界,也有些教材称之为自由能,两种叫法都是它。"+"右边的部分 $\int q(z) \log \frac{q(z)}{P(z|x)} \mathrm{d}z$ 为 KL 散度。这样上面的公式就可以表达成:

$$\log P(x) = F(q) + KL[q(z) \| P(z|x)]$$

说明:KL 散度是用来衡量两个分布之间的距离的,当距离为 0 时,表示两个分布完全一致。

在上面的公式中,认为 x 是一组可观测的数据,这组数据有一组特征,这组特征服从分布 $q(z)$,z 就是隐变量,但是分布 $q(z)$ 未知,只能通过数据 x 推测 $q(z)$,也就是计算 $P(z|x)$。

在上面的公式中,数据 x 是已知的,那么 $\log P(x)$ 就是一个已知的值,此处可以理解成定值。对于 $F(q) + KL[q(z) \| P(z|x)] = $ 定值,$F(q)$ 越大,$KL[q(z) \| P(z|x)]$ 就越小;反之,$KL[q(z) \| P(z|x)]$ 就越大。

以上便是变分推理的思想。

那么,将这个思想应用到贝叶斯深度学习的参数估计中,就可以得到如下参数推导过程。

要求在数据集 $D = \{(x_1, y_1), (x_2, y_2), \cdots, (x_n, y_n)\}$ 下模型参数 θ 的分布,即求 $P(\theta|D)$。但是根据本小节开头的推导发现,对于公式:

$$P(W|X, Y) = \frac{P(Y|X, W) P(W)}{\int P(Y|X, W) P(W) \mathrm{d}W}$$

在实际中是无法求分母部分的值的,所以就引入变分推理的思想。假设一个分布 $q(z; \theta')$,其中 z 为变量,θ' 为 z 的概率分布 q 的参数,用这个分布去逼近后验分布 $P(\theta|D)$,这样根据变分推理的思想,就可以得到:

$$\log P(D) = F(q) + KL[q(\theta) \| P(\theta|D)]$$

这样当自由能 $F(q)$ 取到最大值时，$KL[q(\theta) \| P(\theta|D)]$ 就能取到最小值，即分布 $q(\theta)$ 和后验分布 $P(\theta|D)$ 就能达到最好的拟合，即模型得到最优解。

说明：进行变分推理的目的就是避开 $P(W|X, Y) = \dfrac{P(Y|X, W)P(W)}{\int P(Y|X, W)P(W)\mathrm{d}W}$ 的分母求多变量积分问题，简化问题的复杂度。

如此，贝叶斯深度学习的参数学习就变成了求 $F(q)$ 的极大值问题。设 $q_i(z_i)$ 之间是独立分布的。

接着开始求解。对于

$$\log P(D) = F(q) + KL[q(\theta) \| P(\theta|D)]$$

因为 $KL[q(\theta) \| P(\theta|D)] \geq 0$，所以 $\log P(D) \geq F(q)$。

目标函数：

$$F(q) = \int q(z) \log P(x, z)\mathrm{d}z - \int q(z) \log q(z)\mathrm{d}z$$

在这个目标函数中：

$$
\begin{aligned}
\int q(z) \log q(z)\mathrm{d}z &= \int \prod_i q(z_i) \prod_j \log q(z_j)\mathrm{d}z \\
&= \int \prod_i q(z_i) \sum_j \log q(z_j)\mathrm{d}z \\
&= \sum_j \int \prod_i q(z_i) \log q(z_j)\mathrm{d}z \\
&= \sum_j \int q(z_j) \log q(z_j)\mathrm{d}z_j \int \prod_{i:\, i \neq j} q(z_i)\mathrm{d}z_i \\
&= \sum_j \int q(z_j) \log q(z_j)\mathrm{d}z_j
\end{aligned}
$$

说明：其中用到了平均场定理 $q(z) = \prod_i q(z_i)$。

$$
\begin{aligned}
\int q(z) \log P(x, z)\mathrm{d}z &= \int \prod_i q(z_i) \log P(x, z)\mathrm{d}z \\
&= \int q(z_j) \left(\prod_{i:\, i \neq j} q(z_i) \log P(x, z)\mathrm{d}z_i \right) \mathrm{d}z_j \\
&= \int q(z_j) E_{i \neq j}[\log P(x, z)]\mathrm{d}z_j \\
&= \int q(z_j) \log\{ \exp(E_{i \neq j}[\log P(x, z)]) \}\mathrm{d}z_j \\
&= \int q(z_j) \log \frac{\exp(E_{i \neq j}[\log P(x, z)])}{\int \exp(E_{i \neq j}[\log P(x, z)])}\mathrm{d}z_j - C \\
&= \int q(z_j) \log q^*(z_j)\mathrm{d}z_j - C
\end{aligned}
$$

如此，目标函数就变形为

$$
\begin{aligned}
F(q) &= \int q(z_j) \log q^*(z_j)\mathrm{d}z_j - \sum_j \int q(z_j) \log q(z_j)\mathrm{d}z_j - C \\
&= \int q(z_j) \frac{\log q^*(z_j)}{q(z_j)}\mathrm{d}z_j - \sum_{i:\, i \neq j} \int q(z_i) \log q(z_i)\mathrm{d}z_i - C \\
&= -KL(q(z_j) \| q^*(z_j)) + \sum_{i:\, i \neq j} H(q(z_i)) - C
\end{aligned}
$$

其中 $H(q(z_i)) = -\int q(z_i)\log q(z_i)\mathrm{d}z_i$。

因为 $KL(q(z_j)\|q^*(z_j)) \geq 0, H(q(z_i)) \geq 0$，那么要使 $F(q)$ 取到最大值，则

$$KL(q(z_j)\|q^*(z_j)) = 0$$

则

$$q(z_j) = q^*(z_j) = \frac{\exp(E_{i \neq j}[\log P(x,z)])}{\int \exp(E_{i \neq j}[\log P(x,z)])}$$

至此，这个变分推理就完成了，通过对假设的分布 q 进行估计，逼近了真实的后验分布 $P(\theta|D)$。

2. 预测

前面理清楚了学习的原理，那么贝叶斯深度学习的参数都是分布，又如何使用模型进行预测呢？道理比较简单——采样，没错，对参数进行采样。

参数的权重和偏置都是分布，那么就根据这个分布进行采样，取一组权重和偏置的参数，这样在进行预测时，参数就变成了一组确定的值，然后就可以像普通深度学习那样进行预测。

当然这种方法肯定会存在问题，因为参数是一个分布，每次参数采样模型得出的结果都是有差异的。毕竟神经网络对参数很敏感，细微的参数变化都可以对模型造成影响。

例10.2 假设使用ReLU作为激活函数，现在有21个神经元组成的网络单链，如图10.14所示。

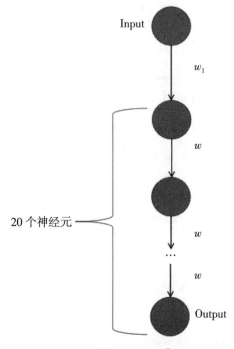

图 10.14　示例网络单链

在这个网络单链中，第一个为输入层，最后一个为输出层。所以，神经元都使用ReLU作为激活函数。其中输入层到第一个隐藏层的权重参数 w_1 是可变的，其他层直接的权重参数都是固定的

$w = 0.3$。下面就考虑简单的情况,网络中只有参数w_1是随机分布的,可以任意取值。

下面来看看对于这个网络,参数w_1进行细微的调整,对输出结果的影响。

当$w_1 = 0.5$时,网络的输出为8.716961002499993e-11。

当$w_1 = 0.49999$时,网络的输出为8.716786663279947e-11。

两个结果的偏差约为0.0002。

那么,在实际的网络模型中,如果一组参数中有多个权重参数有误差,那么最终得到的误差肯定会大于上面这个例子的值。

所以,为了避免这种情况,一般采用的策略是对权重参数和偏置参数进行多次采样,得到多个参数的组合,然后得出关于预测结果的分布。

例如,在上面的例子中,参数w_1是一个分布,其他的参数假设还是确定的值。进行预测时就对参数w_1进行多次采样。假设对参数w_1多次采样后得到的预测结果分布在6.973568801999996e-11和8.716961002499993e-11之间,且为一个线性分布,如图10.15所示。

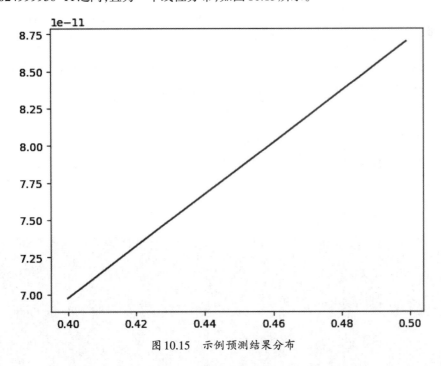

图10.15　示例预测结果分布

最终根据这个分布得到预测结果的确定的值,那么这个值的参考性就更强。

10.2.3　贝叶斯深度学习的优势

经过上面的一系列推导,贝叶斯深度学习与传统深度学习相比的优势已经显而易见了。

(1)贝叶斯模型参数是经过多重采样的,因此它的鲁棒性更好。

(2)贝叶斯深度学习可以提供不确定性,由非Softmax生成的概率。

此处需要解释一下不确定性。

由于深度学习的预测结果并不完全可靠，尤其是当下热门的话题——无人驾驶，因此如果完全依赖模型的预测结果将可能造成灾难性的后果。特斯拉曾在2016年出现过这样的事故，具体如下。

Following our standard practice, Tesla informed NHTSA about the incident immediately after it occurred. What we know is that the vehicle was on a divided highway with Autopilot engaged when a tractor trailer drove across the highway perpendicular to the Model S. Neither Autopilot nor the driver noticed the white side of the tractor trailer against a brightly lit sky, so the brake was not applied. The high ride height of the trailer combined with its positioning across the road and the extremely rare circumstances of the impact caused the Model S to pass under the trailer, with the bottom of the trailer impacting the windshield of the Model S. Had the Model S impacted the front or rear of the trailer, even at high speed, its advanced crash safety system would likely have prevented serious injury as it has in numerous other similar incidents.

其中提到了"Neither Autopilot nor the driver noticed the white side of the tractor trailer against a brightly lit sky"，即它的自动驾驶出现了不确定性的结果，导致后续的一系列应急措施没有启动。

现在很多无人驾驶的研究都应用了深度学习神经网络，所以对预测结果的不确定性成了一个关键点。衡量不确定性最直观的方法是方差。对于常规的深度学习，模型的参数是确定的值，那么对于输入的一组样本数据，不管怎样输出，结果都是确定的，显然无法计算不确定性。

但是对于贝叶斯深度学习，由于对参数进行多次采样，所以对同一个样本进行多次预测，得到的多次预测值是不同的。这样就可以衡量预测值之间的不确定性。

如此，就可以实现模型将错误的预测给出一个比较高的不确定性，对于使用者，就能判断一个预测结果的可信度。

关于不确定性，如图10.16所示，可以展示出模型预测过程中的两种不确定性。

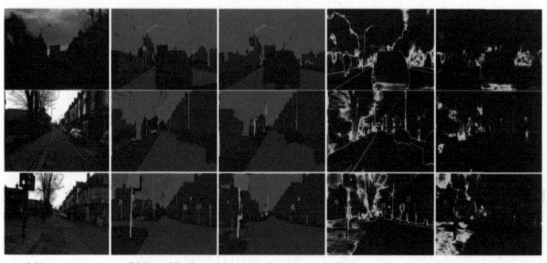

(a)Input Image　　(b)Ground Truth　　(c)Semantic Segmentation　(d)Aleatoric Uncertainty　(e)Epistemic Uncertainty

图10.16　不确定性

(a)是原始图片,(b)是真实标签,(c)是语义分割结果,(d)是偶然不确定性,(e)是认知不确定性。

偶然不确定性这种不确定性存在于数据采集方法中,如传感器噪声或沿数据集均匀分布的运动噪声。即使收集了更多的数据,也不能减少这种不确定性。

而认知不确定性则是由模型本身导致的,如图10.16中最后一行图,由于模型不熟悉人行道,相应的认知不确定性就增加了,也就导致了分割失败。这种问题可以通过给定更多的数据集来减少。

也正是因为贝叶斯深度学习能够得到模型的不确定性估计,所以它在深度学习中占有一席之地。

10.3 贝叶斯深度学习案例

贝叶斯深度学习的框架目前有BoTorch、Edward、珠算、TensorFlow Probability、Pyro等。

10.3.1 数据拟合案例

前面介绍了很多深度学习如何进行参数估计、如何进行预测、优势如何,但纸上谈兵不如一次实战来得深刻。接下来通过案例进行实现。

说明:本章内容在实际应用时是属于比较综合、复杂的,因此实际案例中的代码需要通过各种框架进行协调配合,例如,编码、解码、自定义神经网络层等问题。这样一来代码量就会特别大,而且需要熟悉各种框架才能解读代码,如果感兴趣,可自行去GitHub上查看开源的项目。此处就使用比较单一的案例进行展示。

假设一个函数 $f(x) = x^4 - 2.3x^3 + 3.1x^2 - 0.65x + 1$,它的真实图像如图10.17所示。

注意:这是假设的函数,在实际中是不知道这个函数的。这是上帝视角提示的一个真实分布。

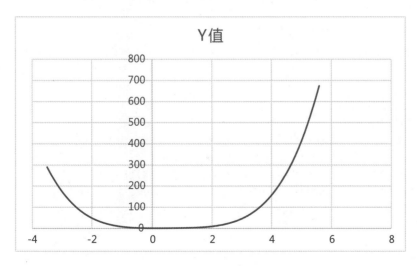

图10.17　上帝视角的真实分布

第一步仍然是生成样本数据。

说明：此处为了快速展现效果，所以只使用了100个样本数据。如果样本数据多了，会需要较多的运行时间。

```
# 真实分布
def function(x):
    return x**4 - 2.3 * x**3 + 3.1 * x**2 - 0.65 * x + 1
x = torch.tensor([-2.5, -2, -1.5, -1, -0.5, 0.5, 1, 1.5, 2, 2.5]).reshape(-1, 1)
y = function(x)
y = function(x)
```

将真实值通过散点图展示出来，如图10.18所示。

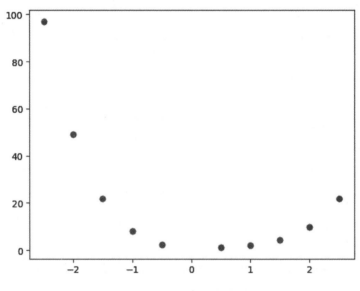

图 10.18　样本数据散点图

有了样本数据，接下来就要实现贝叶斯深度学习了。

实现贝叶斯深度学习，肯定要先定义贝叶斯深度学习的网络结构，其中包括各参数定义，以及如何进行前向传播。

```
class BNN(nn.Module):
    """ BNN网络层结构 """
    def __init__(self, input_features, output_features, prior_var=1.):
        """
        :param input_features: 输入维度（输入层的神经元数量）
        :param output_features: 输出维度（输出层的神经元数量）
        :param prior_var: 参数的先验分布
        """

        super().__init__()
        self.input_features = input_features
        self.output_features = output_features
```

```python
    # 初始化权重参数(均值和方差)
    self.w_mean = nn.Parameter(torch.zeros(output_features, input_features))
    self.w_var = nn.Parameter(torch.zeros(output_features, input_features))
    # 初始化偏置参数(均值和方差)
    self.b_mean = nn.Parameter(torch.zeros(output_features))
    self.b_var = nn.Parameter(torch.zeros(output_features))
    # 初始化采样
    self.w = None
    self.b = None
    # 初始化所有权重和偏差的先验分布
    self.prior = torch.distributions.Normal(0, prior_var)
    # 先验分布
    self.log_prior = 0
    # 后验分布
    self.w_post = 0
    self.b_post = 0
    self.log_post = 0


def forward(self, input):
    """ 前向传播 """
    # 从标准正态分布中采样权重
    w_epsilon = Normal(0, 1).sample(self.w_mean.shape)
    # 权重参数分布采样
    self.w = self.w_mean + torch.log(1+torch.exp(self.w_var)) * w_epsilon

    # 偏置参数分布采样
    b_epsilon = Normal(0, 1).sample(self.b_mean.shape)
    self.b = self.b_mean + torch.log(1+torch.exp(self.b_var)) * b_epsilon

    # 计算log p(w),用于后续计算loss
    w_log_prior = self.prior.log_prob(self.w)
    b_log_prior = self.prior.log_prob(self.b)
    self.log_prior = torch.sum(w_log_prior) + torch.sum(b_log_prior)

    # 计算log p(w|theta),用于后续计算loss
    self.w_post = Normal(self.w_mean.data, torch.log(1+torch.exp(self.w_var)))
    self.b_post = Normal(self.b_mean.data, torch.log(1+torch.exp(self.b_var)))
    self.log_post = self.w_post.log_prob(self.w).sum() +
                    self.b_post.log_prob(self.b).sum()

    # 权重确定后,与BP网络层一样使用
    return F.linear(input, self.w, self.b)
```

在这个类中定义的是贝叶斯网络层的结构,它还不是一个网络结构。什么意思呢? 就是每实例化一次这个类,只是建立了一个网络层。要构建网络结构,还需要将多个这种网络层进行组合。

如图10.19所示,这是一个普通深度学习的网络结构。

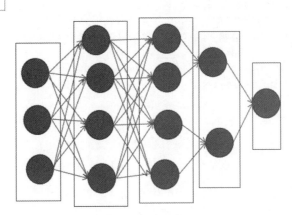

图 10.19 普通深度学习的网络结构

图 10.19 中用方框框选出来的部分就表示一个网络层。一个网络层中有多个神经元,这个网络层对应的有输入数据维度(上一层网络的输出维度)和输出数据维度。这些维度必须符合一个规则:上一层网络的输出维度必须和下一层网络的输入维度一样。

上面代码中定义的 BNN 类,就是贝叶斯深度学习网络中的一个网络层的定义,在这个类中,只需要传入参数:输入数据维度和输出数据维度,就会生成一个网络层,这个网络层可以像普通深度学习的网络层一样使用。在这个网络层中,会有贝叶斯深度学习传播相关的参数定义,如权重和偏置的均值、方差,以及采样、计算先验分布和后验分布等。

说明:此例假设参数分布符合正态分布。

定义好了网络层,下一步才是定义网络结构。将上面的 BNN 类实例化一次就是一个网络层,将这些网络层通过传统的深度学习连接方式连接起来就是一个网络结构。

```python
class NET(nn.Module):
    def __init__(self, hidden_num, noise_tol=.1, prior_var=1.):
        """
        :param hidden_num: 隐藏层神经元数量
        :param noise_tol: 噪声
        :param prior_var: 参数先验分布
        """
        super().__init__()
        # 输入为1,输出为1,只含有一层隐藏层的BNN
        self.hidden = BNN(1, hidden_num, prior_var=prior_var)
        self.out = BNN(hidden_num, 1, prior_var=prior_var)
        self.noise_tol = noise_tol

    def forward(self, x):
        # 激活函数用Sigmoid
        x = torch.sigmoid(self.hidden(x))
        x = self.out(x)
        return x
    def log_prior(self):
```

```
        # 计算所有网络层的log先验
        return self.hidden.log_prior + self.out.log_prior
    def log_post(self):
        # 计算所有网络层的log后验
        return self.hidden.log_post + self.out.log_post
    def sample_elob(self, input, target, samples):
        """
        计算误差
        :param input: 输入值
        :param target: 真实值
        :param samples:
        :return: 计算的总误差(loss)
        """
        outputs = torch.zeros(samples, target.shape[0])
        log_priors = torch.zeros(samples)
        log_posts = torch.zeros(samples)
        log_likes = torch.zeros(samples)

        # 蒙特卡洛近似
        for i in range(samples):
            outputs[i] = self(input).reshape(-1)
            log_priors[i] = self.log_prior()
            log_posts[i] = self.log_post()
            log_likes[i] = Normal(outputs[i], self.noise_tol).log_prob(target.
                            reshape(-1)).sum()
        # 先验、后验、似然值的蒙特卡洛估计
        log_prior = log_priors.mean()
        log_post = log_posts.mean()
        log_like = log_likes.mean()
        loss = log_post - log_prior - log_like
        return loss
```

在网络层中,选用Sigmoid作为激活函数,参考上述代码中的函数forward()。然后就是实现蒙特卡洛方法(Using MC (Monte Carlo) dropout)。最后会返回一个损失值(loss),这个损失值是通过对参数采样后的先验估计、后验估计、似然估计求均值得到的。

至此,就完成了一个案例的贝叶斯深度学习网络的搭建。下面就是使用这个网络进行训练、预测,以及进行结果评估了。

```
# 定义网络超参数
net = NET(32, prior_var=10)
optimizer = optim.Adam(net.parameters(), lr=0.1)
epochs = 2000
# 保存每次迭代学习时的loss值,方便图形化展示评估
loss_array = []
for epoch in range(epochs):
    # 单次学习迭代的过程:前向传播,后向传播,梯度下降
    optimizer.zero_grad()
    loss = net.sample_elob(x, y, 1)
```

```
    loss.backward()
    optimizer.step()
    loss_array.append(loss.item())
    if epoch % 10 == 0:
        print('epoch: {}/{}'.format(epoch+1, epochs))
        print('Loss:', loss.item())
 print('Finished')
```

此处需要说明的是,这段代码是一个标准的深度学习的流程代码,虽然很多时候代码不一样,但是流程都是这个流程,顺序不能随意改动。

(1)定义超参数,这些是和深度学习网络息息相关的参数,最重要的就是epochs,它表示的是训练的次数(或者说是迭代循环的次数)。然后是优化器optimizer的定义,它在深度学习中的作用就相当于网络的"眼睛",也相当于7.2节中介绍的"下山"过程,它能看到哪里梯度最大,然后"大脑"才能知道应该从哪里到下一步。

此处选用的是Adam优化器,因为贝叶斯深度学习网络比较复杂,参数相比同级的普通深度学习网络多了一倍。所以,用Adam优化器能够得到较好的效果。其中需要定义一个关键的参数——lr,即学习率,它是进行参数更新时的步长(参考10.1.1小节中BP算法的推导过程)。

(2)学习(迭代循环)的过程中,每学习一次,需要将优化器的梯度归零;进行网络NET的正向传播并得到loss值;然后将loss反传,进行参数(权重、偏置分布的参数——正态分布的关键参数μ和δ^2)更新;最后在特定的次数时将学习的效果反馈出来(打印loss值)。

完成这个步骤,就能得到一个模型,这个模型就可以用于预测了。

在这个网络中,设置学习次数为2000次,每一次学习的loss值都被保留了下来,然后通过图形化展示loss值的下降过程,如图10.20所示。

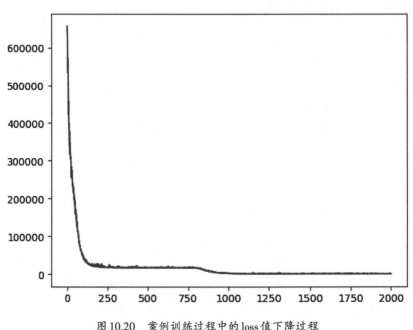

图10.20　案例训练过程中的loss值下降过程

　　说明：很多人在刚开始接触深度学习时，经验不足，可能无法判断模型的拟合程度，这时就可以将训练过程中的loss值进行图形化展示。有时还可以将训练过程中正向传播过程的结果保留，进行图形化展示。

　　然后需要通过测试数据来看看模型的工作效果。

　　此处测试仍采用生成数据的方式，生成一组[-3,3]，长度为100的数组。

　　说明：此处的测试数据之所以选用[-3,3]，是因为训练的数据集太少了，所以模型的鲁棒性肯定不是特别好，那么就在训练集的基础上稍微扩展一点范围生成测试集。如果训练集是基于正常的训练集的量进行，那么测试集就可随意设置。

　　将测试集的结果绘制在图形上，如图10.21所示。

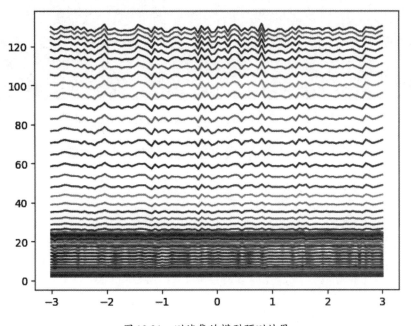

图10.21　测试集的模型预测结果

　　为何结果是一条条曲线？这不是模型出错了，这才是正常的结果。因为本章一开始就说了，贝叶斯深度学习的参数都是一个分布，而不是确定的值，所以模型得出的结果也是一个分布，而不是确定的值。

　　此处测试集有100条数据，所以对应的结果是生成100个分布（不相信的读者可以数一数图10.21中的分布是否有100个）。

　　既然模型得出的结果是一个分布，那么最终要得到一个值，就只有进行采样了。不过此案例中分布的波动并不大，所以可以直接用取均值的方法得到预测结果的值。

　　最后将100个测试集得到的100个分布取均值得到100个确定的值，结果如图10.22所示。

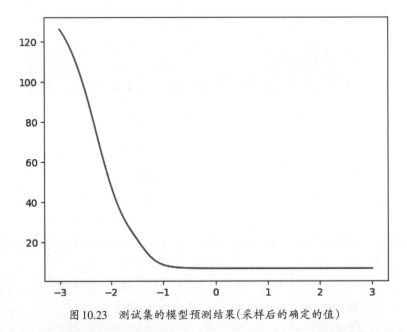

```
test result: [128.90271751 126.62330917 124.02245293 121.06678062 117.72539879
 113.97274887 109.79231171 105.18082092 100.15241211  94.74225227
  89.00856461  83.03224541  76.91359764  70.7658239   64.70642368
  58.84762787  53.28726891  48.1020113   43.34342659  39.03724613
  35.185149    31.76827871  28.75155056  26.08798445  23.72262754
  21.59608274  19.64800528  17.82120632  16.0670996   14.35273664
  12.66811201  11.03008771   9.47832497   8.06191917   6.8220865
   5.7797658    4.93324682   4.26387277   3.74443106   3.34610565
   3.04260984   2.81190596   2.63643466   2.5026315    2.40020963
   2.32144773   2.2605789    2.21330209   2.176407     2.14749274
   2.12475934   2.10685507   2.09276492   2.0817297    2.07318815
   2.06673591   2.06209787   2.0591107    2.05771462   2.05795274
   2.0599787    2.06407248   2.07066599   2.08038051   2.09407823
   2.11293227   2.13851925   2.17294089   2.21898074   2.28030408
   2.36170718   2.46941943   2.61145669   2.79800886   3.04181888
   3.35847106   3.76644934   4.28674849   4.94174343   5.75299822
   6.73780609   7.90457468   9.24776808  10.74386227  12.35023811
  14.00851335  15.65230703  17.21751694  18.65183989  19.92078194
  21.00893997  21.91737291  22.65894644  23.25329382  23.72267742
  24.08907564  24.3724864   24.59016514  24.75645084  24.88294897].
```

图 10.22　测试集的模型预测结果（采样后的确定的值）

全都是数字，不太容易判断这个结果到底靠不靠谱。那么，再将结果进行一个图形化展示，如图 10.23 所示。

图 10.23　测试集的模型预测结果（采样后的确定的值）

对比图 10.17，与上帝视角的分布情况有些不一样。由于与图 10.17 所采用的坐标轴范围不同，所以还是挺难分辨的。那么，将真实的分布图取[−3,3]区间部分来和模型预测图进行比较，如图 10.24 所示。

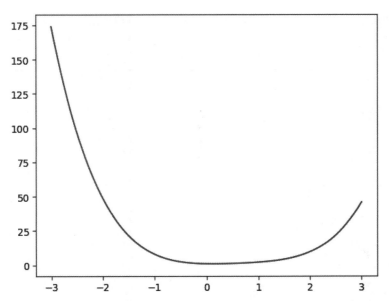

图 10.24 真实分布 $f(x) = x^4 - 2.3x^3 + 3.1x^2 - 0.65x + 1$ 在区间 $[-3, 3]$ 的情况

再将真实分布和模型结果两张图重合起来,看看模型结果对真实分布的拟合程度达到了什么效果,如图10.25所示。

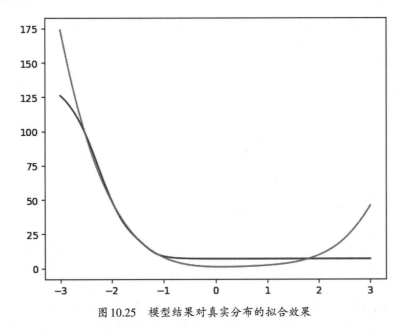

图 10.25 模型结果对真实分布的拟合效果

发现拟合效果很一般,可能是因为训练集数量有问题。再试一次,将训练集数量提升到100,训练次数提升到20000次。需要在代码中改一下参数epochs的值,以及将

```
x = torch.tensor([-2.5, -2, -1.5, -1, -0.5, 0.5, 1, 1.5, 2, 2.5]).reshape(-1, 1)
```

改成

```
x = torch.tensor(torch.linspace(-3, 3, 100)).reshape(-1, 1)
```

最终结果如图10.26所示。

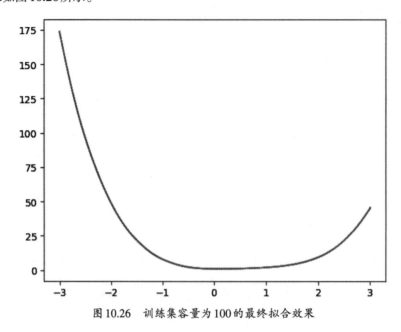

图10.26　训练集容量为100的最终拟合效果

可以看到,图中好像只有一条线了。将图像放大看看,如图10.27所示。

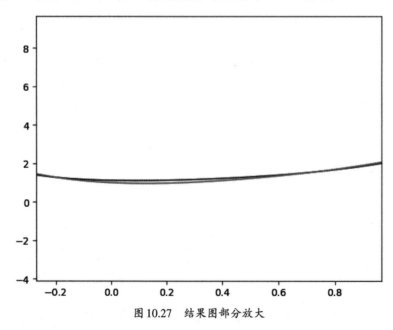

图10.27　结果图部分放大

通过图10.27可以发现,模型的拟合程度已经很好了。所以,对于深度学习,训练的数据量很关键。修改训练集数量后的一系列参考图如图10.28~图10.30所示。

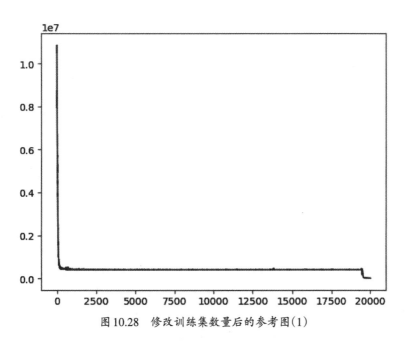

图 10.28　修改训练集数量后的参考图（1）

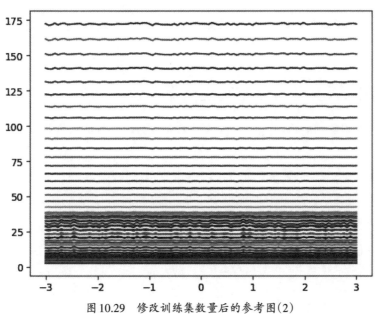

图 10.29　修改训练集数量后的参考图（2）

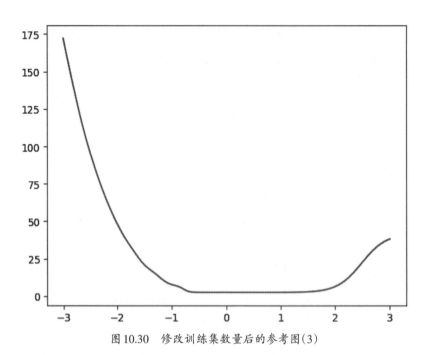

图 10.30　修改训练集数量后的参考图(3)

图 10.28~图 10.30 分别是训练过程中的 loss 值下降图、模型预测结果分布图、模型预测结果分布采样的结果图。

10.3.2　贝叶斯深度学习完整实现数据拟合

通过 10.3.1 小节对案例的梳理,整个案例就变得可实现了。具体的贝叶斯深度学习的核心部分代码如下。

注意:此代码只包含核心的算法部分内容,不含完整的逻辑代码。

```python
import torch
import torch.nn as nn
import torch.nn.functional as F
import torch.optim as optim
from torch.distributions import Normal
import numpy as np
import matplotlib.pyplot as plt
class BNN(nn.Module):
    """ BNN网络层结构 """
    def __init__(self, input_features, output_features, prior_var=1.):
        """
        :param input_features: 输入维度(输入层的神经元数量)
        :param output_features: 输出维度(输出层的神经元数量)
        :param prior_var: 参数的先验分布
        """
        super().__init__()
        self.input_features = input_features
```

```python
        self.output_features = output_features
        # 初始化权重参数(均值和方差)
        self.w_mean = nn.Parameter(torch.zeros(output_features, input_features))
        self.w_var = nn.Parameter(torch.zeros(output_features, input_features))
        # 初始化偏置参数(均值和方差)
        self.b_mean = nn.Parameter(torch.zeros(output_features))
        self.b_var = nn.Parameter(torch.zeros(output_features))
        # 初始化采样
        self.w = None
        self.b = None
        # 初始化所有权重和偏差的先验分布
        self.prior = torch.distributions.Normal(0, prior_var)
        # 先验分布
        self.log_prior = 0
        # 后验分布
        self.w_post = 0
        self.b_post = 0
        self.log_post = 0
    def forward(self, input):
        """ 前向传播 """
        # 从标准正态分布中采样权重
        w_epsilon = Normal(0, 1).sample(self.w_mean.shape)
        # 权重参数分布采样
        self.w = self.w_mean + torch.log(1+torch.exp(self.w_var)) * w_epsilon
        # 偏置参数分布采样
        b_epsilon = Normal(0, 1).sample(self.b_mean.shape)
        self.b = self.b_mean + torch.log(1+torch.exp(self.b_var)) * b_epsilon
        # 计算log p(w),用于后续计算loss
        w_log_prior = self.prior.log_prob(self.w)
        b_log_prior = self.prior.log_prob(self.b)
        self.log_prior = torch.sum(w_log_prior) + torch.sum(b_log_prior)
        # 计算log p(w|theta),用于后续计算loss
        self.w_post = Normal(self.w_mean.data, torch.log(1+torch.exp(self.w_var)))
        self.b_post = Normal(self.b_mean.data, torch.log(1+torch.exp(self.b_var)))
        self.log_post = self.w_post.log_prob(self.w).sum() +
                        self.b_post.log_prob(self.b).sum()
        # 权重确定后,与BP网络层一样使用
        return F.linear(input, self.w, self.b)
class NET(nn.Module):
    def __init__(self, hidden_num, noise_tol=.1, prior_var=1.):
        """
        :param hidden_num: 隐藏层神经元数量
        :param noise_tol: 噪声
        :param prior_var: 参数先验分布
        """
        super().__init__()
        # 输入为1,输出为1,只含有一层隐藏层的BNN
        self.hidden = BNN(1, hidden_num, prior_var=prior_var)
        self.out = BNN(hidden_num, 1, prior_var=prior_var)
```

```
                self.noise_tol = noise_tol
        def forward(self, x):
            # 激活函数用Sigmoid
            x = torch.sigmoid(self.hidden(x))
            x = self.out(x)
            return x
        def log_prior(self):
            # 计算所有网络层的log先验
            return self.hidden.log_prior + self.out.log_prior
        def log_post(self):
            # 计算所有网络层的log后验
            return self.hidden.log_post + self.out.log_post
        def sample_elob(self, input, target, samples):
            """
            计算误差
            :param input: 输入值
            :param target: 真实值
            :param samples:
            :return: 计算的总误差(loss)
            """
            outputs = torch.zeros(samples, target.shape[0])
            log_priors = torch.zeros(samples)
            log_posts = torch.zeros(samples)
            log_likes = torch.zeros(samples)
            # 蒙特卡洛近似
            for i in range(samples):
                outputs[i] = self(input).reshape(-1)
                log_priors[i] = self.log_prior()
                log_posts[i] = self.log_post()
                log_likes[i] = Normal(outputs[i], self.noise_tol).log_prob(target.
                            reshape(-1)).sum()
            # 先验、后验、似然值的蒙特卡洛估计
            log_prior = log_priors.mean()
            log_post = log_posts.mean()
            log_like = log_likes.mean()
            loss = log_post - log_prior - log_like
            return loss
# 真实分布
def function(x):
    return x**4 - 2.3 * x**3 + 3.1 * x**2 - 0.65 * x + 1
x = torch.tensor(torch.linspace(-3, 3, 100)).reshape(-1, 1)
y = function(x)
# 定义网络超参数
net = NET(32, prior_var=10)
optimizer = optim.Adam(net.parameters(), lr=0.1)
epochs = 20000
# 保存每次迭代学习时的loss值,方便图形化展示评估
loss_array = []
for epoch in range(epochs):
```

```
    # 单次学习迭代的过程:前向传播,后向传播,梯度下降
    optimizer.zero_grad()
    loss = net.sample_elob(x, y, 1)
    loss.backward()
    optimizer.step()
    loss_array.append(loss.item())
    if epoch % 10 == 0:
        print('epoch: {}/{}'.format(epoch+1, epochs))
        print('Loss:', loss.item())
print('Finished')
samples = 100
x_tmp = torch.linspace(-3, 3, 100).reshape(-1, 1)
y_samp = np.zeros((samples, 100))
# 对每个x_tmp进行100次采样,然后取均值作为预测结果
for s in range(samples):
    y_tmp = net(x_tmp).detach().numpy()
    y_samp[s] = y_tmp.reshape(-1)
print("test result:", np.mean(y_samp, axis=0))
# 绘制结果
# loss
steps = torch.linspace(0, 20000, 20000).reshape(-1, 1).numpy()
plt.figure(4)
plt.plot(steps, loss_array)
# 训练集真实值
x = x.numpy()
y = y.numpy()
plt.figure(1)
plt.scatter(x, y)
# 采样分布
x_tmp = x_tmp.numpy()
plt.figure(2)
plt.plot(x_tmp, y_samp)
# 预测值
plt.figure(3)
plt.plot(x_tmp, np.mean(y_samp, axis=0))
# 真实分布的分布图展示
plt.figure(5)
xx = np.linspace(-3, 3, 100)
yy = function(xx)
plt.plot(xx, yy)
# 模型结果和真实分布两个图重合比较
plt.figure(6)
plt.plot(x_tmp, np.mean(y_samp, axis=0))
plt.plot(xx, yy)
plt.show()
```

小结

本章主要是明白贝叶斯深度学习与普通深度学习的区别。如果感兴趣,或者有相应的基础,可以尝试构建一个贝叶斯深度学习的实际案例。

对于贝叶斯深度学习,它的所有参数都不是一个确定的值,而是一个分布。这就导致该类型的网络构建比较复杂,如同10.3节中的一样,需要先定义好网络层的功能,然后再用定义好的网络层组建网络模型。它无法像普通深度学习一样直接使用框架的API通过参数传递的形式定义网络层,很多东西都需要自己手动定义。

需要注意的是,贝叶斯深度学习的实际网络模型结果是一个分布,不是确定的值。要得到确定的值,需要根据结果的分布进行采样或通过其他手段取得。

贝叶斯深度学习的主要优势是它能够得到模型的不确定性,主要是认知的不确定性,一方面它可以让研究人员看到不足之处,然后调整训练的数据量;另一方面,在实际的应用中,模型可以根据不确定性执行相应的策略,避免直接依赖模型结果而带来的风险。